计算机前沿技术丛书

C++20
高级编程

罗能 / 著

机械工业出版社
CHINA MACHINE PRESS

本书主要讲解 C++库、框架开发中的高级编程技术,以及最新的 C++20 标准特性。全书共 10 章,分别为:类型与对象、编译时多态、概念约束、元编程介绍、模板元编程、constexpr 元编程、Ranges 标准库、协程、模块、综合运用。其中 C++20 的四大特性独立成章,一些小的特性则贯穿于全书,其他章节则探讨了面向对象、元编程、函数式编程、并发编程等话题。

本书针对以上新特性准备了丰富的代码样例,并随书附赠全部案例源码。相信通过这些代码,读者很容易掌握这些新特性。作为一本讲解 C++高级编程的书,本书还探讨了很多元编程话题,这是作为库开发必不可少的技能,它们也将随着 C++的演进而不断演进,大大提升库开发者的编程体验,尤其是近年来 C++的标准提案经历了从模板元编程向 constexpr 元编程转换的过程。

本书适合中高级 C++程序员、架构师、框架开发者阅读,阅读前最好能够掌握一些现代 C++的知识。对于想要系统性学习 C++20 并进阶 C++技能的读者,一定不要错过本书。

图书在版编目(CIP)数据

C++20 高级编程/罗能著 . —北京:机械工业出版社,2022.5(2024.6 重印)
(计算机前沿技术丛书)
ISBN 978-7-111-70822-3

Ⅰ.①C⋯ Ⅱ.①罗⋯ Ⅲ.①C++语言-程序设计 Ⅳ.①TP312.8

中国版本图书馆 CIP 数据核字(2022)第 086352 号

机械工业出版社(北京市百万庄大街 22 号 邮政编码 100037)
策划编辑:李晓波 责任编辑:李晓波
责任校对:徐红语 责任印制:单爱军
北京虎彩文化传播有限公司印刷
2024 年 6 月第 1 版第 5 次印刷
184mm×240mm · 19.5 印张 · 396 千字
标准书号:ISBN 978-7-111-70822-3
定价:109.00 元

电话服务 网络服务
客服电话:010-88361066 机 工 官 网:www.cmpbook.com
010-88379833 机 工 官 博:weibo.com/cmp1952
010-68326294 金 书 网:www.golden-book.com
封底无防伪标均为盗版 机工教育服务网:www.cmpedu.com

序

PREFACE

我跟本书的作者罗能认识已经有一年多了。 初次相识是在我的一次关于嵌入式系统的 C++重构演讲之后，他和其他一些与会者加了我的联系方式。 不过跟大部分人不同，我们之间一直在"联系"，而且是很频繁的双向联系。 原因无他，我们都是真正的 C++和编程爱好者。 他会把他的一些文章和代码发给我看，而我在写了一些有意思的代码和文章后，也会发给他交流。 虽然岁数比他大，但我在他面前并没有多少"倚老卖老"的资格，反而是有点身为前浪的压力。 事实上，我有些实际的工作项目和演讲，已经借鉴了他的想法和代码。

有没有注意到我说的是"C++和编程爱好者"？ 罗能并不只会 C++，他对 Rust 和函数式编程语言（多半还有其他我不知道的语言）都有所涉猎。 显然，C++仍是他最擅长的语言。 所以，这本以 C++为主题的书，也就成了他的第一本关于编程的书籍。

C++20 是 C++在 C++11 之后最大的一次语言变革，其中引入了大量具有革命性的新特性。 本书从一个独特的视角，讲解了 C++20 最重要的四大特性。 虽然新特性不止这四种，但编程并不是只讲特性。 本书的独特着眼点在于介绍了外界讨论较少的一些高级编程技巧，尤其是模板元编程方面。 这比起干巴巴地讨论语言特性要有用得多。 毕竟，参考资料我们从 cppreference.com 之类的网站上自己就能找到。

高手的心得并不常有。 因此，本书的内容编排也不是基于语言特性，而更多是基于讲解高级编程的逻辑顺序。 在讲解了所有这些高级编程的基本概念之后（包括 C++20 的新特性），通过一章综合运用，把知识点串到一起，展示了非常有意思的实际项目应用。学语言的关键（不管是编程语言，还是平时交流的语言）在于应用，因此这样的讲解是能够真正展现现代 C++威力的。 基于对高级编程及其应用的深入理解，作者在讲解相关的 C++特性时，可谓得心应手、游刃有余。

限于时间，我虽然没能深入其中所有的细节，但也已经从中感受到了作者对 C++ 和编程的许多独特见解。 不夸张地说，我在阅读中也学到了很多新东西。 因此，我相信这本书对于 C++ 相关的编程爱好者一定是有所裨益的——即使对编程老手都是如此。

吴咏炜　Boolan 博览首席技术咨询师

前 言

PREFACE

C++语言至今拥有 40 多年的历史，目前最新的 C++标准已经发展到了 C++20，它给我们带来了相当重要的四大特性：概念约束、ranges（范围）标准库、协程以及模块。

- 概念约束是一个编译期谓词，它根据程序员定义的接口规范对类型、常量等进行编译时检查，以便在泛型编程中为使用者提供更好的可读性与错误信息。
- ranges 标准库对现有的标准库进行了补充，它以函数式编程范式进行编程，将计算任务分解为一系列灵活的原子操作，使得代码的正确性更容易推理。
- 协程是一种可挂起、可恢复的通用函数，它的切换开销是纳秒级的，相对其他方案而言占用的资源极低，并且可以非侵入式地为已有库扩展协程接口，它常常用于并发编程、生成器、流处理、异常处理等。
- 模块特性解决了传统的头文件编译模型的痛点：依赖顺序导致头文件难以组合、重复解析、符号覆盖等问题，从语言层面为程序员提供了模块化的手段。

本书针对以上新特性准备了丰富的代码样例，相信读者通过这些代码很容易掌握这些特性。作为一本讲解 C++高级编程的书，本书还探讨了很多元编程话题，这是作为库开发必不可少的技能，它们也将随着 C++的演进而不断演进，大大提升了库开发者的编程体验，尤其是近年来 C++的标准提案经历了从模板元编程向 constexpr 元编程的转换过程。

纵观 C++的演进历程可以发现，每一次演进提供的特性大多数和编译时相关，因为它的特点是零成本抽象，允许程序员表达抽象的概念而无须忍受不必要的运行时开销。而一些运行时特性相当少，在面向对象的虚函数特性之后再无运行时特性，或者它们通常以库的形式提供，例如从 C++17 起标准库引入的 variant 类型，它通过元编程技术生成虚函数表。

C++对语言特性与库特性区分得非常清楚，它希望程序员能够在不引入语言机制的情况下实现一些功能，例如其他编程语言常常将元组 tuple 作为内建类型，而在 C++中它们以库的方式提供，程序员能够利用现有的语言特性实现这些组件。

如何合理、高效地运用这些知识，它们背后通常蕴含着什么指导思想？那就是组合式思想，将问题分而治之，从而能够应对许多难题。C++语言提供了足够多的抽象机制，允许程序员提出各种假设，并基于这些假设进行灵活组合。

本书话题不局限于C++20，对现代C++中很多重要的特性也会深入探讨，例如右值引用。一些编程原则，面向对象设计模式也会探讨。最后一章将带领读者实现两个库：配置文件反序列库与协程库。它们大量使用C++20提供的特性，并使用元编程的方式构建，以对全书知识进行一个总结。

本书要求读者需要有C++的基础知识，最好能够掌握一些现代C++的知识，考虑到市面上的书籍以及网络上这方面的资料比较丰富，笔者在提及这些知识时会引用相关链接供读者查阅。对于想要系统性学习C++20并进阶C++技能的读者，一定不要错过本书。

本书创作历时一年多，笔者在工作与业余时间不断磨炼C++技能，这期间很多人为我提供了帮助与支持，没有你们本书就不可能问世。

感谢我所在的工作团队为我提供了良好的工作环境，让我能够随心所欲地探索软件上的新技术。其间，袁英杰大师加入了我们团队参与开发，给我带来了很大的启发。

我从他身上学到了很多编程思想，这些思想并不是空谈，而是真真切切能够影响到整个编码过程，并且指导了我的软件开发工作。在与袁英杰大师共事的几个月里，我感受到了大师代码里处处充满组合式思想，泛型、抽象运用得非常优雅，能够充分应对软件开发中的各种变化。

偶然在公司的一次关于软件重构的演讲中，我认识了吴咏炜老师，从那时起，我们便时常交流C++相关话题，在交流过程中我也学习到了很多。吴咏炜老师牺牲个人时间为本书做技术校对，他非常细心，帮我避免了很多技术上以及排版上的错误，并且对一些章节提出了调整建议。

由于C++20刚标准化不久，业界的很多优秀资料都是英文的。在我创作过程中阅读这些资料难免会遇到困难，职愈博（Norman Zhi）给我在一些语法上的理解提供了帮助。他是一位优秀的硬件工程师，有时候我们会讨论很多与Linux、性能、C语言相关的话题，这也为本书提供了一些灵感。

机械工业出版社的李晓波编辑也为本书能够顺利出版提供了帮助。还要感谢读者选择了这本书，期待你能够从中获得启发。最后，感谢我的妻子，正是你的鼓励、付出与陪伴，才让我能够专心完成本书的创作。

罗　能

第 7 章
CHAPTER.7

Ranges 标准库 / 169

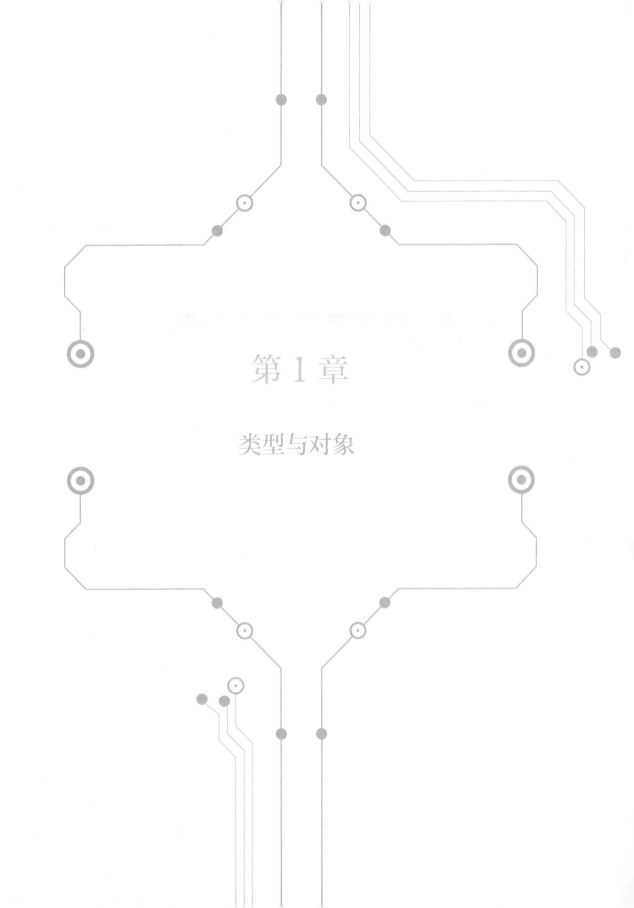

第 1 章

类型与对象

在编程语言中通常会有类型的概念，我们所使用的 C++ 也不例外，其为静态类型[⊖]系统，所有对象、变量（包括常量）都得在编译时确定类型，并且确定后该对象、变量的类型将不能改变。

静态类型在编译时已确定，其是固定的；而对象是个运行时概念，其是灵活的。一旦程序运行后，就没什么类型的概念了，那么我们为何还需要类型呢？

1.1 类型的作用

C 语言解决了 B 语言[1]存在的一个严重的问题——类型问题。最初 B 语言是按字长取址，其运行机器也比较简单，那时候语言的唯一数据类型称为 word 或者 cell。当时还没有类型的概念，只是存储数据的一个单位罢了。直到 PDP-11 计算机的出现暴露了 B 语言模型的不足之处。

首先，它不适合处理单字节。需要将字节打包到 cell 上，而且读写时涉及重组这些 cell；其次，PDP-11 计算机支持浮点运算，B 语言为了支持浮点运算引入特殊的操作符，而这些操作符是硬件相关的；最后是 B 语言对指针处理有额外的开销，指针作为数组的索引，需要运行时调整数组的下标才能被硬件所接受。从这些问题里可以看出类型系统的重要性，它可以让编译器生成正确指令以及对应数据的存储方式。

后来类型系统的重要性更多体现在类型安全、类型检查上。类型不仅能够给数据赋予意义，还能充当接口，对行为进行约束。做一个让大量的猴子编写程序的思想实验[⊜]，每个猴子每次随机敲下键盘的按键，然后编译、运行。

如果这些猴子采用的是机器语言，那么每个字节的组合都可能被图灵机[⊜]解释并执行，只不过这样的执行结果将毫无意义。而高级语言（例如 C++ 语言）有自己的词法、语法规则，输入的字节组合能够被编译器检查，那么凭借这样的功能在运行前能拦住很多无意义的字节组合，最终可运行的程序或多或少都有意义^⒁。例如定义了一个"人"的类型，那么其对象在运行过程中不会变成狗，也不会飞。

⊖ 与之对应的是动态类型，对象的类型在运行时确定，其类型也可以动态改变。

⊜ Monkey 测试，软件测试的方法论，让猴子代替人来随机与软件交互，检查其是否会崩溃。其出处已经不可考证，一个普遍的说法是有无限个猴子在无限时间内进行随机打字，目标是完成莎士比亚的著作。后来 Android 也引入 Monkey 测试的概念，对设备屏幕进行随机点击。笔者引用 Monkey 测试的概念来让 Monkey 完成编码活动。

⊜ 由阿兰·图灵于 1936 年提出的计算模型，其定义的抽象机器按照纸带上的命令执行算法，也是当今计算机组成的基础。其与 1930 年由阿隆佐·邱奇提出的 λ 演算计算模型等价，后者是函数式编程语言的理论基础，其更贴近软件。

⒁ 参考机器写诗、写文章应用，给定主题以及对应的约束规则，那么结果或多或少都有意义。

这里的类型检查就能阻止很多无意义的程序[2]。与动态类型语言相比，在运行时所检查出的因类型而引发的错误都能够在编译时发现，这能节省很多程序调试的时间。软件开发过程中往往涉及重构，这些重构可以在保证功能不变的情况下，使得软件的可维护性更好。静态类型语言在重构后能及时发现类型错误，例如通过重构函数的形参类型，在编译时便能找出所有调用者，从而避免了遗漏。有些观点是在动态类型语言中通过添加大量测试来避免了因为类型问题而导致的错误，而测试本身往往是非确定性的，是个证伪的过程。当然仅通过类型系统是不可能完全保证程序的正确性的，但至少在一定程度上保证程序的正确性。

1.2 现代 C++ 中对类型处理能力的演进

C++ 在演进过程中逐渐增强和扩展了对类型处理的能力。

在 C++11 中引入了右值引用，从而通过重新定义值类别（value category）来对表达式进行分类，右值引用能够表达移动语义，解决了传统 C++ 产生的中间临时对象需要多次拷贝的问题；引入了强枚举类型特性，约束了枚举值的域，同时不允许隐式转换成数值类型，也不允许不同枚举类型之间进行比较，相对普通枚举类型来说能够避免一些意外的 bug⊖；放松了对 union 特性的约束⊜，使其能够与非平凡类⊜组合，增强了实用性；引入了 auto 关键字，对初始化变量类型进行推导⊗，减轻了程序员需要手写复杂类型（诸如迭代器类型）的负担；引入了 decltype 特性，通过已有对象、变量获取其类型⊕，解决了难以声明一个对象的类型（诸如 lambda 对象类型）的问题；引入了 nullptr_t 类型⊗，避免了整数类型与指针类型导致的重载歧义问题。

在 C++17 中引入了 optional 类型⊕来表达一个对象是否存在的概念；引入了 variant⊗作为类型安全的 union，使这些类型的表达变得更容易、更正确。

在 C++20 中引入 concept 特性来对类型做约束，如此无论是从代码角度上，还是从编译错误信息的角度上，都更加可读。

⊖ https：//zh.cppreference.com/w/cpp/language/enum，有作用域枚举。

⊜ https：//zh.cppreference.com/w/cpp/language/union。

⊜ 可以简单理解成一个类只有默认的析构函数；反之，若用户定义了析构函数，则为非平凡类。平凡类可以被 memcpy 函数安全地拷贝。

⊗ https：//zh.cppreference.com/w/cpp/language/auto。

⊕ https：//zh.cppreference.com/w/cpp/language/decltype。

⊗ https：//zh.cppreference.com/w/cpp/types/nullptr_t。

⊕ https：//zh.cppreference.com/w/cpp/utility/optional。

⊗ https：//zh.cppreference.com/w/cpp/utility/variant。

由 C++标准委员会维护的 C++ Core Guidelines 里也针对类型提出了很多具有启发性的建议，同时提供 GSL 基础库⊖用于支撑这些指导方针，它是相当轻量的基础库，实现了遵循零成本的抽象原则。一些建议，例如 C 语言风格接口 void f（T＊，int），需要同时传递指针与其长度信息，若用区间类型 gsl::span<T>⊜代替前者即 void f（gsl::span<T>），则会更加友好；如果能够保证函数通过指针传递的参数非空，那么与其每次都用 void f（T＊）对指针进行判空，不如将接口设计成 void f（gsl::not_null<T＊>）⊜。

1.3 值类别（value category）

由于表达式产生的中间结果会导致多余的拷贝，因而在 C++11 中引入了移动语义来解决这个问题，同时对值类别的左值、右值进行重新定义。需要注意的是，值类别指的是表达式结果的类别，并不是指对象、变量或者类型的类别。

▶▶ 1.3.1 理解左值与右值

考虑如下代码，应采用哪个 foo 函数的重载版本？

```
void foo(int&); // #1
void foo(int&&); // #2

int&& value = 5;
foo(value);
```

答案是采用第一个版本的 foo 函数。虽然这里的变量 value 的定义是一个右值引用类型，然而 foo（value）中的表达式 value 却是一个左值，而不是由定义 value 时的类型来决定其值类别。通俗地说，可以理解成表达式若能取地址⑭，则为左值表达式；否则，为右值表达式（包括临时对象）⑮。

根据引用与常量性进行组合，可以形成以下几种情况：

- 左值引用 Value&，只能绑定左值表达式。例如上述第一个版本的 foo 函数形参。
- 右值引用 Value&&，只能绑定右值表达式。例如上述第二个版本的 foo 函数形参。

⊖ 一个可能的实现：https：//github.com/Microsoft/GSL。
⊜ std::span 于 C++20 进入标准。
⊜ 判空动作交给 gsl::not_null<T>来做，若为空则程序 terminate，从逻辑上来保证非空。
⑭ 这里的变量 value 很明显可以取地址 &value，因此表达式 value 是个左值。其类型为右值引用，绑定了 5，因为 5 为字面量不能取地址，因此为右值表达式。
⑮ 匿名的临时变量是个右值；具名的右值引用对象是个左值。

- 左值常引用 const Value&，可以绑定左、右值表达式，但是后续无法修改值。
- 右值常引用 const Value&&，只能绑定常量右值表达式，实际中不使用。

那么读者可能会有疑问，如何将 value 作为右值调用第二个版本的 foo 函数呢？通过 foo（5）将匹配第二个版本，因为 5 是个右值表达式，能够被 foo 形参的右值引用绑定。答案是通过 foo（static_cast<int&&>（value））做到。

对于表达式 static_cast<int&&>（value）⊖来说，它是右值表达式还是左值表达式呢？它可以被右值引用绑定，且具备左值的运行时多态性质，对于这种既具有左值的特征，同时又能初始化右值引用的情况，在 C++11 中将其归为将亡值[3]。

因此 C++11 将原来的右值称为纯右值（prvalue），把将亡值（xvalue）与纯右值（prvalue）统称为右值（rvalue）；而把左值（lvalue）与将亡值（xvalue）称为泛左值（glvalue）。三种类别的划分见图 1.1。

当程序引入了右值引用后，就可以表达移动语义。比较常见的就是拷贝语义，拷贝语义与移动语义都是将原值赋予目的值，对于目的值来说其内容都为原值的内容，唯一区别在于拷贝语义不会修改（清理）原值的内容，而移动语义可能会⊜。

● 图 1.1　值类别

在 C++11 之前由于没有右值引用，实现部分移动语义时常常要使用 swap 模式来表达。在这之后若一个类实现了移动构造函数，那么当该对象为临时的⊜或者该对象被手动 std::move 后，将触发移动构造。我们来看看 vector 的例子：

```
// vector(vector&& other) noexcept;
std::vector<int> x{1,2,3,4};
std::vector<int> y(std::move(x)); // C++11 之前使用 swap(y, x);表达移动语义
assert(x.empty());
assert(y.size() == 4);
```

读者可能会好奇 vector 的移动构造函数是如何实现的，从现象来看，原始数据 x 被移动后结果为空，而数据 y 得到了原始数据内容，这一切就像被施了魔法一样。如果我们走读标准库代码⊛，不难发现 vector 的移动构造函数实现如下：

⊖　这也是 std::move 的实现。

⊜　移动语义是否会修改原值的内容，取决于实现。基础数据类型的移动语义就不会修改原来的值，而用户定义的类型可以自行决定移动语义的行为。

⊜　最常见的就是函数的返回值，将被自动地触发移动语义。

⊛　笔者这里参考的是 libc++标准库代码，经过简化处理。

```
vector(vector&& rhs) noexcept {
  begin_ = rhs. begin_;
  end_ = rhs. end_;
  end_cap_ = rhs. end_cap_;
  rhs. begin_ = rhs. end_ = rhs. end_cap_ = nullptr;
}
```

简而言之，移动构造时新的 vector 对象接管了被移动对象的堆指针，并在最后清空（修改）了被移动对象的堆指针，所以从结果上看就是数据被移动了。std::move 在这里显式地表达移动语义[⊖]，因为它将左值进行移动，如果没有这个 std::move 的行为，就是传统的拷贝行为。

传统意义上的理解是，在赋值操作符的左边为左值、右边为右值，这种理解在现代 C++上是错误的。希望通过这个例子，读者能够区分出什么是左值、右值、将亡值，它们都是指表达式的类别。同时了解利用右值引用做移动语义的原理，以及移动语义与拷贝语义的区别。

本书提到的对象，一般是指泛左值；而提到值，一般指的是纯右值。

▶▶ 1.3.2　函数形参何时使用何种引用

首先回答几个问题，为什么函数传参不用值传递而是用引用传递？因为引用可以减少多余的拷贝，提高运行时效率；为什么不用指针而是用引用？因为防御式编程在指针传递过程中需要层层判空，而引用从概念上避免了空指针的存在。

达成以上共识后，引用传参就有三种选择：

- Value&。
- const Value&。
- Value&&。

倘若只实现一个函数，该如何让这个函数更加好用呢？先看看用 Value& 版本的函数：

```
// Value&
Result f(Value& v) { /*  ...  */ }
// usage Value v;
auto res = f(v);
```

用这种方式定义接口，用户需要多写一行。因为要手动构造一个 Value 对象，传递给函数。如果不需要修改 Value 对象的内容的话，左值引用毫无优势，而且修改函数入参内容本身就是一个糟糕的设计，这种意图通常是使函数返回一个对象，例如传统的 C 语言接口设计，将函数后几个参数作为出参。

⊖　如果是右值则隐式地触发移动构造，无须显式地 std::move。

接下来看看 const Value& 版本的函数：

```
// const Value&
Result f(const Value& v) { /* ... * / }
// usage
auto res = f(Value{});
auto res = f(FuntionReturnValue());
```

可以看到这种方式能够让用户少写一行对象的定义，传参的时候直接创建临时变量（也有可能来自于其他函数的返回值），实现同样的功能，这种方式使用起来比 Value 更加友好，通常接口设计采用这种方式。

最后看看 Value&& 方式。之前我们看到其可以用于移动构造语义的场景，除此之外，还有一种用法：

```
// Value&&
Result f(Value&& v) { /* ... * / }
// usage
auto res = f(Value{});
auto res = f(FuntionReturnValue());
```

从接口使用者角度来看，Value&& 方式与 const Value& 方式没有区别。从 f 实现者角度来看，Value&& 方式拥有对 value 对象的控制权：

1）作为成员函数来说也可以移动这个值供将来使用，移动构造函数、移动赋值函数就是这种用法。

2）函数可以修改这个对象然后将其废弃，利用这一点就可以将这个对象作为中间结果，当函数结束后这个中间结果即失效。

Value&& 第二种使用的场景：对图数据结构 GNode 进行深拷贝，返回拷贝后图的节点。

```
struct GNode {
  using _TCache = std::map<const GNode* , GNode* >;
  GNode* clone (_TCache&& cache = {}) const { // 临时的右值, 中途可被修改
    if ( auto iter = cache. find ( this ) ;
        iter != cache. end ( ) ) { return iter->second; }
    auto node = new GNode ( * this );
    cache. emplace ( this, node );
    for ( auto child : children_) {
      node->children_ . emplace_back (
        child->clone ( static_cast<_TCache&&> ( cache ) ) );
    }
    return node;
  }
  std::vector<GNode* > children_ ;
};
```

当用户使用 auto cloned = graph->clone( )；接口进行拷贝时，无须传递参数 cache，因为它是一个默认值，而默认值也是右值，因而能够被右值引用绑定。在进行深度优先拷贝时，将每个节点缓存到 cache 数据结构中。若之前创建过，则直接返回 cache 中的结果。

如图 1.2 所示的深度优先拷贝顺序为 A -> B -> D，当从 C 节点开始拷贝时，由于其叶子节点 D 已经被节点 B 创建过并缓存到 cache 中，该过程将直接从 cache 取出 D 节点的地址而不是创建一个新的 D 节点。在 clone( ) 函数结束后，cache 将被销毁。

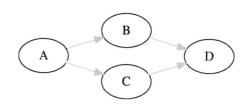

● 图 1.2 图节点的深度优先拷贝

▶▶ 1.3.3 转发引用与完美转发

C++11 中引入了转发引用特性。而在没有转发引用的时代，泛型编程会面临一些问题，考虑如下代码。

```
template<typename T, typename Arg>
UniquePtr<T> makeUnique(const Arg& arg)
{ return UniquePtr<T>(new T(arg)); }
```

makeUnique 将参数 arg 传递给类 T 从而构造出 T 对象，再返回被 UniquePtr 包裹的智能指针。若 T 的构造函数只接受一个左值引用参数，那么将会导致编译错误，因为这个 makeUnique 只传递常引用，无法被非常左值引用绑定。为了解决这个问题，我们不得不重载一个左值引用的版本。

```
template<typename T, typename Arg>
UniquePtr<T> makeUnique(Arg& arg)
{ return UniquePtr<T>(new T(arg)); }
```

这两个版本的 makeUnique 的唯一区别在于函数的入参引用类型不一样，程序的实现却一模一样。若需要支持多个参数，那么每个参数都得重载两个版本，这样库开发者不得不为了支持 N 个参数而实现 2^N 个重载版本，这是毫无意义的。

C++11 引入变参模板特性解决了多参数版本的问题，将重载版本数量下降了一个数量级。而转发引用特性解决了同一个参数的不同引用类型导致的多个重载问题。回到最初的例子，在 C++11 后，只需要实现一个版本即可。

```
template<typename T, typename Arg>
UniquePtr<T> makeUnique(Arg&& arg) { /* ...* / }
```

Arg&& 引用类型能绑定左值、右值表达式，最终体现为左值引用或者右值引用，因此也被称为转发引用。先前介绍的右值引用也是 && 形式，区分它们的方法是：若 Arg&& 中的 Arg 为模板参数或 auto，那么就是转发引用；若为具体类型，则为右值引用。转发引用出现在类型推导环境下，能够保留类型的 cv 限定符[⊖]与值类别。

这里的 arg 参数的值类别是左值[⊖]。若函数实现为 return UniquePtr<T>（new T（arg）），则由于 arg 表达式始终为左值，若其绑定的是右值，那么就丢失了原值的属性；这将始终为左值。因此我们需要在函数传参时保持 arg 的左值或右值属性，这样便产生了 std::forward。

```
template<typename T, typename Arg>
UniquePtr<T> makeUnique(Arg&& arg)
{ return UniquePtr<T>(new T(std::forward<Arg>(arg))); }
```

而 std::forward 的实现完美转发较为简单：static_cast<Arg&&>（arg），它将左值表达式 arg 强制类型转化成其传递时的类别[⊜]，最终结果就是保留了左值或右值性质。

最后配合可变参数模板特性，从而将 2^N 个重载版本降为 1 个。

```
template<typename T, typename...Args>
UniquePtr<T> makeUnique(Args&&...args)
{ return UniquePtr<T>(new T(std::forward<Args>(args))...); }
```

typename... Args 声明了一个可变模板参数包 Args，当 ... 出现在标识符后边时，对参数包进行展开，因此上述代码与如下代码等价。

```
template<typename T, typename Arg1>
UniquePtr<T> makeUnique(Arg1&& arg1)
{ return UniquePtr<T>(new T(std::forward<Arg1>(arg1))); }
template<typename T, typename Arg1, typename Arg2>
UniquePtr<T> makeUnique(Arg1&& arg1, Arg2&& arg2)
{ return UniquePtr<T>(new T(std::forward<Arg1>(arg1),
                           std::forward<Arg2>(arg2))); }
// 省略 N 个重载版本
```

转发引用与完美转发固定搭配；可变参数模板解决函数任意多个参数从而无须手写多个重载版本。

1.4 类型推导

C++强大的类型系统在 C++98 时代仅仅只有一种类型推导机制——模板参数；C++11 新增了两个关键字用于类型推导——auto 与 decltype；C++14 提供了关键字 decltype（auto）用于

⊖ const 与 volatile 修饰符。
⊖ 注意 arg 定义时的类型为转发引用类型，然而 arg 作为表达式始终为左值，参考 1.3.1 节中 value 的例子。
⊜ 这里还涉及引用折叠的概念，https：//zh.cppreference.com/w/cpp/language/reference。

简化某些推导场景；C++17 提供了类模板参数推导特性，让程序员能够自定义模板类的推导规则，用户使用时无须再显式指定类模板参数。

从库开发者角度来说，可以直接获取表达式的类型，写出一些曾经难以表达的代码；从用户角度来说，无须编写明显冗余的类型，从而提高了程序的可读性。本节将带领读者掌握这几种类型推导机制。

▶▶ 1.4.1　auto 类型推导

C++98 的 auto 关键字曾用于声明一个变量为自动生命周期，与之对应的有全局静态生命周期、动态内存生命周期。因为声明一个变量时默认生命周期就是自动的，因此该关键字无意义。从 C++11 起这个关键字的语义发生了变化，它被用于推导一个标识符的类型。

在 C++98 中，遍历容器的场景如下：

```
for (vector<int>::iterator it = vec.begin(); it != vec.end(); ++it)
{ /* ...* / }
```

程序员每次使用迭代器等场景时，都需要声明较长的 vector<int>::iterator 类型，而在 C++11 引入 lambda 表达式后，其类型甚至都无法写出，因此需要使用 auto 来简化程序员的工作。上述例子可以写成如下代码：

```
for (auto it = vec.begin(); it != vec.end(); ++it) { /* ...* / }
```

编译器将会对表达式 auto v = expr 中的 expr 类型进行推导，从而得到 auto 最终的类型：

```
struct Foo { };
Foo* getPFoo();
const Foo* getCPFoo();

Foo foo{};
Foo* pfoo = &foo;
const Foo* cpfoo = &foo;

auto v1 = foo; // Foo
auto v2 = pfoo; // Foo*
auto v3 = cpfoo; // const Foo*
auto v4 = getPFoo(); // Foo*
auto v5 = getCPFoo(); // const Foo*
```

上面例子很好地阐述了 auto 的行为，需要注意的是，若 expr 为引用类型，则会丢失引用性，同样也会丢失对应的 cv 属性⊖。

⊖　指针类型能够保留指向数据的 cv 属性。

```
Foo& lrfoo = foo;
const Foo& clrfoo = foo;
Foo&& rrfoo = Foo{};

auto v6 = lrfoo; // Foo
auto v7 = clrfoo; // Foo
auto v8 = rrfoo; // Foo
```

原因是在 auto 语义下，其表现为值语义，即通过移动、拷贝构造，自然就丢失了 cv 属性。如果想保留引用语义与 cv 属性，那么需要显式指定 auto&。

```
auto& v9 = lrfoo; // Foo&
const auto& v10 = lrfoo; // const Foo&
auto& v11 = clrfoo; // const Foo&
```

关于引用还有一个表现形式是 auto&&，这可能会被误认为一个右值引用类型，其实它是一个转发引用，既能绑定左值也能绑定右值表达式，在本书 1.3.3 节中介绍过。

```
auto&& v12 = foo; // Foo&
auto&& v13 = Foo{}; // Foo&&
```

auto 的类型推导语义与模板函数中的类型参数等价，即下面例子中的 T 与 auto 等价。

```
template<typename T>
void func(T arg);
```

auto 语义在 C++11 后做类型推导，操作时可以适当使用 auto 来简化代码。需要注意的是，auto 为值语义，因此会丢失引用性与对应的 cv 属性。

▶▶ 1.4.2 decltype 类型推导

从 C++11 起引入了 decltype 来获取表达式的类型。传统意义上，程序员能够轻松地通过类型实例化得到值，但却无法由值获得对应的类型，而 decltype 的出现打破了这个由值到类型的枷锁。它在元编程中也十分重要，本节将介绍 decltype 特性。

根据 C++标准，decltype 特性提供两种使用场景。

场景一：若实参为无括号的标识表达式或无括号的类成员访问表达式，则 decltype 产生以此表达式命名的实体的类型。若无这种实体或该实参指名某个重载函数，则程序非良构。

场景二：若实参是其他类型为 T 的任何表达式，且

- 若表达式的值类别为将亡值，则 decltype 产生 T&&。
- 若表达式的值类别为左值，则 decltype 产生 T&。
- 若表达式的值类别为纯右值，则 decltype 产生 T。

简而言之，其提供了两种版本：不带括号的标识符与带括号的表达式，前者获取标识符定

义时的类型，后者获取作为表达式时的值类别。为方便理解，定义如下值。

```cpp
struct Point {
  int x = 0;
  int y = 0;
};

Point pt;
Point* pPt = &pt;
const Point* cpPt = &pt;
Point& lrPt = pt;
Point&& rrPt = {};
```

1. 带括号版本

带括号版本获取表达式的值类别，我们先来看看左值表达式的情况，为了便于区分，其类型带一个引用。

```cpp
// 左值(带一个引用)
using T1 = decltype((pt)); // Point&
using T2 = decltype((pPt)); // Point* &
using T3 = decltype((cpPt)); // const Point* &
using T4 = decltype((lrPt)); // Point&
using T5 = decltype((rrPt)); // Point&
using T6 = decltype((rrPt.x)); // int&
using T7 = decltype((pt.x)); // int&
using T8 = decltype((++pt.x)); // int&
```

上述例子都是左值表达式，值得注意的是 rrPt 定义时为右值引用类型，而整体作为表达式使用则表现为左值，在 1.3.1 节我们也提到了这点。++pt.x 作为表达式来说其结果也是左值。

下面再来看纯右值表达式的情况，为便于区分，其类型不带引用。

```cpp
// 纯右值(不带引用)
using T9 = decltype((pt.x++)); // int
using T10 = decltype((Point{1,2})); // Point
using T11 = decltype((5)); // int
```

上述例子都是纯右值，我们可以发现，对于后置自增操作 pt.x++来说，其结果为右值。

最后是将亡值的情况，为了区分，其类型带两个引用。

```cpp
// 将亡值(带两个引用)
using T12 = decltype((Point{10,10}.x)); // int&&
using T13 = decltype((std::move(pt))); // Point&&
using T14 = decltype((static_cast<Point&&>(pt))); // Point&&
```

上述例子都是将亡值，我们发现可以通过静态类型转换、std::move 将一个左值表达式转化成将亡值。

2. 不带括号版本

不带括号版本用于获取标识符的类型，换句话说就是获取标识符定义时的类型。

```
using T1 = decltype(pt); // Point
using T2 = decltype(pPt); // Point*
using T3 = decltype(cpPt); // const Point*
using T4 = decltype(lrPt); // Point&
using T5 = decltype(rrPt); // Point&&
using T6 = decltype(rrPt.x); // int
using T7 = decltype(Point{10,10}.x); // int
```

上述例子都能反映出来值定义时的类型，值得注意的是 rrPt 定义时为右值引用类型，因此结果也是右值引用类型，而在带括号版本中其作为表达式使用则一直为左值类型。

C++之所以提供这两种方式，是因为每一个标识符的定义与使用，都面临着两种场合：

1）标识符被定义时的类型；

2）整体作为表达式使用时的值类别。

C++编译时有两个经常使用的非求值上下文：sizeof 与 decltype⊖。前者获取表达式类型的大小，后者获取表达式的类型。编译器不会为该表达式进行代码生成，两者都不会对操作数进行运算，即 sizeof（x++）与 decltype（x++）不会导致 x 的值自增。

▶▶ 1.4.3　decltype（auto）类型推导

有了上述两种类型推导方式，为何 C++14 还提供了 decltype（auto）用于类型推导？因为在某些场景下仍有某些类型推导无法满足。

首先考虑 auto 的方式，其表现为值语义而丢失引用性与 cv 属性。若指明了 const 属性，则导致结果始终为 const；若想要采用引用方式，需显式指定 auto& 或 auto&&，而这又导致了只能表现为引用语义。对于想要精确遵从等号右边类型的场景，尤其是在泛型编程场景下不够通用。

考虑 decltype 方式，在前面我们看到了它不仅能够得到标识符定义时的类型，还可以得到整体作为表达式使用时的值类别，因此如果通过圆括号来区分这两种场景，总是能够准确捕捉等号右边表达式的类型。

```
decltype(pt) v1 = pt; // Point,遵循 pt 定义时的类型
decltype((pt)) v2 = pt; // Point&,遵循 pt 作为表达式使用的值类别
decltype(1+2+3+4) v3 = 1+2+3+4; // int
```

⊖　运算符仅查询其操作数的编译期性质。

细心的读者会发现上述形式等号左右两边的表达式有所重复，这是件很烦琐的事情，因此 C++14 引入了 decltype（auto）来代替这种场景，其中的 auto 为占位符，代表了等号右边的表达式，因此只需要写一遍即可。

```
decltype(auto) v1 = pt; // Point,无括号遵循 pt 定义时的类型
decltype(auto) v2 = (pt); // Point&,有括号遵循 pt 作为表达式使用的值类别
decltype(auto) v3 = 1+2+3+4; // int
```

需要注意的是在等号右边可以通过括号来区分 decltype 的两种能力。

另一种场景是用于函数返回值的类型推导，考虑如下两个版本的查找函数 lookup。

```
string lookup1(); // 返回一个值的版本
string& lookup2(); // 返回一个引用的版本
```

若程序员想要精确返回 lookup 函数的返回值，记得函数定义时的类型：以确定是否需要保留其类型的引用性。

```
// 注意返回类型应写成 string,结果为值语义
string look_up_a_string_1() { return lookup1(); }
// 注意返回类型应写成 string&,结果为引用语义,从而保留引用性
string& look_up_a_string_2() { return lookup2(); }
```

这时候 decltype（auto）派上用场，其能精确地捕捉类型，从而决定是值语义还是引用语义，因此上述代码可以写成如下形式。

```
// 返回值统一写成 decltype(auto)
decltype(auto) look_up_a_string_1() { return lookup1(); }
decltype(auto) look_up_a_string_2() { return lookup2(); }
```

如果说 std::forward 通过完美转发函数的入参类型从而保留其引用性，那么与之对应的 decltype（auto）可以完美转发函数的返回类型，同时还能保留值语义或引用语义。虽然 decltype（auto）非常灵活，但是也必须注意返回变量的生命周期，否则很容易造成悬挂引用。

```
decltype(auto) look_up_a_string_1() { auto str = lookup1(); return str; }
decltype(auto) look_up_a_string_2() { auto str = lookup1(); return(str); }
```

仔细分析上述代码可看出，两者都是将结果存储到局部变量 str 中，而且 str 的类型都是 string。第一个版本不带括号，返回类型是 str 定义时的类型 string，一切正常；第二个版本带括号，返回类型是 str 整体作为表达式使用的左值，因此 decltype（auto）的结果是个左值引用 string& 的局部变量，从而导致悬挂引用。

▶▶ 1.4.4 std::declval 元函数

std::declval 并不是语言的特性，而是 C++11 标准库里面提供的一个模板函数，用于在编

译时非求值上下文中⊖对类型进行实例化得到对象，从而可以通过对象获取到其相关信息。

考虑一个典型场景，如何获取给定任意一个函数与其参数进行调用得到的返回类型⊖？给定函数类型 F 和其调用的参数类型 Args。

```
template<typename F, typename...Args>
using InvokeResultOfFunc = // 如何实现?
```

首先分析一下 InvokeResultOfFunc 的原型，这里使用 C++11 提供的 using 类型别名特性来代替以往的 typedef 从而提高可读性，using 别名不仅能够替代所有的 typedef 场景，而且更强大，能够给模板类提供别名⊜，而这也是 typedef 做不到的地方。如果说变量存储的是值，那么别名存储的是就是类型⊗。

接下来考虑模板参数 F。最简单的场景是一个普通函数类型，那么当入参类型匹配时，其返回类型也就确定了；而一般场景考虑函数对象时，可能是一个 lambda 或用户自定义的函数对象，当入参类型不同时，其重载决议的 operator( ) 操作符也不一样，因此得到的返回类型也是不一样的。

```
struct AFunctionObj {
  double operator()(char, int); // #1
  float operator()(int); // #2
} f;
```

在这个场景中，若使用 f('a', 0) 将决议第一个版本，函数返回一个 double 类型的值，进一步需要使用 decltype 从值得到其类型，因此 decltype(f('a',0)) 得到函数对象调用后的返回值的类型 double，同理通过 decltype(f(0)) 得到返回类型 float。这里我们只需要声明这两个函数而不需要实现，正是因为其处于非求值上下文 decltype 中，因此不会导致链接错误。由此我们可以初步实现如下。

```
template<typename F, typename...Args>
using InvokeResultOfFunc = decltype(F{}(Args{}...));
```

因为无法直接对类型进行调用，因此需要对 F 进行实例化得到函数对象 F{}，从而能够进行函数调用动作，同理函数调用的入参也必须是对象（值）而不是类型，同时需要将每个入参类型进行实例化 Args{}...，这样得到的是一个合法的函数调用语句，最终通过 decltype 操

⊖ 1.4.2 节提到的 sizeof 或 decltype 等操作符中使用。

⊖ 作为例子，这里不考虑使用标准库提供的 invoke_result。

⊜ 比较遗憾的是 using 做模板类别名不支持偏特化，它只能做模板类的辅助别名和一些诸如这个例子中的简单定义。

⊗ 作为模板类的别名使用时，并不会实例化别名本身，而是实例化原模板类。

作符获得返回值的类型。需要注意的是实例化并不是真正在内存上构造出对象，它在编译期非求值上下文中，仅仅是用于构造合法的语句。

似乎一切正常，然而当类模板参数不可构造时，其没有默认构造函数，或者构造函数是私有的，那么上述实现将不可用，因为语句 F||（Args||...）无效。这时候标准库的 std::declval 模板函数就派上用场了，它能不受以上条件的约束而构造出对象，只要在非求值上下文中将 F|| 对象写成 std::declval<F>( ) 即可，将待构造的类型显式传递给 declval 模板函数，最终的实现如下。

```
template<typename F, typename...Args>
using InvokeResultOfFunc =
    decltype(std::declval<F>()(std::declval<Args>()...));
```

可以简单验证一下我们之前声明的函数对象 AFunctionObj。

```
using T1 = InvokeResultOfFunc<AFunctionObj, char, int>; // double
using T2 = InvokeResultOfFunc<AFunctionObj, int>; // float
```

C++标准中对 std::declval 的定义是返回一个转发引用的对象，并只能用于诸如 decltype 和 sizeof 等非求值上下文中。至于为什么考虑一个引用类型的对象而不是直接返回一个值，主要是因为引用类型可以是非完备⊖的类型，其上下文不需要求值，因此对类型要求也可以放松；另外，转发引用可以保留左值或右值引用的属性。第二个问题是如何确保程序员仅在非求值上下文中使用？我们依次考虑这两点，来实现一个自己定义的 declval。

```
template<typename T> T&& declval();
```

这个实现很简单，只有一个函数声明，而没有定义，因为处于非求值上下文中，不需要构造对象，所以才使用 declval。当程序员在非求值上下文中使用 declval<T>( ) 时获得的就是该函数返回的一个引用类型的对象，这正符合我们的要求⊖。

现在考虑第二个问题，如何约束程序员只在非求值上下文中使用？若我们尝试在求值环境中使用 declval，会出现 declval 模板函数未定义的链接错误。

```
 $ tail declval.cpp
struct AFunctionObj {
  double operator()(char, int);
```

⊖ 只需要声明即可，不需要定义。

⊖ 事实上我们的实现对于 void 类型来说是有问题的，因为 void 没有引用类型，即 void&& 是非法语句。标准库的实现针对 void 这类没有引用版本的类型提供了一个特殊的实现，即返回它们本身，这可以通过 add_rvalue_reference_t 来做到。C++中 void 的特殊性使得它与其他类型不一致时经常需要重复作业。本书将在 2.1.5 节中对这种情况进行补充。

```
    float operator()(int);
};
int main() { declval<AFunctionObj>(); } // 没有在 decltype/sizeof 等操作符中使用
$ g++ declval.cpp
in function `main':
  undefined reference to `AFunctionObj&& declval<AFunctionObj>()'
collect2: error: ld returned 1 exit status
```

而这个错误信息并不够友好，我们对其做进一步修改，添加更友好的错误信息。

```
template<typename T> struct declval_protector
{ static constexpr bool value = false; };
template<typename T> T&& declval ( ) {
  static_assert ( declval_protector<T>::value,
    " declval 应该只在 decltype/sizeof 等非求值上下文中使用!" ) ; /* 防呆措施 * /
}
```

这次我们给函数添加了定义，不过同样没有给出返回值；而是通过静态断言 static_assert 将错误信息从链接错误转化成更友好的编译错误信息。静态断言的条件没有直接硬编码成 false 的原因是延迟实例化 declval_protector 模板类的时机防止无条件编译错误，当程序员错误地在非求值上下文以外的场景中使用时，便会对函数体中的语句进行检查，从而使实例化的结果为假，导致静态断言失败，提示更加友好的信息；当程序员在非求值上下文中使用时，不会对函数体内的语句进行检查，即不会执行静态断言，据此约束了使用场景。

```
In function 'T&& declval()':
error: declval 应该只在 decltype/sizeof 等非求值上下文中使用!
```

▶▶ 1.4.5 类模板参数推导（CTAD）

类模板参数推导○是 C++17 进一步引入的减少冗余代码的重要特性。当我们使用标准库里提供的模板函数时，或许不知道它就是一个模板函数，但使用起来却和普通函数一样自然。

```
int foo = std::max(1, 2); // #1,省略模板参数的指明
double bar = std::max<double>(1, 2.0); // #2,指明模板参数
```

标准库里面提供的 max 函数用于求任意两个数值类型的最大值，当两个数值类型一致时，编译器会帮我们推导出函数模板的模板参数例如，对于第一个版本，编译器会实例化版本 max<int>；而第二个版本中由于两个数值类型不一致，编译器不知道应该用哪个类型，因此需要我们显式指定模板参数，从而实例化版本 max<double>。

○ Class Template Argument Deduction，缩写为 CTAD。

然而我们在使用模板类时，都必须指明模板类的模板参数后才能使用。

```
std::vector<int> foo{1, 2, 3, 4};
std::pair<int, double> bar{1, 2.0};
```

初始化一个序对类型时，我们明显可以通过构造传递的两个值的类型得到 pair<int, double>，但是在 C++17 之前，尽管编译器知道这些类型，仍需显式指明模板类的模板参数。标准库也发现了这一点，提供了一些辅助模板函数来解决这个问题。

```
auto bar = std::make_pair(1, 2.0);
```

make_pair 是个模板函数，可以自动推导出函数的两个参数类型，从而构造出最终的序对类型。对程序员来说，每写一个模板类都需要考虑封装一个辅助函数来构造这个类型的对象，这是件重复的、烦琐的事情，还得考虑到转发引用与完美转发的问题。

C++17 起引入的这个 CTAD 特性就是为了解决模板类需要显式指明模板参数的问题。而且这个特性不是很复杂，我们可以像使用普通类一样使用模板类，就像模板函数与普通函数表现的一致性。在 C++17 中，std::pair {1, 2.0} 与 std::pair<int, double> {1, 2.0} 等价。通过改写前面的代码，可以看到明显的区别，改写后的代码更精简。

```
std::vector foo{1, 2, 3, 4};
std::pair bar{1, 2.0};
```

考虑用户实现一个模板类，最简单的情况下，只要模板类参数和构造函数能够对应得上，对于编译器来说没有什么歧义，构造的时候就能推导出类型。

```
template<typename T, typename U>
struct Pair {
  Pair();
  Pair(T, U);
  // ...
};
Pair foo{1, 2}; // 编译器能够自动推导出 Pair<int, int>
```

在这个例子中，在构造 Pair 时编译器能够正确地通过模板参数推导出其构造函数的模板参数，同时将模板参数运用于最终的模板类上。然而当使用默认方式构造 Pair{} 时将触发编译错误，因为编译器无法得知这两个模板参数，Pair{} 也没有提供默认的模板参数。

当构造函数与模板类参数无法对应时，这时候需要程序员定义一些推导规则，编译器会优先考虑推导规则。

```
template<typename T, typename U>
struct Pair {
  template<typename A, typename B>
```

```
    Pair(A&&, B&&);
    // ...
  };
  Pair foo{1, 2}; // 编译错误!
```

这个例子与前面稍微不同，构造函数与模板类的模板参数不一致，编译器会认为 T 与 U、A 与 B 是不同的类型，因此无法通过构造函数得知最终的模板类参数。这时可以通过添加推导规则来解决这个问题。

```
  template<typename T, typename U>
  Pair(T, U) -> Pair<T, U>;
```

在做模板参数推导时，推导规则拥有很高的优先级，编译器会优先考虑推导规则，之后才考虑通过构造函数来推导。

上述规则相当于告诉编译器，当通过诸如 Pair（T, U）的方式构造程序时，自行推导出模板类 Pair<T, U>。因此 Pair ｛1, 2｝ 会得到正确的 Pair<int, int> 类型。确定模板类后，并不会影响构造函数的决议过程，就和程序员显式指定模板参数一样。在这个例子中会通过转发引用版本的构造函数进一步构造。

推导规则和函数声明的返回类型后置写法很相似，需要注意的是推导规则前面没有 auto，通过这一点来区分两者。CTAD 特性与推导规则是非侵入式的，为已有的模板类添加推导规则并不会破坏已有的显式指明的代码，这也是为何标准库在引入特性之后不会破坏用户代码的原因。

模板函数的模板参数可以在程序员使用时自动对类型进行推导，从而实例化进行调用。而在 C++17 之前，使用模板类需要显式指明模板参数，而在 C++17 后提供的 CTAD 特性可以简化这一点，同时提供自定义推导规则以帮助编译器推导正确的类型。

1.5 函数对象

一个对象只要能够像函数一样进行调用，那么这个对象就是函数对象，它与普通函数相比更加通用，同时函数对象还可以拥有状态。标准库<functional>里提供了一些常用的函数对象，并且算法部分<algorithm>大多要求以更加通用的函数对象形式提供，而不仅仅局限于普通函数（函数指针）。

函数对象有个好处就是可以作为参数传递给其他函数，这种函数被称为高阶函数⊖。在 C++中不允许直接传递函数，虽然可以通过函数指针的形式来传递，但与函数对象相比会产生

　⊖　例如常用的排序函数。

间接调用的开销，不利于编译器优化。

典型使用函数对象的场景是编写回调函数，它可以轻松地携带一些状态。

▶ 1.5.1 定义函数对象

C++支持操作符重载，而类能够存储私有状态，这两个特性组合起来便能定义一个函数对象，在 C++98 时代通常采用这种做法。据此我们可以定义一些简单的函数对象。

```
struct plus {
  int operator()(int x, int y)
  { return x + y; }
};
cout << plus{}(2, 3); // 5
```

首先定义一个名为 plus 的类，其成员函数仅有一个 operator() 操作符，该函数实现了对两个 int 类型的数值进行相加的操作，而 plus{}实例化了一个临时的函数对象，因此可以使用成员函数调用动作 plus{} (2, 3)，从而得到 5。

熟悉设计模式的读者会发现这其实是一个命令模式（见图 1.3），将行为包裹于函数对象中并传递给用户供后续调用。

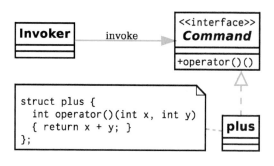

● 图 1.3 命令模式

更进一步可以将该函数对象泛化，使其支持除 int 类型之外的其他数值类型，我们可以将该类重构为模板类。

```
template<typename T> struct plus {
  T operator()(T x, T y) { return x + y; }
};
cout << plus<double>{}(2.2, 3.3); // 5.5
```

除了添加模板参数上的差异，实例化函数对象时需要显式指明类的模板参数 plus<double>{}。如果需要为该函数对象添加状态，可以通过成员变量来存储状态，考虑实现为任意数+N 的函数对象。

```
struct plusN {
  plusN(int N) : N(N) {}
  int operator()(int x)
  { return x + N; }
private:
  int N;
};
auto plus5 = plusN{5};
cout << plus5(2) << endl; // 7
cout << plus5(3) << endl; // 8
```

上述代码添加了一个成员变量 N 用于存储加数，而这时的成员函数只需要接受一个参数，便能和已有的加数进行相加，在实例化对象的时候通过构造函数传递加数 5，后续调用得到加 5 的结果。

观察从 plus 到 plusN 的过程，其实函数的行为都一定，唯一不同的是后者的状态确定，更确切的是函数的两个参数中的一个参数确定了，也就是说其中一个参数被绑定了，程序员每次使用时无须传递被绑定的参数，只需要传递剩余的参数。

为了避免每次都要为参数绑定动作实现一个对应的类与构造函数，标准库提供了高阶函数 bind 来简化这个过程。

```
using namespace std::placeholders;
auto plus5 = std::bind(plus<int>{}, 5, _1);
```

bind 接收一个函数对象，这里需要对 plus<int>{} 函数对象进行参数绑定，后续参数是待绑定的参数 5，还有未提供的参数 _1，这是一个来自于 std::placeholders 名称空间的占位符，表示将来调用时才对这个参数进行绑定，bind 最终生成一个只接受一个参数的函数对象 plus5。当使用 plus5（2）进行调用时，第一个参数 2 将被_1 绑定⊖，从而得到最终结果 7。

函数对象和普通类对象一样，可以赋给一个变量进行传递，配合 bind 等高阶函数，能够将一系列函数对象灵活组合成更高级的功能。考虑如下将所有大于 4 数打印出来的代码。

```
std::vector<int> nums = {5,3,2,5,6,1,7,4};
std::copy_if(nums. begin ( ), nums. end ( ),
  std::ostream_iterator<int>(std::cout, ", "),
  std::bind(std::greater<int>{}, _1, 4) );
```

copy_if 接受一个输入迭代器区间和一个输出迭代器，接受一个单参的谓词函数⊖，对输入迭代器区间的每个元素进行谓词调用，若为真则把这个元素复制到输出迭代器上。greater<int>

⊖ 若有多个参数的话，第二个参数将被_2 绑定，以此类推。
⊖ 返回类型为 bool 的函数称为谓词函数。

函数对象接受两个参数,判断这两个参数是否满足大于关系,通过 bind 将第二个参数绑定为 4 得到一个只接受一个参数的谓词函数,从而实现了对每个元素进行是否大于 4 的判断。

▶ 1.5.2 lambda 表达式

C++11 起提供了 lambda 特性,简化程序员定义函数对象,而无须定义对应的函数对象类,如下是 lambda 的语法:

[捕获](形参列表) -> 后置返回类型 { 函数体 }

其中后置返回类型可以省略,编译器会自动推导出 lambda 的返回类型,形参列表也是可选的,因此最简单的 lambda 定义为 [ ] {}。考虑如下代码。

```
constexpr auto add = [](auto a, auto b) { return a + b; };
```

我们声明了一个 constexpr 的编译时常量 add 来存储这个 lambda 对象,从 C++17 起 lambda 默认为 constexpr,因此能够被一个 constexpr 常量所存储,而在这之前只能将常量声明为 const。值得注意的是,从 C++14 起 lambda 的形参支持 auto,表明类型由编译器根据实际调用传递的实参进行推断,即泛型 lambda。

add 是一个值,那么它所属的类型到底是什么呢?它其实是由编译器生成的一个匿名类,如下代码为一种可能:

```
struct _lambda_7_26 {
  template<typename t0, typename t1>
  constexpr auto operator()(t0 a, t1 b) const { return a + b; }
};
constexpr const _lambda_7_26 add = _lambda_7_26{};
```

从上可看出 lambda 背后其实是一个匿名类与一个成员操作符 operator()。如果 lambda 包含在捕获列表内,那么捕获将在对应的匿名类中生成成员变量与构造函数来存储捕获;对于无捕获的 lambda 而言,其生成的匿名类中拥有一个非虚的函数指针类型转换操作符,能够将 lambda 转换成函数指针。这个不难理解,因为无状态的 lambda 表达式可以赋给无状态的函数指针,据此如下代码合法。

```
using IntAddFunc = int(*)(int, int);
constexpr IntAddFunc iadd = [](auto a, auto b) { return a + b; };
```

这段代码将无捕获的泛型 lambda 赋给一个函数指针,编译器会把匿名类中的模板函数实例化成 int 版本,然后通过类型转换操作符转换成具体的函数指针。

泛型 lambda 与模板函数有什么区别呢?考虑同样实现的模板函数:

```
template<typename T> T add(T a, T b) { return a + b; }
```

区别在于 add 模板函数隐含着要求两个形参类型一致，而泛型 lambda 版本由于两个形参类型声明为 auto，表明两个类型之间没有严格的一致性。在 C++20 中泛型 lambda 也支持以模板参数形式提供，这样就能保证两个形参类型一致。

```
constexpr auto add = [ ]<typename T>(T a, T b) { return a + b; };
```

另一个重要的区别在于模板函数只有实例化之后才能传递[⊖]，而泛型 lambda 是个对象，因此可以按值传递，在调用时根据实际传参进行实例化模板函数 operator( )，从而延迟了实例化的时机，大大提高了灵活性。标准库的一些算法通常要求对函数对象进行组合，此时泛型 lambda 将能通过编译，而模板函数不行。

在前一节中提到通过 bind 操作为函数对象绑定部分参数，lambda 作为函数对象自然也能够通过这种方式来做，但在 C++扩展了 lambda 后，仅通过 lambda 也能实现同样的功能。

```
// auto plus5 = std::bind(plus<int>{}, 5, _1);
constexpr auto add5 = [ add ](auto x) { return add(x, 5); };
cout << add5(2); // 7
```

add5 的实现捕获了一个函数对象 add，同时接受一个参数 x，返回 add（x，5）的结果。捕获 add 对应于 bind 的第一个参数，形参 x 对应于占位符_1。

对于 bind 而言，虽然它提供了一种比较简洁的表现形式来对函数对象的参数进行部分绑定、重排，但也有对应的代价。由于它是库特性，编译器生成绑定版本的函数对象需要进行复杂的编译时计算来生成代码，运行结果也不是 constexpr，这不利于编译器的优化；而 lambda 是语言的核心特性，这意味着编译器能够很简单的优化它们。

另外使用 bind 与其他高阶函数组合时，需要思考 bind 生成的函数对象与高阶函数要求的函数签名是否一致。例如 copy_if 高阶函数需要接受一个单参的谓词，而从 bind 无法直观看出来。考虑前一节的将所有大于 4 的数打印出来的代码，lambda 可读性更佳。

```
copy_if(/*  ...* /, bind(greater<int>{}, _1, 4));
copy_if(/*  ...* /, [ ](int x) { return x > 4; });
```

lambda 的捕获既可以通过值语义也可以通过引用语义传递，而 bind 的参数绑定为值语义，若需要传引用，需通过 std::ref 等函数将引用包裹为值语义进行再传递。考虑如下函数对象 assign，将第二个参数赋值给第一个参数。

```
constexpr auto assign = [ ](int &x, int y) { x = y; };
int x = 0;
auto assignX = [ assign, &x ](int y) { assign(x, y); };
assignX(5); // x == 5
```

⊖ 只能通过具体的函数指针传递。

assignX 将按引用捕获 x，因此调用将正确地赋值给 x。而通过 bind 的方式，若不注意则会产生意外的结果。

```
int x = 0;
auto assignX = std::bind(assign, x, _1);
assignX(5); // x == 0, 不符合预期!
```

若通过 std::ref 将引用以值语义形式传递给 bind，从而得出正确结果：bind（assign，ref（x），_1）。

▶▶ 1.5.3　函数适配器

前文介绍的函数对象背后都有对应的类型：在 C++11 前需要定义一个类并实例化来表达函数对象；在 C++11 后使用 lambda 来表达函数对象，编译器自动生成一个匿名类型并实例化对象。C++11 起标准库引入了 std::function 函数模板作为适配器，它能够存储任何可调用的对象：

- 普通函数（函数指针）。
- lambda 表达式。
- bind 表达式。
- 函数适配器。
- 其他函数对象，以及指向成员函数的指针。

这意味着不论函数对象的类型如何，都可以被对应原型的 std::function 所存储[○]，即拥有统一类型，可以在运行时绑定，进而实现值语义运行时多态。考虑如下二元函数的工厂代码。

```
enum class Op { ADD, MUL };
std::function<int(int, int)> OperationFactory(Op op) {
  switch (op) {
    case Op::ADD: return [](int a, int b) { return a + b; };
    case Op::MUL: return std::multiplies<int>{};
  }
}
```

由于这个函数需要在运行时根据传递 Op 类型的值来创建不同类型的函数对象，因此需要一个统一的返回类型，即函数适配器 std::function<int（int，int）>，它能够动态绑定两个入参类型为 int 与返回类型也为 int 的函数对象。

○　std::function 只能存储那些支持拷贝的类型，而无法存储仅支持移动语义的类型，例如捕获是 std::move 的 lambda。

1.6 运行时多态

在软件开发中往往面临着大量选择的问题，不同的编程范式拥有不同的解决方案：面向过程编程范式采用大量的 if-else、switch-case 做"选择"，往往面临着将"选择"这个细节散布到代码各处的问题⊖；面向对象编程范式采用接口类将"选择"这个细节屏蔽于工厂中；函数式编程范式采用模式匹配做"选择"。

选择问题往往是软件复杂的原因所在，因此我们需要很好的手段来隔离这些细节；即依赖抽象而不是细节，依赖统一的概念。这种处理问题的思路被称为多态：同一外表之下的多种形态。

▶▶ 1.6.1 运行时多态手段

C++语言最初作为一门面向对象编程语言⊜，它提供的唯一运行时多态特性即虚函数机制。C++进行面向对象编程涉及的概念有抽象类、具体类与对象。抽象类充当接口（类）的作用，它包含大量虚函数，用于应对变化⊜、隔离细节⊜；具体类用于实例化运行时的对象，它通过继承方式实现抽象类所表达的接口；而对象是最终整个系统运行的数据载体，对象之间通过接口交互实现整个系统的业务逻辑。继承的方式不仅可以用于表达实现语义，同样也能表达组合语义、复用代码。C++面向对象编程范式典型 UML 图如图 1.4 所示。

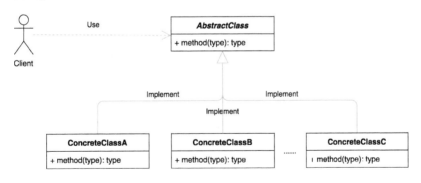

● 图 1.4　C++面向对象编程范式典型 UML 图

⊖　if-else/switch-case 本身没什么问题，主要问题是无法很好地处理重复的分支，导致同一个"选择"的细节被反复实现；此外，过于依赖这些 if-else 式的控制代码也会让一段代码过于依赖具体的细节。

⊜　诞生于 C with class。

⊜　指的是一个抽象类拥有多个不同的实现，多种变化方向。

⊜　也可以视作类型擦除，即不关心具体类型。

面向对象的编程范式使用广泛，积累了很多可复用的模式：面向对象设计模式[4]。从图1.4 可推导出常见的设计模式：

- 将 AbstractClass 替换成 State，method 替换成 handle，ConcreteClass 替换成 ConcreteState，便得到状态模式，用于建模业务的状态变迁。
- 将 AbstractClass 替换成 Command，method 替换成 execute，ConcreteClass 替换成 Concrete-Command，便得到命令模式。C++标准库提供的 std::function 与 lambda 特性即命令模式，因而实际中无须再使用这个设计模式，从而减少多余的接口。
- 将 AbstractClass 替换成 AbstractExpression，method 替换成 interpet，ConcreteClass 替换成 TerminalExpression 与 NonTerminalExpression，便得到解释器模式，用于实现简单的 DSL。
- 将 AbstractClass 替换成 Component，method 替换成 operation，ConcreteClass 替换成 Leaf 与 Composite，便得到组合模式，从而形成树形结构，例如文件目录树。
- 将 AbstractClass 替换成 Target，method 替换成 operation，ConcreteClass 替换成 Adapter，便得到适配器模式，将一个已有的接口适配成目标接口。
- 将 AbstractClass 替换成 Strategy，method 替换成 algorithm，ConcreteClass 替换成 ConcreteStrategy，便得到策略模式，使其能够在运行时选择不同策略。

还有很多设计模式就不在这里一一罗列了，读者可以根据基本概念，推导出剩下的设计模式，这也说明了设计模式并不需要生搬硬套，读者只需要在不同的场景设计合适的接口，寻找合适的对象。简而言之，面向对象注重的是数据封装性，通过统一的抽象接口隔离不同的实现细节，从而分离变化方向，这也是依赖倒置的思想⊖。

C++的运行时多态机制采用继承方式，它往往伴随着指针、引用，它们都能实现引用（指针）语义⊖多态，统一的接口类指针、引用拥有不同的实现，并且往往涉及动态内存分配。而C++17 标准库的 std::variant 出现配合 std::visit，与指针、引用方式相比，能实现值语义多态。

Scott Meyers⊖建议设计一个像 int 一样的基础数据类型，因为使用基础数据类型非常方便：可以在堆、栈上创建值，通过值传递，轻松通过拷贝语义创建一个完全独立的副本，或者通过移动语义移动一个值，这些都是值语义所具备的特征。

需要注意的是，不能简单地通过 obj->method() 表现形式来判断 obj 是指针语义还是值语义。例如 std::unique_ptr 实现为指针语义，operator->() 返回持有指针；而 std::optional 实现为值语义，operator->() 返回持有值。同样地，也不能简单地通过是否需要动态内存分配来区分

⊖ 属于软件开发中的 SOLID 原则，包含单一职责、开闭原则、里氏替换原则、接口隔离原则、依赖倒置原则，该原则目的是合理安排类与函数、类之间的关系，使得软件达到高内聚、低耦合的目标。
⊖ 除了引用非空外，与指针语义几乎同义。两者的细微差异参考 1.4.1 节。
⊖ "Effective C++" 系列图书的作者，建议出自于 *More Effective C++*的条款 6。

指针语义与值语义。

接下来我们看一个经典的面向对象设计中的例子：对形状进行操作（见图 1.5），这里将采用引用语义多态与值语义多态进行对比，并给出它们各自的优缺点。

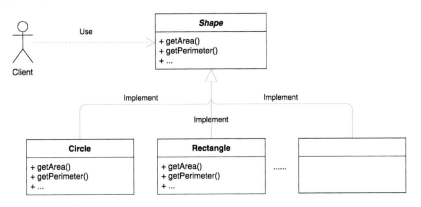

● 图 1.5 对不同形状进行求面积、周长操作，并提供统一的接口

首先是面向对象的引用语义多态方式⊖，该方式提供统一的接口 Shape 隔离不同的形状，对统一接口进行操作获取不同的形状结果。

```
struct Shape {
  virtual ~Shape() = default;
  virtual double getArea() const = 0;
  virtual double getPerimeter() const = 0;
};

struct Circle : Shape {
  Circle(double r): r_(r) {}
  double getArea() const override       { return M_PI * r_ * r_; }
  double getPerimeter() const override  { return 2 * M_PI * r_; }
private:
  double r_;
};

struct Rectangle : Shape {
  Rectangle(double w, double h): w_(w), h_(h) {}
  double getArea() const override       { return w_ * h_; }
  double getPerimeter() const override  { return 2 * (w_ + h_); }
private:
  double w_;
```

⊖ 笔者习惯用 struct 声明接口，因为可见性默认为 public，从而省去一行 public。类的定义也视情况选择使用。

```
    double h_;
};

std::unique_ptr<Shape> shape = std::make_unique<Circle>(2);
// shape area: 12.5664 perimeter: 12.5664
std::cout << "shape area: " << shape->getArea()
          << " perimeter: " << shape->getPerimeter() << std::endl;

shape = std::make_unique<Rectangle>(2, 3);
// shape area: 6 perimeter: 10
std::cout << "shape area: " << shape->getArea()
          << " perimeter: " << shape->getPerimeter() << std::endl;
```

最后我们使用值语义的运行时多态方式，使用 std::variant 构造统一的形状 Shape，通过统一的行为来操作不同的形状以获取对应的结果。

```
struct Circle { double r; };
// Circle 的一系列操作
double getArea(const Circle& c)       { return M_PI * c.r * c.r; }
double getPerimeter(const Circle& c)  { return 2 * M_PI * c.r; }

struct Rectangle { double w; double h; };
// Rectangle 的一系列操作
double getArea(const Rectangle& r)       { return r.w * r.h; }
double getPerimeter(const Rectangle& r)  { return 2 * (r.w + r.h); }

// 使用 variant 定义一个统一的类型 Shape,其拥有不同的形状,从而实现运行时多态
using Shape = std::variant<Circle, Rectangle>;
// 统一类型 Shape 的一系列多态行为
double getArea(const Shape& s)
{ return std::visit([](const auto& data) { return getArea(data); }, s); }
double getPerimeter(const Shape& s)
{ return std::visit([](const auto& data) { return getPerimeter(data); }, s); }

Shape shape = Circle{2}; // shape area: 12.5664 perimeter: 12.5664
std::cout << "shape area: " << getArea(shape)
          << " perimeter: " << getPerimeter(shape) << std::endl;

shape = Rectangle{2, 3}; // shape area: 6 perimeter: 10
std::cout << "shape area: " << getArea(shape)
          << " perimeter: " << getPerimeter(shape) << std::endl;
```

这种多态方式的核心在于 std::visit 与 std::variant 类型的组合，需要注意的是 visit 接受一个泛型函数对象。背后的机制是经典的双重派发技术，图 1.6 阐述了这一点：

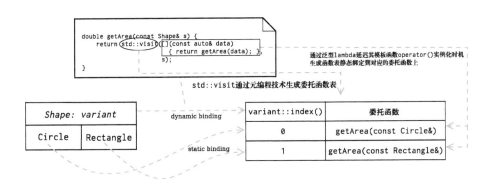

图 1.6 visit 与 variant 组合生成委托函数表供运行时多态

- 通过元编程技术在编译期生成函数表[1]，与此同时泛型函数对象的模板成员函数 operator( ) 将实例化并派发给实际的函数。
- 运行时根据传递的 variant 索引查找表中的函数然后进行派发调用。

1.6.2 subtype 多态 vs ad-hoc 多态

对于采用继承表达 IsA 关系的运行时多态，需要符合里氏替换原则，我们称之为 subtype[2] 多态；subtype 采用函数委托分发方式，我们称之为 ad-hoc 多态。两者方式看似一样，但又有很大差别，本节将从多个维度来对这两种多态方式进行分析。

从 C++17 起标准库引进了 variant 后能够更好地表达 ad-hoc 多态，那么这种多态方式在性能上会不会有优势呢？我们根据前面的例子做一下性能分析，将随机构造的长方形或者圆形对象存储到统一的线性结构容器中，最后对线性容器中的每一个元素进行多态调用，不难得出如下的性能对比代码。

```
static void subtypePerf(benchmark::State& state) {
  using namespace Subtype;
  size_t len = state.range(0);
  for (auto _ : state) {
    vector<unique_ptr<Shapc>> shapes; shapes.reserve(len);
    for (size_t i = 0; i < len; ++i) {
      if (rand() % 100 > 50) shapes.emplace_back(
        make_unique<Rectangle>(rand() % 10, rand() % 10));
      else shapes.emplace_back(make_unique<Circle>(rand() % 10));
    }
```

---

[1] 笔者参考的 libstdc++ 与 libc++ 都是这种实现。

[2] 两个类之间的 subtype 关系不一定得采用继承来实现，只要它不破坏被替换类的行为，即满足 subtype 关系。

```
      for (const auto& shape : shapes) {
        benchmark::DoNotOptimize(shape->getArea());
        benchmark::DoNotOptimize(shape->getPerimeter());
      }
    }
  }
  static void adhocPerf(benchmark::State& state) {
    using namespace Adhoc;
    size_t len = state.range(0);
    for (auto _ : state) {
      vector<Shape> shapes; shapes.reserve(len);
      for (size_t i = 0; i < len; ++i) {
        if (rand() % 100 > 50) shapes.emplace_back(
          Rectangle{rand() % 10 * 1.0, rand() % 10 * 1.0});
        else shapes.emplace_back(Circle{rand() % 10 * 1.0});
      }
      for (const auto& shape : shapes) {
        benchmark::DoNotOptimize(getArea(shape));
        benchmark::DoNotOptimize(getPerimeter(shape));
      }
    }
  }
```

在给出结果之前先看看两者运行时多态方式的表现形式差异（见表 1.1）。

表 1.1　subtype 多态和 ad-hoc 多态的表现形式对比

多态形式	定　义	多态调用
subtype 多态	Abstract * obj	obj->method( )
ad-hoc 多态	Abstract obj	method（obj）

对于 subtype 多态而言，需要存储统一的抽象接口指针，而对象的构造需要常驻在内存中，涉及动态内存分配。现代 C++ 使用智能指针对对象进行管理，避免程序员忘记释放内存而导致内存泄漏问题，内存管理细节会分离到智能指针中，从而减轻程序员管理内存的压力。这里采用指针语义的 unique_ptr 再合适不过，其实现符合零成本抽象原则，不会比手动 new/delete 产生额外开销，因此其线性存储结构需要声明为 vector<unique_ptr<Subtype::Shape>>。对于线性容器的每个多态调用，采取 obj->method( ) 方式。

对于 ad-hoc 多态而言，因为需要存储到统一的线性容器中，因而线性容器的每个元素也需要统一的类型，即 Adhoc::Shape。由于 variant 实现为值语义，因此对象能够直接存储到线性容器中。对于线性容器的每个多态调用，采取 method（obj）方式。

表 1.1 里的多态调用方式差异也有一段小插曲。C++ 之父 Bjarne Strous-trup 曾经有个关于

提供函数的统一调用语法⊖的提案,即自由函数调用 method（obj） 能够写成成员函数调用 obj. method( )形式。C++很好地解决了操作符重载问题:无论提供自由函数形式 operator+ （T, T） 或者成员函数形式 T∷operator+ （T） 都可以写成 x+y 形式的表达式。若自由函数与成员函数调用语法统一的话,库开发时就不需要为了兼容两种表现形式而将一个函数实现两遍,例如标准库为容器提供了 begin （c） 与 c. begin( )两个实现。

Effective C++[5]中的条款 23 建议,一个类如果能够实现成自由函数形式与成员函数形式,优先考虑自由函数形式,因为其能提高这个类的封装性⊜并降低对类的耦合,同时扩展这个类的方法也无须修改该类。倘若自由函数能够写成成员函数调用形式,那么程序员既能避免函数嵌套调用过深,又能享受链式调用与 IDE 提供的补全效果。毕竟指定了第一个参数（对象）,那么函数的候选集将大大缩小⊜。

这个提案想法很美好,遗憾的是 C++之父却受到了谴责,因为这样做推销了面向对象编程⊕,加上这个特性破坏了历史代码的兼容性,所以未能进入标准。

C++最终未提供这个语法的支持,那么对于标准库提供的自由函数版本 begin （c） 和成员函数版本 c. begin( )建议优先使用自由函数版本,这样使得代码的通用性更强。因为自由函数版本可以适配所有的容器类型,甚至数组类型。虽然并不是所有的容器都提供成员函数版本,但为已有容器扩展一个自由函数版本也相当容易。考虑如下通用性更强的代码。

```
vector<int> v; int a[100];
// C++98
sort(v.begin(), v.end());                      // 对于 vector
sort(&a[0], &a[0]+sizeof(a)/sizeof(a[0]));   // 对于数组
// C++11 后
sort(begin(v), end(v)); // 对于 vector
sort(begin(a), end(a)); // 对于数组
```

回过头来看看两者多态方式的性能对比数据,笔者用不同编译器在不同优化选项下进行测试,得到的结果如图 1.7 所示。在-O0 优化选项下, ad-hoc 多态比 subtype 多态平均快 40%⊕;而在-O3 优化选项下, ad-hoc 多态比 subtype 多态平均快 1.3 到 1.5 倍⊗。

⊖ D 语言提供了这个特性,将自由函数的嵌套调用转换成对象的链式调用。例如 writeln （evens （divide （multiply （values，10），3） ） ） 能够写成更加自然的 writeln （values. multiply （10）. divide （3）. evens） 形式。

⊜ 这里封装性指的是一个类的修改影响程度,若封装性强,那么类的修改影响程度也小。面向对象守则要求数据尽可能被封装。

⊜ CLion IDE 更新了 Postfix 补全特性,用户输入点会自动根据上下文切换到自由函数形式。

⊕ https://isocpp.org/blog/2016/02/a-bit-of-background-for-the-unified-call-proposal。

⊕ 在-O0 优化选项下, Clang 两种方式性能差异 1.43 倍, 而 GCC 性能差异 1.36 倍。

⊗ 在-O3 优化选项下, Clang 两种方式性能差异 2.52 倍, 而 GCC 性能差异 2.36 倍。

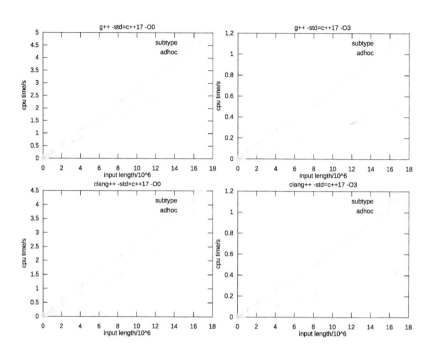

● 图 1.7　不同编译器在不同优化选项下对两种多态方式的性能对比

为何两种多态方式性能差异会这么大呢？仔细分析这两者的性能对比代码，对于求面积而言都是一样的，差别在于引用语义的 subtype 多态在随机构造具体形状时会频繁地进行动态内存分配动作，而值语义的 ad-hoc 多态无须动态分配内存，其所需要的内存大小在编译期就确定了。这里笔者使用性能打点工具⊖对两种方式进行采样，每 0.1ms 采样一次调用栈，得出如下热点数据。

```
Total: 3803 samples
        812    28.2%    28.2%    1006    34.9% _int_malloc
        290    10.1%    38.3%     800    27.8% adhocPerf (inline)
        211     7.3%    45.6%    2080    72.2% subtypePerf (inline)
        183     6.4%    51.9%     183     6.4% malloc_consolidate
        182     6.3%    58.3%     192     6.7% _int_free
        164     5.7%    64.0%    1174    40.8% _GI_libc_malloc
        158     5.5%    69.4%     257     8.9% _visit_invoke
```

⊖　这里使用 Google 的 gperftools 工具，https：//gperftools. github. io/gperftools/cpuprofile. html。其方便过滤掉一些共同噪声，例如 rand 等动作。

119	4.1%	73.6%	119	4.1%	Subtype::Circle::getArea
80	2.8%	76.4%	80	2.8%	Subtype::Rectangle::getArea
70	2.4%	78.8%	175	6.1%	Adhoc::getArea (inline)
69	2.4%	81.2%	69	2.4%	_GI_libc_free

其中占大头的就是内存分配和释放动作了，在 subtype 多态中内存分配动作耗时占比 48%[注]。其实这个对比实验有失偏颇，因为在实际项目中占大头的应该是对象的行为，而不是频繁的构造过程，因此剔除掉对象构造过程，那么两种多态方式的函数动态联编性能不相上下，ad-hoc 多态只有略微的性能优势，不至于出现几倍的性能差距。热点数据中的 Adhoc::getArea 被编译器优化而内联了，而 subtype 版本的 Subtype::getArea 由于虚函数的原因导致编译器无法做出过多的优化，这也是 ad-hoc 多态性能占优的原因。

最后，我们再来谈谈这两种多态方式的扩展性。提到扩展性就不得不提 SOLID 原则中的开闭原则，当程序员新增一个功能时，尽量不修改已有代码，这样对该代码的破坏程度最小。开闭原则通常有两种做法，即本节提到的 subtype 多态和 ad-hoc 多态，它们的扩展性如何呢？

图 1.8 阐述了扩展性有两个维度：类的扩展与行为的扩展。

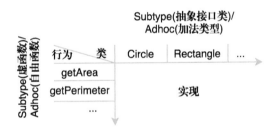

- 图 1.8 subtype 多态与 ad-hoc 多态的扩展性

对于 subtype 多态来说，扩展一个类相当容易：只需要写一个新类来继承实现抽象接口类即可，扩展类不会影响已有代码；而对于行为的扩展就没那么友好了，因为增加一个行为将影响已有的依赖子类，也就是说 subtype 多态对类扩展开放，对行为扩展封闭。

对于 ad-hoc 多态来说，扩展一个行为相当容易：只要写一系列新的自由函数即可，扩展行为不会影响已有代码；而对类的扩展就没有那么友好了，因为新增一个类，将影响已有的自由函数对这个类的行为补充，同样也会影响到统一的 variant 类型，也就是说 ad-hoc 多态对行为扩展开放，对类扩展封闭。

综上所述，这两种方法其实是互补的：subtype 对类型扩展友好，ad-hoc 对行为扩展友好。

○ 在采样数据中，subtypePerf 耗时 2080，而_int_malloc 耗时 1006，即 1006/2080 = 0.48。

对于面向对象编程来说，subtype 多态用得比较多，而对于类的数量比较稳定，能够在编译时枚举出来的情况，适用于 ad-hoc 多态，我们可以从已有的设计模式中找到答案。

在设计模式中一个典型的 Vistor 模式是不关心对象的结构，只关心对具体对象操作，即将结构与算法解耦的一个模式。它对算法扩展比较友好，而对类扩展封闭。采用 subtype 多态可以巧妙地将算法的扩展转化成算法类的扩展，从而使扩展行为不影响已有代码。而最自然的做法是采用对行为扩展友好的 ad-hoc 多态。除此之外，还有状态模式、组合模式、解释器模式等都最适合用 ad-hoc 多态来做，这样不仅能够享受值语义的便利性，还能得到一些性能优势。

由于 ad-hoc 广泛使用自由函数，自由函数有它的优点也有缺点，除了前面提到过的优点，还有一点就是自由函数的组织方式可以通过名称空间隔离，同一个名称空间可以跨不同的文件，而类做不到，只能完整地定义在一个文件中。缺点就是太过于自由了，加上缺少统一调用语法⊖的支持，程序员不知道一个对象实现了哪些函数，这样导致的结果就是重复代码，同一个函数被实现多遍。因此对于接口而言，显式优于隐式。

1.7 调试手段

在库开发过程中，难免会与类型打交道，而现有的 C++标准无法直接得知当前类型名⊖。即便在普通开发中，用户可能因为排错也想知道类型推导后的结果是什么以及它是左值还是右值。为了更好地理解全书内容，读者需要掌握一定的调试手段。

考虑如下代码，如何知道推导后的 T 是何种类型⊜？

```
using T1 = decltype(pt);
using T2 = decltype(pPt);
using T3 = decltype(cpPt);
using T4 = decltype(lrPt);
using T5 = decltype(rrPt);
```

1.7.1 编译时打印方案

最直接、最简单的方案是利用编译报错将类型信息打印出来。首先需要声明一个 dump 模

⊖ 统一调用语法的讨论见 1.6.2 节。
⊖ 通过 C++标准提供的 RTTI 特性 std::type_info 的 name 接口可以获得类型名字从而打印出来，不过那是运行时的，其次类型名字也被粉碎（name mangle）过了，因此笔者建议不要使用这种低效的方式。
⊜ 各个值的定义来自于 1.4.2 节。

板类。

```
template<typename> struct dump;
```

这个模板类需要输入一个待打印的模板参数，因为无须模板参数名，因此可以省略掉；其次是仅声明，而不定义，这样当我们使用这个模板类的时候，编译器将报 dump 未定义的错误，从而顺便将其模板参数打印出来。

```
dump<T5>{}; // implicit instantiation of undefined template 'dump<Point &&>'
```

上述代码将触发一个编译错误。读者搜索 dump 关键字即可知道推导出来的类型是 Point&&。

这种方法简单、高效，但是也有缺点，就是每次只能打印一个类型，当同时需要打印多个类型的时候，就比较烦琐。好在 C++11 引入的可变参数模板特性，让一次可以打印多个类型成为可能，稍加修改前面的 dump 模板类。

```
template<typename, typename...> struct dump;
```

这里只是为 dump 添加了一个可变模板参数包，由于不需要名字，因此也可以省略，只需要写成 typename... 即可输入零个或多个类型参数。现在 dump 支持至少一个待打印的模板参数。

```
// implicit instantiation of undefined template
//'dump<Point, Point * , const Point * , Point &, Point &&>'
dump<T1, T2, T3, T4, T5>{};
```

通过编译报错，便可知晓推导后的各个类型。编译错误导致多次打印变得不可行，因为编译器遇到一定数量的编译错误就会停止编译，使得后面的打印语句都无效。有什么办法不通过编译报错的方式，也能打印出类型呢？

这时候可以利用 C++14 提供的［［deprecated］］属性修饰上述结构体。"属性"由 C++11 起引进，通过两个括号括起来，而［［deprecated］］属性表明被修饰的实体已被弃用，继续使用将引发编译警告。利用这一点重新定义上述 dump 模板类。

```
template<typename, typename...>
struct [[deprecated]]dump {};
```

这时候多次使用 dump 也可以通过编译，同时产生所需的告警信息。这种方式在 Clang 编译器下能够显示推导后的类型，而在其他编译器下则没那么详细。

在验证 decltype 等结果的时候，采用编译时打印方案也是最常用的方式。

▶▶ 1.7.2 运行时打印方案

有时候希望程序在运行时也能打印类型，而又不想依赖简陋的 RTTI 特性，这时候可以考虑编译器提供的宏，主流编译器的宏大同小异，分别如下。

- GCC/Clang 编译器提供的_PRETTY_FUNCTION_宏。
- MSVC 编译器提供的_FUNCSIG_宏。

由于这个宏不是 C++标准中定义的，因此在各个编译器中的名字也不一样，甚至在 GCC/Clang 编译器中用的是同一个名字，输出格式却不一样，不过这并不影响我们的目标。顾名思义，宏存储的是函数相关信息，因此我们定义一个函数将它打印出来即可。

```
// GCC/Clang 版本
template<typename...Ts> void dump()
{ std::cout << _PRETTY_FUNCTION_ << std::endl; }
// MSVC 版本
template<typename...Ts> void dump()
{ std::cout << _FUNCSIG_ << std::endl; }
```

和 1.7.1 节中不同的是，我们没有忽略模板参数名 Ts，这可以使得输出信息更加友好。使用的时候将类型传递给这个函数调用，然后运行一下观测输出结果。这里观察 dump<T1, T2, T3, T4, T5>( )在各个编译器的输出结果。

```
// GCC
void dump() [with Ts = {Point, Point* , const Point* , Point&, Point&&}]
// Clang
void dump() [Ts = <Point, Point * , const Point * , Point &, Point &&>]
// MSVC
void _cdecl dump<struct Point,struct Point* ,const struct Point* ,struct
Point&,struct Point&&>(void)
```

虽然格式略有差异，但都能够从中获取所需信息。值得一提的是这个宏是一个字符串字面量，因此可以通过编译时的值计算，对字符串进行后续处理，产生一些有价值的应用。

▶▶ 1.7.3 使用外部工具

这种方式也适合研究、学习使用，笔者推荐 https：//cppinsights. io/网站，这是一个基于 Clang 的工具，对 C++源代码进行转换得到最终 C++代码，从而得知编译器对源代码做了什么。

目前，该工具支持基于范围的循环、结构化绑定、默认构造函数、初始化列表、lambda、auto 与 decltype、隐式转换操作符、模板特化等特性的代码转换，特别是其支持查看展开后的模板特化代码，对于学习 C++高级特性来说非常便利。

对于本节的代码例子，我们可以通过这个工具来了解最终代码是什么，图 1.9 是工具的输出结果。

从图 1.9 中我们可以看到编译器给结构体生成了一个默认构造函数，也得知 decltype 推导的结果，各个类型别名存储的就是最终的结果，这些都和预期一致。

```
Source:
 1 struct Point {
 2   int x = 0;
 3   int y = 0;
 4 };
 5
 6 int main() {
 7     Point pt;
 8     Point* pPt = &pt;
 9     const Point* cpPt = &pt;
10     Point& lrPt = pt;
11     Point&& rrPt = {};
12     using T1 = decltype(pt);
13     using T2 = decltype(pPt);
14     using T3 = decltype(cpPt);
15     using T4 = decltype(lrPt);
16     using T5 = decltype(rrPt);
17 }
```

```
Insight:
 1 struct Point
 2 {
 3   int x = 0;
 4   int y = 0;
 5   // inline constexpr Point() noexcept = default;
 6 };
 7
 8
 9
10 int main()
11 {
12     Point pt = Point();
13     Point * pPt = &pt;
14     const Point * cpPt = &pt;
15     Point & lrPt = pt;
16     Point && rrPt = {{0}, {0}};
17     using T1 = Point;
18     using T2 = Point *;
19     using T3 = const Point *;
20     using T4 = Point &;
21     using T5 = Point &&;
22 }
```

● 图 1.9　使用 cppinsights 工具查看编译器生成后的 C++代码

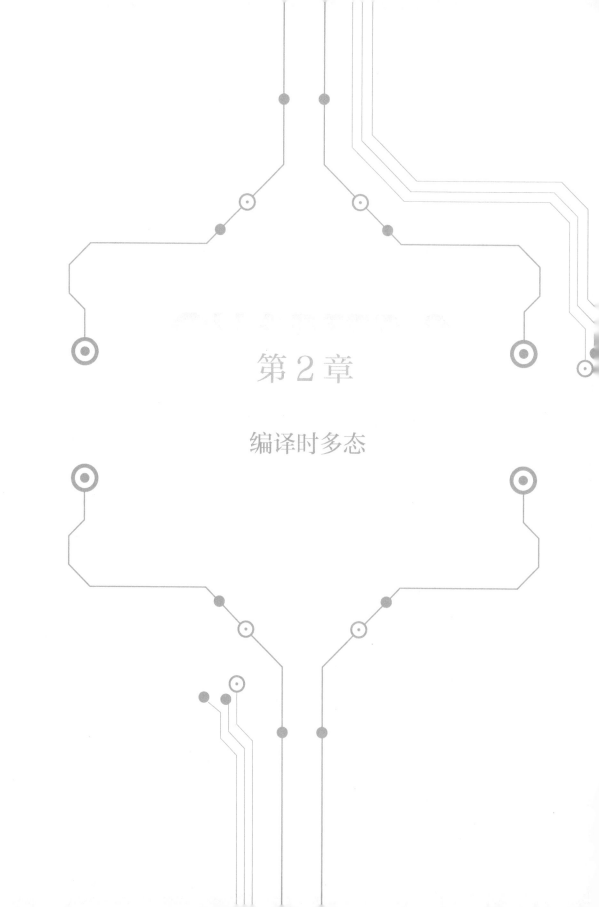

第 2 章

编译时多态

多态即同一外表下的多种形态，意味着一段统一的代码能够拥有多种实现，通过统一的抽象屏蔽"选择"上的细节。在 C++中既能通过运行时决策，也能在编译时进行决策。编译时多态与运行时多态相比，会节省运行时开销。本章将介绍 C++的编译时多态机制，以便读者了解如何在编译时进行多态决策。

2.1 函数重载机制

在 C 语言中除了 static 函数以外，不支持同名函数，再加上没有名称空间的概念，因此程序员将多个编译单元链接在一起时，若出现同名函数将导致链接重定义等错误。通常的解决方案是在函数名字前加上模块的名字作为前缀，来避免名称冲突。而在 C++中支持函数重载与名称空间，使得多个同名函数成为可能，这给了开发者很大的灵活度，可以做到：

- 操作符重载。
- 多个同名函数，即函数重载。
- 同名的模板函数。
- 使用名称空间避免名字冲突。

运用操作符重载机制可以使程序员写 a+b 时，两个操作数可以是字符串，也可以是矩阵等，即它们使用同样自然的表现形式。多个同名函数使程序员可以针对不同形参类型的差异实现统一的语义，例如 1.6.1 节提到的 ad-hoc 多态，其 getArea 函数仅仅是形参类型不一样。模板函数也支持同名，编译器将决策出更适合的那一个。由于不同的库可能拥有同名的函数，所以通过名称空间的方式来避免名字冲突。

然而这样带来的缺点就是引入很复杂的决策机制，用户使用同一个名字，需要根据上下文来决策应具体使用哪一个函数，即编译时多态。若决策失败，将导致名字冲突等编译错误。虽然普通开发不会涉及这么复杂的机制，但是对于库开发者来说，最好熟悉这些规则。

总的来说，函数重载机制涉及三个阶段：名称查找、模板函数处理、重载决议。前两个阶段得到函数的候选集，最后一个阶段从候选集中选出最合适的版本。

考虑如下代码，采用哪个重载版本的 feed？

```
namespace animal {
  struct Cat { };
  void feed(Cat* foo, int);
};

struct CatLike { CatLike(animal::Cat* ); };
void feed(CatLike);
```

```
template<typename T> void feed(T* obj, double);
template<> void feed(animal::Cat* obj, double d); // 全特化版本

animal::Cat cat;
feed(&cat, 1); // 使用哪个重载版本的 feed?
```

▶▶ 2.1.1　名称查找

决策的第一阶段是名称查找，编译器需要在 feed（&cat，1）这个点找出所有与 feed 同名的函数声明与函数模板，通常来说名称查找过程分为三类：

- 成员函数名查找，当使用 . 或者->进行成员函数调用时，名称查找位于该成员类中的同名函数。
- 限定名称查找，当显式使用限定符::进行函数调用时，例如 std::sort，查找位于::左侧的名称空间中的同名函数。
- 未限定名称查找，除了上述两种函数调用，编译器还可以根据参数依赖查找规则（Argument-Dependent Lookup，简称 ADL）进行查找。

在上面这个例子中，feed（&cat，1）属于未限定名称查找，由于实参类型 Cat 属于 animal 名称空间，其名称空间中的同名函数也会纳入考虑范围，因此这时编译器会找到如下三个候选函数。

```
void animal::feed(Cat* foo, int);
void feed(CatLike);
template<typename T> void feed(T* obj, double);
```

相对于另两个候选函数而言，第一个候选函数很容易被程序员忽视，因为我们并没有进行 using namespace animal 等操作，编译器却将它纳入考虑，这正是因为 ADL 规则发挥了作用。这个规则大大简化了函数调用过程：在操作符重载等场景中，程序员无须显式指定操作符所在的名称空间即可进行限定调用。

```
std::cout << "Hello World!" << "\n"; // 使用 ADL 规则
std::operator<<(std::operator<<(std::cout, "Hello World!"), "\n"); // 否则
```

ADL 规则仅在非限定名称查找这种情况下生效，若程序员在这种情况下不想采用 ADL 规则，可以通过圆括号将函数名括起来，即（feed）（&cat，1）调用将会删除第一个候选函数，候选集仅剩后两个。

需要注意的是我们的模板特化函数并没有出现在候选集中，对于模板函数而言，其支持模板参数全部特化（全特化），而对于模板类而言，不仅支持模板参数全部特化，还支持部分特化（偏特化）。对于默认模板版本，我们称之为主模板版本，在名称查找过程中仅仅考虑普通

函数和主模板函数为候选函数的情况，而不会考虑其所有的特化版本。只有在第三阶段选出的最合适版本为模板函数时，才会考虑其特化版本。

▶▶ 2.1.2 模板函数处理

在前一阶段的候选集中可能会存在模板函数，对于模板函数而言无法直接调用，需要实例化，因此在这一阶段编译器将会对模板函数进行处理，从而实例化使得函数可调用。模板参数推导成功后，将会替换成推导后的类型，考虑如下候选的模板函数。

```
template<typename T> void feed(T* obj, double);
```

这个模板函数仅一个模板参数 T，而 feed 的调用没有显式指明实际的模板参数，因此编译器会根据实参 &cat 进行推导，得到模板参数 T 为 animal::Cat，接下来进行模板参数替换，得到可调用的模板实例化函数：

```
void feed<animal::Cat>(animal::Cat* , double);
```

如果模板参数推导与参数替换的过程失败，则编译器会将该模板函数从候选集中删除。什么情况下模板参数替换会失败呢？考虑如下模板函数。

```
template<typename T> void feed(T* obj, typename T::value_type v);
```

该模板函数第二个形参类型为 typename T::value_type，因为编译器不知道 T::value_type 是一个静态成员变量还是一个类型别名，因此需要前置 typename 关键字修饰用来解除类型与值的歧义，明确告诉编译器这是一个类型。如果直接写成 T::value_type 则指明这是一个成员变量，无须任何修饰。从 C++20 起放松了这方面的要求，大多数需要类型的场景无须强制使用 typename 进行修饰。

首先，编译器会根据实际调用情况将模板参数 T 推导为 animal::Cat，接下来将发生模板参数替换过程，从而得到函数签名：

```
void feed<animal::Cat>(animal::Cat* obj, typename animal::Cat::value_type v);
```

该签名的第二个形参类型为 typename animal::Cat::value_type，根据 Cat 的定义，其并不存在成员类型别名 Cat::value_type，语句非良构，因此这个替换失败，但并不会导致编译错误⊖，编译器只是将其从候选集中删除而已。这个过程也被称为 substitution failure is not an error，简称为 SFINAE。利用这一点，程序员可以操控编译器的决策过程，选择预期的版本，同时也能实现编译时的分支判断能力，在元编程中大量依赖这种技巧。在 C++17 引入 if constexpr 和 C++20 引入 concept 约束后，随着时间的推移，这种技巧将会被更加先进的元编程技术所替代。

⊖ 如果最终候选集为空，函数重载决议失败，将会导致找不到匹配函数的编译错误。

▶▶ 2.1.3 重载决议

最后一个阶段——重载决议，这个阶段得到的是一系列模板函数与非模板函数的候选集，回顾一下当前的候选集：

```
void animal::feed(Cat* foo, int); // #1
void feed(CatLike); // #2
void feed<animal::Cat>(animal::Cat* , double); // #3
```

这个阶段分为两步：规约可行函数集与挑选最佳可行函数。

首先是从候选集中得到可行函数，根据函数调用的实参与候选函数的形参的数量进行规约得到可行函数集，一个可行函数必须符合如下规则。

1）如果调用函数有 M 个实参，那么可行函数必须得有 M 个形参。

2）如果候选函数少于 M 个形参，但最后一个参数是可变参数，则为可行函数。

3）如果候选函数多于 M 个形参，但从第 M+1 到最后的形参都拥有默认参数，则为可行函数。在挑选最佳可行函数时只考虑前 M 个形参。

4）从 C++20 起，如果函数有约束，则必须符合约束。

5）可行需要保证每个形参类型即使通过隐式转换后也能与实参类型对得上。

简而言之，可行函数就是形参数目对应得上且形参类型能够直接或间接转换后仍可与实参类型匹配得上，同时要符合约束。根据这些规则我们可以判断当前哪些候选函数可行。

对于第一个候选函数来说，形参和实参数量都为两个，第一个形参类型为 Cat＊，而实参为 &cat，第二个形参类型为 int，实参为 1，类型为 int，两个类型都完全匹配，那么该候选函数可行。

再来看看第二个候选函数，形参类型为 CatLike，由于 CatLike（Cat＊）类型转换构造函数能够将类型 Cat＊隐式转换成类型 CatLike，因此类型匹配。然而该候选函数只有一个形参，数量不匹配，所以该候选函数不可行。

第三个模板实例化后的候选函数基本和第一个候选函数类似，不同之处在于第二个形参类型为 double，由于实参类型 int 到 double 为标准转换，故该函数可行。

最后，我们的可行函数集只有第一和第三这两个，如果最后的可行函数集只有一个，那么它就是最佳可行函数，否则同样需要一系列规则来决定出最佳可行函数。接下来进入第二步，从可行函数集中挑选出最佳可行函数。

```
// 当前的可行函数集
void animal::feed(Cat* foo, int); // #1
void feed<animal::Cat>(animal::Cat* , double); // #2
```

编译器依据每条规则逐条进行两两比较，从而决策出最佳可行函数，否则进入下一条规则继续进行比较，若经过所有规则都没有选出最佳可行函数，那么将引发编译错误。用来判断的规则数量比较多，如下列几条比较重要的规则。

1）形参与实参类型最匹配、转换最少的为最佳可行函数。

2）非模板函数优于模板函数。

3）若多于两个模板实例，那么最具体的模板实例最佳。C++标准定义了一系列比较规则来说明哪种模板更具体。

4）C++20 起，若函数拥有约束，则选择约束更强的那一个。同样 C++标准定义了一系列约束比较规则来说明哪种约束更强。

根据第一条规则，我们可以判断可行函数 void animal::feed（Cat * foo, int）的形参与实参类型完全匹配，而可行函数 void feed<animal::Cat>（animal::Cat *, double）的第二个参数发生类型转换，因此决策出最佳可行函数为前者，而无需进行后续规则的决策。

假设第一个可行函数的签名为 void animal::feed（Cat * foo, double），第二个参数同样需要发生类型转换，那么第一条规则无法简单决策出最佳可行函数，而根据第二条规则"非模板函数优于模板函数"同样可以决策出该可行函数最佳。更进一步，若第二个可行模板函数实例签名为 void feed<animal::Cat>（animal::Cat *, int），也就是类型完全匹配，而第一个函数由于第二个参数发生类型转换，那么根据第一条规则，就能决策出最佳可行函数为该模板函数实例[⊖]，而无须后续的规则判断。

假设进入到第三条规则"若多于两个模板实例，那么最具体的模板实例最佳"，考虑如下模板函数。

```
template<typename T> void feed(T* obj, double d); // #1
template<typename T> void feed(T obj, double d); // #2
```

由于函数模板不支持偏特化，这两个为完全独立的模板函数（即函数重载）在模板处理阶段会各自产生两个实例化版本。

```
void feed<animal::Cat>(animal::Cat* , double); // #1, T = animal::Cat
void feed<animal::Cat* >(animal::Cat* , double); // #2, T = animal::Cat*
```

两者的唯一区别是第一个模板函数只接受指针类型，而第二个模板函数可以接受任意类型（包含指针类型），那么第一个模板函数比第二个更加具体，因为第一个模板函数能够接受的类型同样也能被第二个模板函数所接受。反之不行，第一个模板函数包含于第二个模板函数，从而形成一种偏序关系[⊖]，能够比较两者之间的大小（具体程度）。对于函数调用

⊖ 即全特化版本 template<> void feed（animal::Cat *, double）。

⊖ 偏序关系使得集合中不是任意两个元素都能进行比较，这也是为何编译器在大量可行函数下也有可能无法决策出最佳可行函数的原因。与偏序关系相对的是全序关系，对任意的两个元素都能进行比较，从而决出最佳的元素。

（feed）（&cat, 1）而言将决策出第一个为最佳可行函数。

▶ 2.1.4 注意事项

根据 C++ 标准，函数重载机制并不将函数的返回类型纳入考虑，其范围仅是函数签名中的函数名与函数形参类型。换句话说只靠返回类型上的差异将无法进行重载决策。很大一部分原因是与实参相比，返回值是可选的。程序员可以考虑处理返回值，也可以不考虑，因而返回类型也是非确定性的，加上 C++ 复杂的隐式类型转换规则，编译器无法决策该使用哪个版本的函数。

尽管函数（操作符）重载机制可以用来实现编译时多态，但并非所有的重载都是为了实现多态而存在的。大多数情况下的操作符重载都是为了提升表达力。

```
// 让复数可以进行 a+b 形式的操作
Complex operator+(const Complex& lhs, const Complex& rhs);
// 让向量可以进行 vector[5] 形式的操作
template <typename T> T& vector<T>::operator[](size_t index);
```

至于那些参数个数不同的重载函数，与多态更是没有什么关系，这样的重载往往是程序员没有为之取一个更精确的名字，滥用了语言提供的机制，结果反而破坏了表达力，对于这样的重载应该尽量避免。

如果需要用已有的操作符或者函数通过重载方式来表达新功能，请确保这项功能的语义与重载之前的语义保持一致。

C++ 的函数重载机制相当复杂，但我们只需要掌握这个富有启发性的例子便能应对大多数重载场景了。

▶ 2.1.5 再谈 SFINAE

在 1.4.4 节中我们曾经实现过一个 declval 模板函数，用于在非求值上下文中构造对象，从而能够获取类对象的一些特征。如下是该模板函数的最终实现。

```
template<typename T> T&& declval() {
    static_assert(/* ...* /);
}
```

这个实现由于没有考虑到诸如 void 等不可引用的类型，因而会导致编译错误，而根据 C++ 标准，对于不可引用的类型应该返回其本身。为此我们希望通过 SFINAE 机制来补充这个场景。考虑提供两个 declval 模板函数的重载：若类型可引用，则返回类型为该类型的右值引用

⊖ 圆括号括起函数表明禁用 ADL 规则。

形式，否则为原类型，即编译时分支选择（编译时多态）。初步得到如下实现。

```
template<typename T> T declval();
template<typename T, typename U = T&&> U declval();
```

根据如上两个版本，不难构造出对应的两个用例：

- decltype（declval<void>( )）的结果为 void。
- decltype（declval<Point>( )）的结果为 Point&&。

首先对于 declval<void>( )而言，在名称查找阶段，上述两个模板函数的重载都可以成为候选函数，接下来是模板函数处理阶段，将模板参数 T 替换成 void，分别得到如下两个模板函数实例：

```
void declval<void>(); // #1
void&& declval<void, void&&>() // #2
```

第二个模板实例的参数替换后存在非法语句 void&&，因此这个替换失败，从候选集中删除，最终只剩下第一个模板函数实例，从而决策出第一个版本，最终符合预期。在模板参数替换失败后不会导致编译错误，即 SFINAE。

再来看看第二个用例 declval<Point>( )，同样地，在名称查找阶段这两个重载版本都被称为候选函数，而在模板函数处理阶段，产生如下两个模板实例：

```
Point declval<Point>(); // #1
Point&& declval<Point, Point&&>() // #2
```

这两个实例都合法，因此这个阶段候选集没变化，而到了重载决议过程将产生歧义，因为这两个函数只有返回类型上的差异从而无法决策出最佳版本。为了能够在重载决议阶段决策出第二个版本，需为这两个函数添加形参以进行区分，进一步得到如下实现。

```
template<typename T> T declval(long);
template<typename T, typename U = T&&> U declval(int);
```

这就要求程序员使用的时候传递一个实参来进行调用，通过传递 int 类型的 0 来调用：declval<T>（0）。对于 declval<void>（0）用例来说没什么影响，真正发生变化的是 declval<Point>（0），在重载决议阶段，由于 0 为 int 类型，第一个版本将发生 int 到 long 的隐式类型转换，而第二个版本类型完全匹配，因此第二个版本最优，最终决策出第二个版本是符合预期的版本。

我们可以将这两个重载版本封装一下，提供默认参数 0 而无须每次使用时再进行传递，最终实现如下。

```
template<typename T, typename U = T&&> U declval_(int);
template<typename T> T declval_(long);

template<typename T> auto declval() -> decltype(declval_<T>(0)){
```

```
static_assert(/* ...* /); /* 防呆措施 * /
return declval_<T>(0); /* 避免编译告警:需要提供返回值 * /
}
```

需要注意的是 declval 的函数原型必须完整，尤其是返回类型不能只写 decltype（auto），虽然那样编译器也能够推导出类型为 decltype（declval_<T>（0）），但也意味着编译器需要看到函数体，而函数体中的静态断言将阻止这个过程，这完全是一种防呆措施，而返回值的作用仅仅是避免编译告警，真正关键的在于函数的原型声明。

函数的重载过程中只看函数的声明，如果它被决策为最佳可行函数，但模板函数体内发生了模板参数替换失败，那么就会在实例化的过程中产生编译错误，而不是 SFINAE。

2.2 类型特征（Type traits）

C++通过模板来实现泛型编程，从而减轻运行时绑定开销，初看起来效率并不是最高的，因为同样的算法不会在每个数据结构上都最优：排序链表的算法不同于排序数组的算法，有序结构的数据中搜索远比在无序结构中要快。

C++11 的标准库提供了<type_traits>⊖来解决这类问题，它定义了一些编译时基于模板类的接口用于查询、修改类型的特征：输入的是类型，输出与该类型相关的特征（属性）⊖。好在类型萃取无须侵入式修改已有类型便能查询该类型相关的特征，对于无法修改的基本类型也能复用泛型算法。可以将 trait 看作一个小对象，其主要目的是为其他对象或算法传递用于确定"策略"或"实现细节"的信息⊖。

考虑这么一个场景，给定任意类型 T，它可能是 bool 类型、int 类型、string 类型或者任何自定义的类型，通过 type traits 技术编译器可以回答一系列问题：它是否为数值类型？是否为函数对象？是不是指针？有没有构造函数？能不能通过拷贝构造？等等。通过这些信息我们就能够提供更具针对性的实现，让编译器在众多选择中决策出最佳的实现。

除此之外，type traits 技术还能对类型进行变换，比如给定任意类型 T，能为这个类型添加 const 修饰符、添加引用或者指针等。而这一切都发生在编译时，过程没有任何运行时开销。

trait 也被称为元函数，因为它能够在编译时计算，输入类型或常量，输出对应的结果。

⊖ 这种方式也常常被称为萃取，其中类型萃取最为常见。
⊖ 通常而言针对类型输出类型的行为被称为 policy，本书不做这个区分，将它们统称为 traits。
⊖ 引用自 Bjarne Stroustrup 的文章，原文为 "Think of a trait as a small object whose main purpose is to carry information used by another object or algorithm to determine 'policy' or 'implementation details' "。

▶ 2.2.1 Type traits 谓词与变量模板

标准库里提供的 type traits 谓词命名是以 is_为前缀，通过访问静态成员常量 value 得到输出结果。首先介绍几个基本的 trait 的使用，考虑如下代码，对各种类型进行布尔判断。

```
static_assert(std::is_integral<int>::value); // true
static_assert(! std::is_integral<float>::value); // false
static_assert(std::is_floating_point<double>::value); // true
static_assert(std::is_class<struct Point>::value); // true
static_assert(! std::is_same<int, long>::value); // false
```

is_integral 用来判断给定的类型是否为整数类型，例如 char、short、int、long 等都是整数类型，使用尖括号将类型输入给这个 trait，通过其成员 value 来输出一个 bool 类型的结果，对于 int 来说结果为真，而 float 为浮点类型，输出结果为假。

is_floating_point 用来判断给定的类型是否为浮点类型，常见的 float、double 都为浮点类型，因此输入 double 的结果为真。

is_class 用来判断给定的类型是否为 struct、class 定义的类型，对于前向声明一个 struct Point 结构体而言，结果为真。

is_same 用来判断给定的两个类型是否为相同类型，对于输入 int 和 long 类型而言，输出结果为假，这个 type traits 相当有用，尤其是在进行模板元编程时，配合静态断言 static_assert 来测试输出的类型是否符合预期。

对于一个 type traits 谓词的结果，标准库约定使用 value 常量来存储，C++14 引入变量模板（variable template）特性后，C++17 标准库中为 type traits 预定义了一系列变量模板，这样可以用更加简洁的方式来表达 is_integral<int>::value，只需要使用 is_integral_v<int>即可，::value 的访问方式能够用_v 来代替。如下是标准库定义的一些变量模板○。

```
template <typename T> constexpr bool is_integral_v = is_integral<T>::value;
template <typename T> constexpr bool is_class_v = is_class<T>::value;
```

使用变量模板的一个好处是提供了更简短的访问方式，这点和类型别名很相似。定义变量模板与定义普通变量的方式很相似，唯一不同的是定义变量模板可以带上模板参数。变量模板可以进行编译时表达式计算，考虑如下代码。

```
template<char c> constexpr bool is_digit = (c >= '0' && c <= '9');
static_assert(! is_digit<'x'>); //'x'不为数字字符
static_assert(is_digit<'0'>); //'0'为数字字符
```

○ 虽然是变量模板，但在元编程场景中常常添加 constexpr 关键字限制其常量性质。

is_digit 需要接受一个 char 类型的模板参数○，当用户传递模板实参' x '时，输出的结果为布尔表达式的结果，即 is_digit<' x '>为假，同理 is_digit<' 0 '>为真。

变量模板与类型别名不一样的地方在于支持特化○。考虑一个由 13 世纪的比萨数学家列奥纳多·斐波那契提出的经典的兔子繁衍问题（见图 2-1）：一对兔子在若干个月繁衍之后有多少对兔子？为了简化该问题，他做了几条假设：

1）最开始的那对兔子，与它们所生的每一对兔子都是一公一母。

2）母兔每满一个月即可生育，此后每个月都会生一对兔子。

3）这些兔子永生。

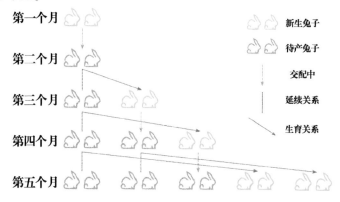

• 图 2.1　著名的兔子繁衍问题

刚开始只有一对兔子，第二个月初，这对兔子进行交配，此时仍有一对兔子。到了第三个月初，母兔生下一对兔子，此时一共有两对兔子。第四个月初，刚开始的那只母兔又生下一对兔子，此时一共有三对兔子。第五个月初，刚开始的那只母兔与第三个月初诞生的那只母兔分别生下一对兔子，因此一共有五只兔子，以此类推。如果将最开始那个月称为第 0 月，那么第 0 月兔子数量为 0。于是我们可以罗列出每个月的兔子数量：

$$0,\ 1,\ 1,\ 2,\ 3,\ 5,\ 8,\ 13,\ 21,\ 34,\ \cdots$$

若想要知道某个月一共有几对兔子，需将前两个月的兔子对数相加。现在我们称这个数列为斐波那契数列，它的正规定义为

$$\begin{cases} f_0 = 0, \\ f_1 = 1, \\ f_n = f_{n-1} + f_{n-2}, n \geq 2 \end{cases}$$

○ C++的模板参数可以为类型与非类型的：对于模板参数为类型的情况，需要使用 typename 来声明；若为非类型，则需要指明具体的类型，例如这里的 char，C++17 的非类型模板参数也可以写成 auto。

○ 支持偏特化与全特化。

据此我们可以用变量模板实现，参考如下代码。

```
template<size_t N> constexpr size_t fibonacci = fibonacci<N - 1>
                                             + fibonacci<N - 2>;
template<> constexpr size_t fibonacci<0> = 0;
template<> constexpr size_t fibonacci<1> = 1;

static_assert(fibonacci<10> == 55);
```

首先，定义一个基本变量模板 fibonacci，它接受一个 size_t 类型的非类型模板参数作为输入，返回类型也是 size_t，根据定义，结果为前两项之和。接下来两个定义为全特化，当 N 分别取值为 0 或 1 时，结果分别为 0 或 1。最后一个断言进行测试，当 N 为 10 时，结果应该为 55，即第 10 个月时，应该有 55 对兔子存在。从模板支持特化的角度而言，这也是一种编译时多态：根据不同的模板实参选择不同的分支处理。

斐波那契数列的一个有趣性质是任意一项与前一项的比值趋近于黄金比例 $\frac{1+\sqrt{5}}{2}$，我们可以简单验证一下。

```
template<size_t N> constexpr double golden_ratio = fibonacci<N + 1> * 1.0
                                                 / fibonacci<N>;
cout.precision(numeric_limits<double>::max_digits10);
cout << golden_ratio<20> << endl; // 1.6180339985218033
cout << golden_ratio<50> << endl; // 1.6180339887498949
```

根据定义，变量模板 golden_ratio 可以实现为斐波那契数列相邻两项的比值，与之前不同的是返回类型为 double。numeric_limits 是标准库<limits>为数值类型提供的 traits 接口，用于查询数值类型的属性，诸如查询数值类型的最大值与最小值的 max/min 函数。如果我们想让 double 输出尽可能多的小数位，可以通过 max_digits10 静态成员变量得到 double 的打印精度，然后使用 precision 接口设置精度，最终输出预期的结果。

变量模板支持特化的能力使它能够定义一些简单的谓词 type traits，例如 is_same_v 这种元函数就能够直接通过变量模板实现[⊖]。

▸▸ 2.2.2 类型变换

标准库中有些 type traits 拥有修改类型的能力：基于已有类型应用修改得到新的类型，输出类型可以通过访问 type 类型成员得到结果。值得注意的是类型修改不会原地修改输入的类型，而是产生新的类型以应用这些修改。考虑如下代码。

⊖ 在 2.2.5 节中将介绍如何实现这些元函数。

```
static_assert(is_same_v<typename std::remove_const<const int>::type, int>);
static_assert(is_same_v<typename std::remove_const<int>::type, int>);
static_assert(is_same_v<typename std::add_const<int>::type, const int>);
static_assert(is_same_v<typename std::add_pointer<int* * >::type, int* * * >);
static_assert(is_same_v<typename std::decay<int[5][6]>::type, int(* )[6]>);
```

remove_const 将输入的类型移除掉 const 修饰符并返回新的类型，如果输入的类型为 const int，通过访问 ::type 得到返回的结果为 int 类型，而对于本身就不带 const 属性的 int 而言，返回的类型也不变。

add_const 将输入的类型添加 const 修饰符，因此输入类型 int 后输出类型将为 const int。对于本身就拥有 const 修饰的类型而言，将不会产生任何变化。

add_pointer 为输入的类型添加一级指针，因此输入二级指针类型 int * * 后输出类型将为三级指针类型 int * * *。

decay 稍微复杂一些，其语义为类型退化，通过模拟函数或值语义传递时，会使所有应用到的函数参数类型退化。由于 decay 语义为值语义，输入类型若为引用类型那么会将引用去掉，输入 int& 则输出为 int。

数组类型之所以能够传递给一个接受指针类型的函数，是因为在这个过程中数组类型发生了退化，变成了指针类型。例如，数组类型 int [5]，我们可以通过 int * 指针来接收。

考虑一个稍微复杂的场景，二维数组类型 int [5] [6] 退化后的类型会如何？通过 decay 计算得知结果为数组指针类型⊖int (*) [6]，而不是二级指针 int * *，这也是数组与指针的差别：它们本质上是不同的。除了数组类型能退化成指针外，函数类型也能退化成函数指针，例如函数类型 int (int) 退化后的类型为 int (*) (int)。

数组退化成指针意味着长度信息的丢失，换来的是接受任意长度数组的灵活性，而这也导致后续对指针的内存操作存在风险。好在 C++20 标准库提供了区间类型 std::span 来同时传递指针与长度信息，考虑如下代码。通过输出可以得知在传递数组类型的时候，span 保留了长度信息，除此之外还能接受其他容器类型。

```
void passArrayLike(span<int> container) {
  cout << "container.size(): " << container.size() << '\n';
  for (auto elem : container) cout << elem <<'';
  cout << "\n";
}
int main() {
  int arr[]{1, 2, 3, 4};
```

⊖ 指向数组的指针类型

```
    vector vec{1, 2, 3, 4, 5};
    array arr2{1, 2, 3, 4, 5, 6};

    passArrayLike(arr); // container.size(): 4
    passArrayLike(vec); // container.size(): 5
    passArrayLike(arr2); // container.size(): 6
}
```

对于一个 type traits 类型变换的结果，标准库约定使用 type 成员类型来存储，在 C++11 引入 using 类型别名特性后，可以用更加简洁的方式来表达 typename decay<int［5］［6］>::type，只需要使用 decay_t<int［5］［6］>⊖即可,::type 的访问方式能够写成_t 结尾的形式并省略前缀 typename 以避免歧义。如下是标准库定义的一些类型别名。

```
template<typename T> using remove_const_t = typename remove_const<T>::type;
template<typename T> using decay_t = typename decay<T>::type;
```

▶▶ 2.2.3 辅助类

标准库<type_traits>预定义了一些常用的辅助类，方便实现其他的 type traits。辅助类 integral_constant 将值与对应的类型包裹起来，从而能够将值转换成类型，也能从类型转换回值，实现值与类型之间的一一映射关系。考虑如下代码。

```
using Two = std::integral_constant<int, 2>;
using Four = std::integral_ constant<int, 4>;
static_ assert ( Two::value * Two::value == Four::value );
```

Two 和 Four 为两个类型，分别对应于数值 2 与 4，使用 integral_constant 将值转换成类型后，进一步通过 value 静态成员常量从类型中得到值并进行计算。

考虑到标准库中有很多谓词 traits，其结果都是一个布尔类型，因此标准库对于布尔类型也提供了辅助类 bool_constant，实现时仅仅是 integral_constant 的类型别名。

```
template<bool v> using bool_constant = integral_constant<bool, v>;
```

由于布尔类型只有真假两个值，很容易将这两个值映射成类型。

```
using true_type = integral_constant<bool, true>;
using false_type = integral_constant<bool, false>;
```

那么最基础的 integral_constant 类型是如何实现的呢？若其输入一个类型与对应的值，根据标准库的约定，值用静态成员常量 value 存储，不难得到如下实现。

_____

⊖ 在 C++14 标准库中为 type traits 预定义了一系列类型别名。

```
template<typename T, T v>
struct integral_constant {
  using type = integral_constant;
  using value_type = T; // 存储值的类型
  static constexpr T value = v; // 可以通过 value 从类型取回值
};
```

▶▶ 2.2.4 空基类优化

标准模板库中大量使用继承技术来复用代码而不是表达 IsA 的关系，并且不使用虚函数来避免运行时多态开销，这也是 STL 高效的一个原因。就复用代码而言，与成员组合方式相比，后者只能通过大量委托转调来实现，对于一些没有继承机制的语言而言，缺失了一种可能的代码复用手段[⊖]。

C++中有些类是空的，这意味着这些类应该只包含类型成员、非虚函数或静态成员变量，只要存在非静态成员变量、虚函数、虚基类则意味着非空。对于空类，实际上它们的大小往往不是 0，而是占用一个字节，考虑如下代码。

```
struct Base {};
static_assert(sizeof(Base) == 1);
```

我们声明了一个空类 Base，它占用大小为 1，这是因为计算机内存取址的最小单位为 1 个字节，假设空类只占用 0 个字节，考虑一个 Base 数组，每个元素将占用同样的内存地址，而实际上每个元素都应该拥有独立的地址以便区分，因此空类大小必须非零。

考虑将 Base 以成员组合方式定义 Children，那么如下的 Children 将占用多少内存？由于字段 other 四字节对齐，而 base 一字节对齐，多出了 3 个字节的空隙，故最终占用 8 个字节。

```
struct Children {
  Base base;
  int other;
};
static_assert(sizeof(Children) == 8);
```

如果对空类进行继承[⊖]，那么允许空类基类占用 0 个字节，即空基类优化。考虑如下等价的代码，以 Base 作为成员变量时占用 1 个字节和 3 个字节的空隙，而以基类的方式实现时最终只占用 4 个字节，基类占用 0 个字节。

⊖ 袁英杰大师曾提出过在代码复用场景下继承优于委托的观点，并在他后续的咨询项目中不断使用继承树倒置模式，我们也感受到了继承的强大威力。更多细节可以参考《小类，大对象：C++》，https://www.jianshu.com/p/6a8d72b3bf48

⊖ 不局限于单继承，继承多个空类也能实现空基类优化的效果。

```
struct Children : Base {
  int other;
};
static_assert(sizeof(Children) == 4);
```

我们可以使用 Clang 编译器将该结构体的内存布局打印出来，使用-cc1 -fdump-record-layouts 编译选项后得到的布局如下。

```
Dumping AST Record Layout
0 |struct Children
0 |struct Base (base) (empty)
0 |int other
  |[sizeof=4, dsize=4, align=4, nvsize=4, nvalign=4]
```

最左边一列的数字表明字段在类中的偏移，底部有些额外的信息，例如类的大小、不算空隙的大小、对齐字节等。我们可以看到基类 Base 被标注为 empty，同时 other 字段的偏移为 0 也可以证实这点。

由于空类也能包含一些有用的数据，例如 using/typedef 的类型成员，与空类的静态数据成员，继承它们后子类将复用这些数据，而无须委托，在后面小节中实现一些 traits 时将看到这个优势。

考虑标准库提供的 vector 容器实现，它的第二个模板参数用于内存分配器，默认为 std::allocator<T>，它可以对::new 和::delete 进行封装，允许用户提供自己的内存分配器，只需要根据分配器接口约定传递给 vector 的第二个模板参数即可。

一个 vector 的实现至少需要存储 3 个指针：起点 begin 指针、终点 end 指针和当前分配的空间尾部指针，在 64 位编译器上占用 24 字节的空间。考虑存储额外的分配器对象，那么至少占用 24 字节。

由于大多数情况下使用标准库提供的默认分配器 allocator<T>是无状态的空类，如果使用成员变量的方式存储，那么至少浪费 1 个字节；而用户传递的分配器可能是有状态的非空类。如果统一派生自分配器，那么将会享受到空基类优化的效果：使用无状态的分配器将无任何多余的空间开销；使用有状态的分配器将正常占用分配器的空间。

```
Dumping AST Record Layout
0 |  class vector<int>
0 |    struct _Vector_base<int, allocator<int>> (base)
0 |      struct _Vector_base<int, allocator<int>>::_Vector_impl _M_impl
0 |        class allocator<int> (base) (empty) /*  分配器空基类优化 * /
0 |          class _gnu_cxx::new_allocator<int> (base) (empty)
0 |        struct _Vector_base<int, allocator<int>>::_Vector_impl_data (base)
0 |          _Vector_base<int, allocator<int>>::pointer _M_start
```

```
 8 |         _Vector_base<int, allocator<int>>::pointer _M_finish
16 |         _Vector_base<int, allocator<int>>::pointer _M_end_of_storage
   | [sizeof=24, dsize=24, align=8, nvsize=24, nvalign=8]
```

但这样会带来一个问题，由于分配器是允许用户传递的，在使用继承方式时，用户的分配器可能不知不觉间与 vector 实现中的成员变量产生冲突，又或者用户传递的分配器是 final 的而导致无法使用继承。归根结底是因为继承是一种代码白盒复用方式，而将分配器作为成员变量，则是代码黑盒复用方式，后者虽没有这些问题，但是无法实现空基类优化。

因此 C++20 提供了 ［［no_unique_address］］ 属性来避免这个问题，将成员变量用它修饰后，若该成员的类为空类，则同样享受被优化的结果，不占用额外空间。

考虑如下代码。

```
struct Children {
  [[no_unique_address]]Base base; int other;
};
static_assert(sizeof(Children) == 4);
```

和最初的成员方式相比仅仅多了一个 ［［no_unique_address］］ 修饰，加上 Base 为空类，最终 Children 的大小仅占 4 个字节，实现了同样的空基类优化效果。而且其内存布局和通过空基类优化方式的布局一致。

继承是一种代码白盒复用手段，派生类能够直接使用父类的信息；而成员组合是一种黑盒复用手段，因此只能通过委托使用。这两种手段若使用得当都能高效地复用代码。

▶ 2.2.5 实现 Type traits

经过前面的介绍相信读者对于 type traits 有了一定的理解，它们是模板类，以尖括号包裹的模板参数作为输入，以约定的成员作为输出，这也是"函数"的一种体现，因此也常常被称为元函数。这一节将通过实现一些元函数来深入理解 type traits 机制。

is_floating_point 判断给定的类型是否为浮点类型，我们首先定义一个基本的模板类，令其默认返回为假，然后枚举出一些有限的浮点类型并返回为真。

```
template<typename T> struct is_floating_point : false_type {};
```

这里使用了前面预定义的布尔类型 false_type，其拥有一个静态成员常量 value 且始终为 false，根据定义它是一个空类，使用继承方式不仅能达到空基类优化的效果，而且能得到约定的返回结果 value。接下来是枚举一些浮点类型，令它们返回为真。

```
template<> struct is_floating_point<float> : true_type {};
template<> struct is_floating_point<double> : true_type {};
template<> struct is_floating_point<long double> : true_type {};
```

通过模板类的全特化方式，针对 float、double、long double 类型分别特化出三个版本，当用户输入的是浮点类型时将实例化特化版本，从而得到预期结果。

is_same 判断给定的两个类型是否相同，首先给出基本的版本，默认返回假。再通过模板类的偏特化方式，只给出一个模板参数，确保这两个模板参数一致。

```
template<typename T, typename U> // 主模板,输入两个类型参数
struct is_same : false_type {};
template<typename T> // 偏特化版本,待确定一个参数
struct is_same<T, T> : true_type {};
```

采用全特化方式时，需要指明所有确定的模板参数，模板头使用 template<>表明没有待确定的参数。而对于判断两个类型是否相同的情况，只要确定其中任意一个类型，让第二个类型为第一个类型即可。因此通过偏特化指明一个待确定的模板参数，模板头使用 template<typename T>表明待确定一个参数，然后模板名 is_same<T, T>要求和主模板输入的格式一致：接受两个模板参数，这样就能实现判断两个类型是否相等。

remove_const 将输入的类型移除掉 const 修饰符，定义一个主模板对输入的任意类型都会返回该类型⊖，再通过特化方式处理带 const 修饰的类型。由于输入输出都是类型，根据约定使用 type 成员类型存储输出的结果。

```
template<typename T> // 主模板,输入一个类型参数
struct remove_const { using type = T; };
template<typename T> // 偏特化版本,待确定一个参数
struct remove_const<const T> { using type = T; };
```

主模板与偏特化版本的实现似乎都一样，然而特化版本匹配类型 const T，最终输出类型 T，从而将 const 修饰去掉。

std::conditional 类似于三元条件操作符，它接受三个模板参数，第一个参数为 bool 类型的值，当其为真时输出的是第二个类型模板参数，否则输出的是第三个类型模板参数。例如 conditional_t<true, int, float>的类型为 int，而 conditional_t<false, int, float>的类型为 float。

同样存在分支判断，首先定义主模板默认输出第一个类型模板参数，同时定义偏特化版本，当第一个 bool 类型参数的值为假时，输出第二个模板参数。

```
template<bool v, typename Then, typename Else> // 主模板,输入三个模板参数
struct conditional { using type = Then; };
template<typename Then, typename Else> // 偏特化版本,待确定两个类型参数
struct conditional<false, Then, Else> { using type = Else; };
```

⊖ 在前面我们看到 integral_constant 将常量一一映射到类型，因此可以通过继承方式实现谓词元函数，无须编写冗长的 static constexpr bool value = XX 语句；C++20 标准库引入了模板类 type_identity 将类型映射到该类型，若通过继承，则该元函数无须编写冗长的 using type = XX 语句。

有了 conditional 元函数后，就能实现稍微复杂一点的 type traits 了，考虑 decay 元函数实现会使类型退化，故首先将类型的引用去掉，然后进一步判断：

1）若类型为数组类型，则退化掉一维成指针类型。

2）否则，若类型为函数类型，则退化成函数指针类型。

3）否则，去除类型的 cv 修饰符。

```
template<typename T>
class decay {
  using U = std::remove_reference_t<T>;      // 首先将类型的引用去掉,存储至临时类型 U public:
  using type = conditional_t<is_array_v<U>,  // 若为数组类型
    remove_extent_t<U>* ,                    // 则退化掉一维,变成指针类型
    conditional_t<is_function_v<U>,          // 否则,若为函数类型
      add_pointer_t<U>,                      // 则退化成函数指针
      remove_cv_t<U>>>;                      // 否则,去除类型的 cv 修饰。
};
```

并不是标准库提供的所有 type traits 都能通过标准的 C++语言来实现，有一些只能通过编译器提供的接口来实现，俗称编译器"开洞"，这些接口不鼓励用户直接在代码中使用，因为它们都是依赖编译器实现相关的诸如_is_abstract（T）这种接口。

典型的元函数 is_abstract 用来判断给定的类型是否为抽象类，即无法通过抽象类实例化对象。只有编译器才知道一个类是否为抽象类，在 GCC/Clang 编译器中通过提供接口_is_abstract（T）来实现这个元函数。

▶▶ 2.2.6 类型内省

在计算机科学中，内省是指程序在运行时检查对象的类型或属性的一种能力。在 C++中类型萃取过程也可以视作内省，这个萃取过程只是在编译时查询与类型相关的特征。

一个类型本身可以由多个部分组成，例如数组类型 int［5］由两部分组成：int 类型与常量 5 构成；容器类型 vector<int>由模板类 vector 与类型 int 构成；函数类型 int（int）由两个 int 类型构成。

通过使用模板类与特化方式，可以解构一个类型的各个组成部分。考虑最基本的一维数组类型，如何获得数组的长度信息？

```
template<typename T> struct array_size; // 元函数声明
template<typename E, size_t N> // 模板偏特化
struct array_size<E[N]> {
  using value_type = E;
  static constexpr size_t len = N;
};
```

```
static_assert(is_same_v<array_size<int[5]>::value_type, int>);
static_assert(array_size<int[5]>::len == 5);
```

首先，声明一个模板类 array_size 元函数，其接收一个数组类型作为输入，并在偏特化中实现。偏特化版本的模板头声明了两个模板参数：类型参数 E 存储的是数组的元素类型、非类型参数 N 存储的是长度信息，而 E［N］构成了一个完整的数组类型 T。其次，特化实现中存储了元素类型 value_type 与长度信息 len 作为元函数的输出。通过静态断言的测试，当输入为 int［5］时，其组成的部分分别为 int 和长度 5，符合预期。

考虑稍微复杂的场景，如何获得函数类型的各个组成部分？函数类型由一个返回类型与多个输入类型组成。

```
template<typename F> struct function_trait; // 元函数实现
template<typename Ret, typename ...Args> // 模板偏特化
struct function_trait<Ret(Args...)> {
  using result_type = Ret;
  using args_type = tuple<Args...>;
  static constexpr size_t num_of_args = sizeof...(Args);
  template<size_t I> using arg = tuple_element_t<I, args_type>;
};
```

首先，声明一个模板类 function_trait 元函数，其接收一个函数类型作为输入，并在偏特化中实现。偏特化版本的模板头声明了一个类型参数 Ret 作为返回类型、一个可变模板参数包 Args 作为输入类型，而 Ret（Args...）构成了一个完整的函数类型 F。

其次，特化实现中存储了函数的返回类型 result_type、入参类型 args_type（由标准库中的元组 tuple 存储）、入参个数 num_of_args 以及成员元函数 arg（它输入参数位置信息 I，输出第 I 个入参的类型，由于入参类型存储于元组中，因此可以通过元函数 tuple_element 获得元组中第 I 个的类型）。通过静态断言可以构造出如下测试用例。

```
using F = void(int, float, vector<char>);
static_assert(is_same_v<function_trait<F>::result_type, void>);
static_assert(function_trait<F>::num_of_args == 3);
static_assert(is_same_v<function_trait<F>::arg<1>, float>);
```

用例中的函数类型返回类型为 void，同时接受 3 个入参。通过 result_type 可以确定返回类型符合预期，num_of_args 也与入参数量一致，通过成员元函数 arg 得知第 1 个入参的类型为 float。

▶▶ 2.2.7 enable_if 元函数

在 C++的早期元编程历史中，SFINAE⊖是非常高效的，所以很多程序员很早就依赖这个技

⊖ SFINAE 发生在模板实例化之前。如果模板参数替换过程中发生了错误，例如类型表达式或语句无效，编译器不会报错，而是选择不为该模板生成实例化代码。更多细节请参考 2.1.2 节和 2.1.5 节。

巧，以此为基础，从 C++11 起标准库提供了 enable_if 元函数。enable_if 元函数常出现于 SFINAE 场景中，通过对模板函数、模板类中的模板类型进行谓词判断，使得程序能够选择合适的模板函数的重载版本或模板类的特化版本。

enable_if 接受两个模板参数，第一个参数为 bool 类型的值，当条件为真时，输出的类型成员 type 的结果为第二个模板参数，否则没有类型成员 type[⊖]。整个元函数实现如下。

```
template<bool, typename = void> // 主模板,第二个默认模板参数为 void
struct enable_if { };
template<typename T> // 偏特化版本,待确定一个模板参数 T
struct enable_if<true, T> { using type = T; };
```

主模板的第二个模板参数类型默认为 void，由于定义时没有使用该模板参数，因此模板参数名可以省略，直接写成 typename = void。而对条件为真的情况进行偏特化定义，使得程序能够输出第二个模板参数类型。

考虑对数值进行判等操作的场景。如果是整数类型，则直接使用==操作符进行判断；如果是浮点数类型，则需要考虑精度问题，据此实现模板函数 numEq。

```
template<typename T, enable_if_t<is_integral_v<T>>* = nullptr>
bool numEq(T lhs, T rhs) { return lhs == rhs; }; // #1

template<typename T, enable_if_t<is_floating_point_v<T>>* = nullptr>
bool numEq(T lhs, T rhs) { return fabs(lhs - rhs)
                    < numeric_limits<T>::epsilon(); }; // #2
```

这两个模板函数的模板头声明一样，第一个为类型模板参数，第二个为非类型模板参数 void *，默认值均为 nullptr，唯一差别在于 enable_if 部分。考虑函数调用 numEq（1，2）应使用哪个重载版本？根据实参的类型可以推导出第一个类型模板参数为 int，替换推导后的类型得到如下两个实例：

```
bool numEq<int, enable_if_t<is_integral_v<int>>* = nullptr>(int, int);
bool numEq<int, enable_if_t<is_floating_point_v<int>>* = nullptr>(int, int);
```

is_integral_v<int>的结果为真，因此 enable_if_t<true>的类型将为 void；而 is_floating_point_v<int>的结果为假，enable_if<false>没有定义成员类型 type，导致替换失败，将其从候选集中删除，最终选择第一个重载版本。

对于实参为浮点数类型的情况也是类似的过程，程序将选择第二个重载版本。在对浮点数进行判等时，若两个数值之差的绝对值小于对应类型的相对精度 epsilon，则可以认为它们近乎相等。

⊖ 即没有输出结果。

考虑一个库开发者还有什么方法能达到类似效果⊖？一种方式是重载所有的数值类型判等函数 numEq，这是一件非常烦琐的事情，而且枚举已知类型不足以应对所有可能的类型。另一种方式是提供不受任何约束的模板函数，当用户传递错误的类型，例如 string 在模板实例化过程中将会得到一个非常模糊的编译错误，使用户深陷实现细节的漩涡中。

而 enable_if 提供了一种手段，我们既不需要编写重复的实现，也不会产生严重的编译错误，它仅会提醒我们没有找到合适的函数。因此标准库的实现大量使用了 enable_if 元函数对模板类型进行限制，配合 enable_if 与 type traits 将使得模板函数和模板类能够应对不同的类型，同时保持一定程度的泛型。

enable_if 出现在声明中时，无须查看实现便能得知其模板类型的作用范围。另外，这也带来了一个缺点，将 enable_if 混合到声明中，也引入了额外的噪声：可能分辨不出完整的模板参数类型。此外，需要每个条件必须独立正交，否则将导致版本歧义问题。

▶▶ 2.2.8 标签分发

除了 enable_if 之外的编译时多态手段还有标签分发（tag dispatching），这也是 C++社区著名的惯用方法。标签常常是一个空类，例如前面介绍的辅助类 true_type 和 false_type 类型可视作标签。关键在于将标签作用于重载函数中，根据不同的标签决议出不同的函数版本。同样考虑对数值进行判等操作的 numEq 的实现。

```
template<typename T> bool numEqImpl(T lhs, T rhs, true_type)
{ return fabs(lhs - rhs) < numeric_limits<T>::epsilon(); } // #1
template<typename T> bool numEqImpl(T lhs, T rhs, false_type)
{ return lhs == rhs; } // #2

template<typename T> // 标签分发
auto numEq(T lhs, T rhs) -> enable_if_t<is_arithmetic_v<T>, bool>
{ return numEqImpl(lhs, rhs, is_floating_point<T>{}); };
```

numEq 函数原型中使用元函数 enable_if 以限制输入的类型必须为数值类型（整数和浮点类型），并根据是否为浮点类型对 numEqImpl 进行分发。这次考虑函数调用 numEq（1.，2.）是如何工作的。

根据实参的类型进行推导，得出模板参数为 double，通过替换模板参数最终得到如下模板实例。

```
auto numEq<double>(double lhs, double rhs) -> bool
{ return numEqImpl(lhs, rhs, is_floating_point<double>{}); };
```

⊖ 还有比较合适的方法是 2.2.8 节介绍的标签分发技术。

```
// template<typename T> struct is_floating_point : false_type {};
// template<> struct is_floating_point<double> : true_type {};
```

is_floating_point 元函数通过继承标签类型 true_type 来提供 double 类型的特化版本，值 is_floating_point<double>{}能够自然地转换（协变关系）到它的父类 true_type，从而匹配第一个 numEqImpl 版本，因为它的第三个形参类型为 true_type。

对于实参为整数类型的情况也是类似过程，由于非浮点类型 is_floating_point 将使用默认版本，其派生自标签 false_type，程序将选择第二个 numEqImpl 版本。

标签分发技术可以实现用 enable_if 难以实现的功能：当条件存在包含关系时，用标签分发能够很自然地表达这种关系，而 enable_if 需要通过多个布尔条件以达到正交来实现。

标准库中的迭代器概念是容器与算法之间的桥梁，各种算法通过迭代器解耦具体的容器。迭代器可以视作广义的指针，它的行为也与指针类似：能够解引用、自增自减、作差。在<iterator>中定义了如下几种迭代器标签。

1）输入迭代器 input_iterator_tag 仅支持单向遍历，与单程算法类似只能遍历一轮[一]。典型的有 C++17 标准库<filesystem>引入的目录迭代器 directory_iterator 就是一种输入迭代器。

2）前向迭代器 forward_iterator_tag 和输入迭代器类似，同时它又具有多遍算法的部分功能，可以反复地做多轮迭代。典型的有标准库中单链表 forward_list 的迭代器。

3）双向迭代器 bidirectional_iterator_tag 和前向迭代器类似，然而它支持双向迭代。典型的有标准库中双链表 list 的迭代器。

4）随机访问迭代器 random_access_iterator_tag 和双向迭代器类似，然而它支持随机访问算法，能够在常数时间内访问任意元素。典型的有标准库中数组 array 的迭代器。

仔细观察这几种迭代器的关系，每一种迭代器都是在前一种迭代器基础上的增强，同时也添加了一些限制，它们之间存在包含关系（见图 2.2）。可以说每种迭代器都是 input_iterator_tag 迭代器，那为何标准库还会细分出这几种迭代器呢？因为可以根据每种迭代器的特点进行优化，能够用于前面迭代器的算法自然也能够适用于后面的迭代器，只是运行效率可能没那么高而已。

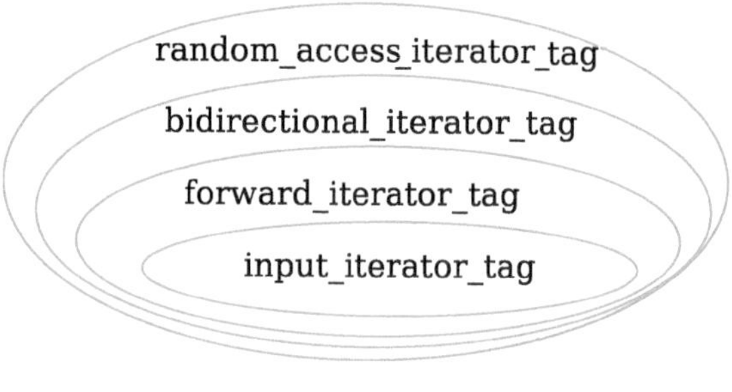

● 图 2.2　迭代器种类之间的包含关系

㊀　不保证值的生命周期，遍历一轮后的迭代器所对应的内存将失效。

```
struct input_iterator_tag {};
struct forward_iterator_tag         : input_iterator_tag {};
struct bidirectional_iterator_tag : forward_iterator_tag {};
struct random_access_iterator_tag : bidirectional_iterator_tag {};
```

与此同时，标准库还提供了迭代器元函数 iterator_traits，输入迭代器，输出相关属性[一]。例如类型成员::iterator_category 存储的是迭代器的种类标签,::value_type 是解引用后的类型,::difference_type 为迭代器作差后的类型 ptrdiff_t[一]。

考虑给定迭代器和偏移量的情况下，对迭代器进行偏移的算法 advance。偏移量为正数表明向前移动，若为负数表明向后移动，即偏移量的正负决定了移动的方向，偏移量的大小决定了偏移的距离。

若迭代器为随机访问迭代器，只需对迭代器进行自增运算；若迭代器为双向迭代器，那么允许偏移量为负值，实现时需要通过一个循环每次自增、自减偏移次数；若迭代器为前向迭代器或者输入迭代器，那么只允许偏移量为正数，算法一样通过循环自增偏移次数来实现。

使用标签分发技术能够满足这种关系，在编译时对不同种类的迭代器确定最适合的算法，如下为 advance 的实现。

```
template <typename InputIter>
void advanceImpl(InputIter& iter, // #1 针对输入、单向迭代器的实现,通过循环自增
                 typename iterator_traits<InputIter>::difference_type n,
                 input_iterator_tag) {
  for (; n > 0; --n) ++iter;
}
template <typename BiDirIter>
void advanceImpl(BiDirIter& iter,
                 typename iterator_traits<BiDirIter>::difference_type n,
                 bidirectional_iterator_tag) { // #2 针对双向迭代器的实现
  if (n >= 0) for (; n > 0; --n) ++iter;
  else        for (; n < 0; ++n) --iter;
}
template <typename RandIter>
void advanceImpl(RandIter& iter, // #3 针对随机访问迭代器的实现,通过直接累加
                 typename iterator_traits<RandIter>::difference_type n,
                 random_access_iterator_tag) {
  iter += n;
}
template <typename InputIter>
void advance(InputIter& iter,
```

一　由于输出多个属性，因此没法像<type_traits>中那样直接使用一个类型成员::type 代表输出。

一　两个指针相减后的类型，与平台相关，一般为 long 的别名。

```
                    typename iterator_traits<InputIter>::difference_type n) {
    // 省略对偏移量 n 的有效性断言
    advanceImpl(iter, n, typename iterator_traits<InputIter>
                              ::iterator_category{}); // 标签分发,编译时多态
}
```

通过元函数 iterator_traits 的类型成员 iterator_category 得到具体的迭代器种类标签, 接着实例化空对象并通过函数重载机制选择最合适的模板函数。细心的读者会注意到我们并没有针对 forward_iterator_tag 这个标签进行实现, 而是派生自 input_iterator_tag, 因此能够通过类型转换成父类, 最终使用第一个版本。

值得注意的点是, 这个输入迭代器的偏移算法适用于随机访问迭代器, 缺点是采用循环自增方式的效率没有直接做加法效率高; 因为输入迭代器很可能不支持以随机方式访问所以无法逆向运用。

▶▶ 2.2.9 if constexpr

if constexpr 是 C++17 引入的特性, 与普通的 if 语句相比, 它会在编译时对布尔常量表达式进行评估, 并生成对应分支的代码。引入 if constexpr 后能够比较容易、清晰地处理编译时分支选择问题。而在这之前, 常常使用 enable_if 或标签分发等技巧性比较强的技术。

在前面我们曾实现过利用 numEq 模板函数对数值类型进行判等操作, 这节将使用 if constexpr 特性实现。

```
template<typename T>
auto numEq(T lhs, T rhs) -> enable_if_t<is_arithmetic_v<T>, bool> {
  if constexpr (is_integral_v<T>) {
    return lhs == rhs;
  } else {
    return fabs(lhs - rhs) < numeric_limits<T>::epsilon();
  }
};
```

实现中通过 is_integral_v 元函数判断输入类型是否为整数类型, 并则直接使用 = = 进行判等; 否则将认为输入类型为浮点类型, 判等时需要考虑精度。虽然代码表现出来的是分支结构, 但实际上会根据模板参数替换后的类型仅生成对应分支的代码。

考虑用 if constexpr 实现对迭代器进行偏移的算法 advance, 在前面我们使用过标签分发技术。

```
template <typename InputIter>
void advance(InputIter& iter,
             typename iterator_traits<InputIter>::difference_type n) {
```

```
// 省略对偏移量 n 的有效性断言
using Category = typename iterator_traits<InputIter>::iterator_category;
if constexpr (is_base_of_v<random_access_iterator_tag, Category>) {
  iter += n; // 针对随机访问迭代器的实现
} else if constexpr (is_base_of_v<bidirectional_iterator_tag, Category>) {
  if (n >= 0) for (; n > 0; --n) ++iter; // 针对双向迭代器的实现
  else        for (; n < 0; ++n) --iter;
} else {
  for (; n > 0; --n) ++iter; /* 针对输入、单向迭代器的实现 */
}
}
```

通过判断输入的迭代器种类标签是否派生于某个具体的迭代器标签，从而生成对应的代码。需要注意的是这些条件的顺序，如果先判断是否为输入迭代器，那么由于所有迭代器都是输入迭代器，将导致其他分支无效。与标签分发版本相比，或许这种方法实现更清晰，无须针对不同迭代器通过多个函数重载方式实现，但这需要在一开始就能确定标签种类有界⊖。

▶▶ 2.2.10 void_t 元函数

在 C++17 标准库中，引入了元函数 void_t 用于检测一个给定的类型是否良构，进一步根据良构与否选择不同分支的代码，一般用于模板类与其特化版本之间的选择。void_t 可简单通过类型别名的方式实现：

```
template<typename...> using void_t = void;
```

该元函数输入的是一系列类型模板参数，如果这些类型良构，那么输出的类型将为 void。考虑编写一个谓词元函数，判断输入的类型是否存在成员类型::type。

```
template<typename T, typename = void> // typename = void_t<>
struct HasTypeMember : std::false_type {}; // 主模板
template<typename T> // 偏特化版本,待确定一个类型参数
struct HasTypeMember<T, void_t<typename T::type>> : std::true_type {};

static_assert(! HasTypeMember<int>::value); // int 没有类型成员::type
static_assert(HasTypeMember<true_type>::value); // true_type 有类型成员::type
```

首先，主模板声明要求输入两个类型参数，用户只需要提供第一个类型参数，另一个默认为 void 类型，默认输出为假。同时提供一个偏特化版本，当输入的类型拥有成员类型::type 时，即类型 T::type 良构，那么 void_t 得到的结果为 void，从而输出真。主模板与特化版本之

⊖ 关于这两种方式哪种更好，仁者见仁智者见智，笔者认为标签分发实现更加内聚，而 if constexpr 在条件有限情况下的可读性更好。

间的关系比较微妙,利用主模板第二个默认参数为 void,即默认选择偏特化版本,只有当类型良构时,偏特化版本才会成立,否则仍将使用主模板。

通过断言测试来看看 void_t 元函数具体是怎么工作的。当用户输入的类型诸如 int 中不存在 int::type 类型成员时,模板类 HasTypeMember<int, void>会选择哪个版本呢?由于偏特化版本的 void_t<typename int::type>非良构,因此会选择主模板,即输出的结果为假,符合预期。

当用户输入的类型为 true_type 时,该类型存在类型成员::type⊖,模板类 HasTypeMember<true_type, void>会选择哪个版本呢?由于偏特化版本 void_t<typename true_type::type>良构,结果为 void,因此会选择偏特化版本,输出结果为真,符合预期。

根据类型是否良构从而做选择这一点,除了用于检测类型成员是否存在之外,还能配合 decltype 用于检测成员变量、成员函数是否存在。考虑实现一个元函数 HasInit 来判断给定的类型是否拥有成员函数 OnInit。

```
template<typename T, typename = void>
struct HasInit : false_type {}; // 主模板
template<typename T> // 偏特化版本
struct HasInit<T, void_t<decltype(declval<T>().OnInit())>> : true_type {};

struct Foo { void OnInit() {}; };
static_assert(! HasInit<int>::value);
static_assert(HasInit<Foo>::value);
```

利用 declval 模板函数在非求值上下文 decltype 中构造对象,进一步调用成员函数 OnInit(),通过判断 decltype 内整个表达式是否合法以决定 void_t 是否为 void,从而选择合适的版本。

在早期的 C++版本中就有判断一个类型是否存在某个成员函数的需求,读者可能了解传统上使用函数重载的方式实现,这里通过 void_t 从某种程度上而言简化了这种难度,但它们仍然属于专家编程技巧,在 C++20 引入 concept 特性后,将无须再编写这类晦涩难懂的代码。

通过默认模板参数来选择默认的特化版本,当条件不成立时退回使用主模板是一个很常见的模式。默认模板参数若为类型,则一般为 void 并在特化版本中通过 void_t 或者 enable_if_t⊖来选择;默认模板参数若为值,则一般使用 bool 常量表达式的结果作为默认值并在特化版本中通过 true 或 false 来选择。

2.3 奇异递归模板

奇异递归模板模式(Curiously Recurring Template Pattern,CRTP)是 C++模板编程的一种

⊖ 它是 integral_constant<bool, true>类型的别名。

⊖ enable_if_t 根据布尔常量表达式决定是否输出给定类型,默认输出 void 类型。

惯用法:把派生类作为基类的模板参数,从而让基类可以使用派生类提供的方法。这种方式初看和它的名字一样奇怪,但在一定场景下相当有用,最早可追溯到 C++模板诞生之时。这种方式一般有如下两种用途。

- 代码复用:由于子类派生于模板基类,因此可以复用基类的方法。
- 编译时多态:由于基类是一个模板类,能够获得传递进来的派生类,进而可以调用派生类的方法,达到多态的效果。与运行时多态相比没有虚表开销。

根据定义,样板代码通常是如下形式。

```
template<class T> struct Base { /* ...* / };
struct Derived : Base<Derived> { /* ...* / };
```

▶▶ 2.3.1 代码复用

访问者模式(Visitor Pattern)是面向对象编程中一个经典的设计模式,虽然现代 C++使用 std::variant 与 std::visit 来代替访问者模式,但作为代码复用的例子值得一提。

这个模式的基本想法如下:假设我们拥有一个由不同种类的对象构成的对象结构,这些对象的类都拥有一个 accept 方法用来接受访问者对象;访问者是一个接口,它拥有一个 visit 方法,这个方法可以对访问到的对象结构中不同类型的元素做出不同的反应。

在对象结构的一次访问过程中,我们遍历整个对象结构,对每一个元素都调用 accept 方法,在每一个元素的 accept 方法中回调访问者的 visit 方法,从而使访问者得以处理对象结构的每一个元素。我们可以针对对象结构设计不同的访问者类来完成不同的操作,在编译器实现中往往涉及大量的访问者模式代码。

考虑为文件目录树结构设计接口,用户可以通过访问者接口对文件目录进行遍历以完成一些动作。访问者和元素的接口设计如下。

```
struct Visitor {
  virtual void visit(VideoFile&) = 0;
  virtual void visit(TextFile&) = 0;
  virtual ~Visitor() = default;
};
struct Elem {
  virtual void accept(Visitor& visit) = 0;
  virtual ~Elem() = default;
};
```

这里涉及两个多态结构的派发,即双重派发,具体可参见图 2.3。

- 元素 Elem 接口通过运行时接收一个 Visitor 对象,通过虚函数动态派发到双方具体类的实现上。

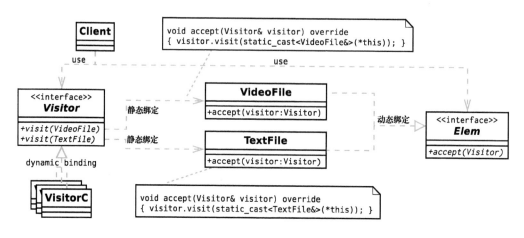

图 2.3 访问者模式

- 元素 Elem 通过函数重载机制对 visit 接口进行静态派发。

假如当前系统中存在两个元素 File 和 Directory，它们的对应实现可能为：

```
struct VideoFile : Elem { // 函数重载机制,静态绑定
  void accept(Visitor& visitor) override
  { visitor.visit(* this); }
  // ...
};
struct TextFile : Elem { // 函数重载机制,静态绑定
  void accept(Visitor& visitor) override
  { visitor.visit(* this); }
  // ...
}
```

随着系统的演进，将来会有越来越多重复的 accept 实现，而它们都是简单地通过函数重载方式进行静态绑定。那么可否考虑将 accept 的实现都放到基类 Elem 中，从而减少这种重复的代码呢？

答案是否定的，因为 this 类型实际上是该类的指针类型，如果放到基类中，那么 this 将为基类的指针⊖，丢失类型信息后将无法静态绑定，也无法满足复用代码的要求。

虽然各个元素类产生了重复代码，而它们的差异点在于隐含的 this 类型，如果将该类型参数化，那么便能复用代码。通过使用奇异递归模板模式，基类的模板类型将会参数化派生类的类型，便能在静态分发的同时又能复用代码。重构后的代码如下。

```
template<typename Derived>
struct AutoDispatchElem : Elem {
```

⊖ 换句话说每个类的 this 类型都不一样。

```
    void accept(Visitor& visitor) override
    { visitor.visit(static_cast<Derived&>(* this)); }
};
struct VideoFile : AutoDispatchElem<VideoFile> { /* ...* / };
struct TextFile : AutoDispatchElem<TextFile> { /* ...* / };
```

由于模板基类 AutoDispatchElem 能够获得派生类的类型，通过将 this 类型静态转换到派生类的过程是安全的，进而能够重载到合适的 visit 函数上。而派生类继承自模板基类，也能够获得基类的 accept 实现，从而满足代码复用的要求（见图 2.4）。

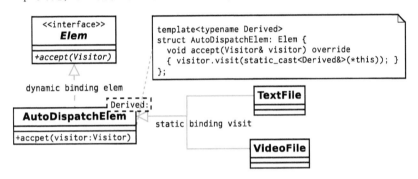

●图 2.4　奇异递归模板模式-代码复用

为一个类实现大小比较、判等操作是很常见的行为，标准库的一些容器诸如 map、set 等要求被存储的类型能够进行大小比较，查找算法也要求类型能够进行等于判断。如果为一个类型实现可比较的运算，考虑到<, =, ! =, >, <=, >=将需要实现六个操作符，而真正需要实现的只有<和=两种，其他四种关系都能通过这两个组合而成⊖。

```
struct Point {
  int x; int y;
  friend bool operator==(const Point& lhs, const Point& rhs)
  { return std::tie(lhs.x, lhs.y) == std::tie(rhs.x, rhs.y); }
  friend bool operator<(const Point& lhs, const Point& rhs)
  { return std::tie(lhs.x, lhs.y) < std::tie(rhs.x, rhs.y); }

  friend bool operator!=(const Point& lhs, const Point& rhs)
  { return !(lhs == rhs); }
  friend bool operator> (const Point& lhs, const Point& rhs)
  { return rhs < lhs; }
  friend bool operator<=(const Point& lhs, const Point& rhs)
  { return !(lhs > rhs); }
```

⊖ 这里要求所实现的类满足全序关系，即该类任意两个对象都可比较。

```
friend bool operator>=(const Point& lhs, const Point& rhs)
{ return !(lhs < rhs); }
};
```

这里实现了 Point 类，它们之间的大小关系可通过字典序方式比较，首先比较第一个字段 x，若第一个字段相等，则比较第二个字段 y。这里使用了由标准库提供的 std::tie 模板函数将字段打包成元组，标准库为元组定义了一系列比较操作符，按照给定类型的先后顺序进行比较，借助它可轻松实现任意多个字段的字典序比较。

由于在类内声明并定义友元函数，当对两个 Point 类对象进行判断时，将触发参数依赖查找（ADL）规则在类内的作用域进行查找。C++社区曾有人利用友元函数的特殊规则⊖，在模板类中声明友元，并在另一个模板类提供该友元的实现，通过模板函数重载的 SFINAE 机制分别实例化模板类或利用参数依赖查找规则触发该友元函数的调用，从而能够记录模板类是否被实例化的状态，以此实现带状态的元编程。由于该技巧过于晦涩，被 C++标准委员会判定为无效，本书也不涉及该技术⊖。

这种实现有个问题，为每个可比较的类实现六个操作符是件烦琐的事情，而仔细观察可以发现，用户只需要提供打包成元组的动作 tie 即可，那么这六个操作符基于一个 tie 便能实现。利用奇异递归模板模式可以复用这种代码，只需要派生类提供打包元组的接口，由模板基类基于元组实现所有的比较操作符。

```
template<typename Derived>
struct Comparable { // 需要派生类 Derived 提供 tie 接口
  friend bool operator==(const Derived& lhs, const Derived& rhs)
  { return lhs.tie() == rhs.tie(); }
  friend bool operator< (const Derived& lhs, const Derived& rhs)
  { return lhs.tie() < rhs.tie(); }
  // 限于篇幅，省略剩余 4 个操作符的定义
};
struct Point : Comparable<Point> {
  Point(int x, int y): x(x), y(y) { }
  int x; int y; // 使用 std::tie 打包成元组给基类使用
  auto tie() const { return std::tie(x, y); }
};
```

C++20 引入了三路比较操作符<=>（three-way comparison operator）以替代这种利用奇异递归模板模式来复用比较操作符的方法，只需实现一个直观的<=>操作符，就可直接得到六个比较操作符。<=>有个更形象的名字叫飞船操作符（见图 2.5）。

⊖ 符合 C++标准语法的特殊规则。

⊖ 感兴趣的读者可以进一步参考 https://ledas.com/post/857-how-to-hack-c-with-templates-and-friends。

<=>也是一个二元关系运算符，但它不像其他二元比较操作符那样返回类型是布尔类型，而是根据用户指明的三种类型之一：partial_ordering、weak_ordering 和 strong_ordering，定义于标准库头文件<compare>中，默认为 strong_ordering 类型。

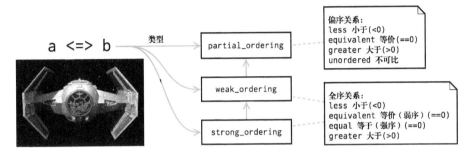

● 图 2.5　飞船操作符

- 偏序 partial_ordering 表达了比较关系中的偏序关系，即给定类的任意两个对象不一定可比较。例如给定一棵对象树，假设父节点比子节点大，<=>得到的结果将为 greater，但不是任意两个节点都可比较，此时它们的关系为 unordered。对于偏序关系的排序，使用拓扑排序算法将获得正确的结果。

- 弱序 weak_ordering 表达了比较关系中的全序关系，即给定类的任意两个对象都能比较，将既不大于也不小于的关系定义为等价（equivalent）关系。假设长方形类按照面积比较就是弱序关系，长宽分别为 2 和 6 的矩形与长宽分别为 3 和 4 的比较，面积都为 12（既不大于也不小于），那么它们是等价的，但不相等是因为可以通过长宽区分出来它们不一样。标准库中的 std::sort 要求关系至少为弱序的才能正确工作。

- 强序 strong_ordering 与弱序一样，当对等价关系进行了约束即为相等（equal）关系。考虑正方形类按照面积比较就是强序关系，因为面积一样的正方形无法像长方形那样通过外表能区分出来，即它们是相等的。一些查找算法要求关系为强序才能正确工作。

此外<=>的结果也与字符串比较函数 strcmp 类似，能够通过正负判断关系：当结果大于 0 表示大于关系，等于 0 表示等价、等于关系，小于 0 表示小于关系。对于本书中的这个例子只需要为 Point 实现<=>即可。

```cpp
struct Point { // C++20
    int x; int y; // 编译器按照字段声明的顺序进行比较, auto 推导为 strong_ordering
    friend auto operator<=>(const Point& lhs, const Point& rhs) = default;
};
```

▶ 2.3.2　静态多态

奇异递归模板模式的另一个作用是实现编译时多态，避免虚函数开销。由于基类能够在编译时获得派生类的类型，因此也能在编译时对派生类的函数进行派发。考虑用该模式实现动物类的多态，设计如下接口并实现。

```cpp
template<typename Derived> struct Animal {
  void bark() { static_cast<Derived&>(* this).barkImpl(); } };
class Cat : public Animal<Cat> {
  friend Animal; // 使用 class 默认实现对外不可见,同时对 Animal 友元,只让基类访问。
  void barkImpl() { cout << "Miaowing!" << endl; }
};
class Dog : public Animal<Dog> {
  friend Animal;
  void barkImpl() { cout << "Bow wow!" << endl; }
};
```

动物基类 Animal 提供了一个接口 bark 供用户使用，而实现的时候转调到派生类中的 barkImpl 函数。用户可以实现一个函数 play 与这些动物进行交互。

```cpp
template<typename T>
void play(Animal<T>& animal) { /* ...* / animal.bark(); /* ...* / }
Cat cat; play(cat); // Miaowing!
Dog dog; play(dog); // Bow wow!
```

从 play 的实现来看，它接受一个统一的"抽象"接口类，而调用的时候，根据传入的实际类型是 Cat 还是 Dog 进行多态调用。由于类型是在编译时确定的，那么多态调用也是在编译时调用的。读者可能会疑问，为何不直接把 play 写成模板函数的形式？这样无需模板基类 Animal 也能实现静态多态。

原因在于奇异递归模板模式的模板基类可以起到接口类的作用，它明确列出了该派生体系中所支持的一组操作，换句话说 Animal<T>其实是对它所接受的类型、所支持的方法集合进行约束，而普通的模板函数对模板参数没有约束，需要使用高级技巧（如 enable_if）进行约束。

C++演进过程中也考虑了这一点，在 C++20 中提供 concept 特性对模板参数进行约束。

▶▶ 2.3.3　enable_shared_from_this 模板类

现代 C++中常常使用智能指针管理对象的生命周期与所有权，标准库提供了非侵入式智能指针 shared_ptr 和 unique_ptr，分别用于共享对象所有权和独占对象所有权。

对于 shared_ptr 而言，它除了管理对象内存以外，还有一块额外的引用计数控制块，当引用计数大于 0 时，表明当前对象仍然被其他对象所占用；当引用计数为 0 时，则释放该对象的内存，从而避免手动管理内存，减轻了程序员的负担。

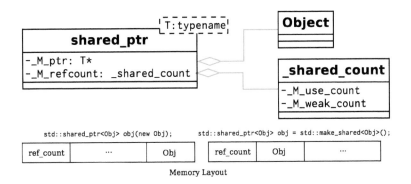

● 图 2.6　共享智能指针（shared_ptr）两种构造方式的内存布局差异

shared_ptr 拥有多个构造函数，其中最主要的两种是通过 make_shared 构造和通过 new 构造，这两种构造方式的内存布局差异如图 2-6 所示。前者通过 C++ 的 new 特性使引用计数块和对象在内存上连续，而后者的构造函数只能获得对象的指针，需要额外分配引用计数块，内存可能不连续，通过指针方式构造还有可能导致内存泄漏。因此建议使用 make_shared 来提高运行效率[⊖]。

异步编程中存在一种场景，需要在类中将该类的对象注册到某个回调类或函数中，不能简单地将 this 传递给回调类中，很可能因为回调时该对象不存在而导致野指针访问[⊜]。若通过智能指针管理对象，也不能直接将 this 构造成 shared_ptr，因为无法通过裸指针获得引用计数块信息[⊜]，强行构造会导致对象内存多次释放。

```
struct Obj {
  void submit() {
    executor.submit([this]{ this->onComplete(); }); // 内存风险
  }
  void onComplete() { /* ...* / }
};
```

通过裸指针（this 指针）构造智能指针的关键在于得到裸指针的引用计数信息，标准库提供的非侵入式智能指针存在引用计数块与对象独立的可能。为了解决这个问题，标准库提供了 enable_shared_from_this 模板基类，通过奇异递归模板模式在父类中存储子类的指针信息与引用

⊖　也正因为 make_shared 构造时将引用计数块和对象一次性分配在一块内存上，当对象没有被任何共享指针所持有时将被销毁，只要有一个弱指针 weak_ptr 指向它都不能直接释放引用计数块，从而导致连续的内存无法立即释放，同样存在内存泄漏风险。

⊜　也有可能在析构函数解注册时被回调，造成对象不完整。

⊜　侵入式智能指针的引用计数块和对象内存连续，可以简单地通过偏移引用计数块大小得到。

计数信息，并提供 shared_from_this 和 weak_from_this 接口⊖以获得智能指针。

智能指针在最初的构造之时，通过编译时多态手段来判断被构造的类是否派生自 enable_shared_from_this，若派生则将相关信息存储至基类中供后续使用，否则什么也不做。这也体现了零成本抽象的哲学：如果程序员不需要从裸指针还原得到智能指针，就无须继承它，也无须支付额外开销。

```
// 根据是否派生自 enable_shared_from_this 来派发不同的实现 ( _has_esft_base )
template<typename _Yp, typename _Yp2 = typename remove_cv<_Yp>::type>
typename enable_if<_has_esft_base<_Yp2>::value>::type
_M_enable_shared_from_this_with ( _Yp* _p ) noexcept { // 已继承
  if ( auto _base = _enable_shared_from_this_base ( _M_refcount, _p ) )
  _base->_M_weak_assign ( const_cast< _Yp2* > ( _p ), _M_refcount );
}
template<typename _Yp, typename _Yp2 = typename remove_cv<_Yp>::type>
typename enable_if<! _has_esft_base<_Yp2>::value>::type
_M_enable_shared_from_this_with ( _Yp* ) noexcept { } // 未继承，空实现
```

可以通过 enable_shared_from_this 将异步回调中的例子改写成弱回调形式：lambda 通过捕获 weak_from_this 接口得到弱指针⊖，回调时通过将弱指针提升至共享指针来判断该对象是否还存在，若存在则调用，否则什么也不做。

```
struct Obj : enable_shared_from_this<Obj> { // 奇异递归模板模式
  void submit() { // weak_from_this 获得 this 指针的弱指针
    executor.submit([obj = weak_from_this()]{ // lock 提升至共享指针
      if (auto spObj = obj.lock()) { spObj->onComplete(); }
    });
  }
  void onComplete() { /* ...* / }
};
```

2.4 表达式模板

C++与其他命令式语言类似，表达式是立即求值的⊜。在一些诸如向量线性计算的场景中，将一个向量常量缩放并与另一个向量相加：

$$x + \alpha\, y$$

⊖ C++17 起提供的 weak_from_this 接口。
⊖ 捕获弱指针的原因是 lambda 不应该拥有对象的所有权，避免内存泄漏。
⊜ 相对函数式编程语言的延迟计算而言，延迟计算也被称为惰性求值。

C++拥有足够的能力来表达这种计算，首先创建一个临时变量存储 αy 的结果，然后与 x 相加得到最终结果，这种计算常常是低效的，因为我们可以写出如下代码，进行高效的计算。

```cpp
using Vector = vector<int>;
using Scalar = int;
Vec LinearCombinationOfVectors(Scalar alpha, const Vec& x, // ax + by
                               Scalar beta, const Vec& y) {
  assert(x.size() == y.size());
  Vec res(x.size());
  for (size_t i = 0; i < x.size(); ++i)
      res[i] = alpha * x[i] + beta * y[i];
  return res;
}
auto res = LinearCombinationOfVectors(1, x, alpha, y); // x + ay
```

当代码规模比较小时还能维护；当代码规模比较大时，这种针对每种模式手写一种计算将使代码变得凌乱，同样的函数可能会反复实现多次，以至于开发者不愿检查是否已有实现。

函数式编程语言中的表达式通常是延迟计算的，这意味着按需求值，仅仅在需要的那一刻进行求值。这个特性非常有用，因为我们可以随意组合表达式，直到需要结果的时候才求值；另外，它也可以表达无穷序列，而在立即求值中，由于内存上的限制几乎不可能形成无穷的序列。

因此人们希望在高性能语言 C++中模拟这一特性，即表达式模板。表达式模板利用模板元编程技术在编译时构建表达式的结构，实现按需求值，消除一些中间计算产生的临时变量，并为整个计算生成高效的代码。在高性能计算领域如线性代数软件中非常流行。

▶▶ 2.4.1 标量延迟计算

首先考虑最简单的形式，对两个标量进行二元延迟计算。实现一个延迟计算模板类 BinaryExpression，它接受两个任意类型的标量和一个二元函数，并提供接口，当真正需要结果的时候再进行计算。

```cpp
template<typename T, typename U, typename OP>
struct BinaryExpression {
  BinaryExpression(const T& lhs, const U& rhs, OP op):
    lhs(lhs), rhs(rhs), op(op) {} // 缓存起来供延迟计算
  auto operator()() const { return op(lhs, rhs); } // 立即求值
protected:
  T lhs; U rhs; OP op;
};
```

通过接口 operator( )( )可以立刻求值得到结果，为简单起见构造函数按常引用传值并存储值的副本。当用户需要对标量进行延迟计算时，可能的代码如下〇。

```
auto plus = [](auto x, auto y) { return x + y; };
BinaryExpression expr(5, 3.5, plus);
// ...
double res = expr() * 2.0; // (5 + 3.5) * 2 = 17
```

得益于 C++17 提供的类模板参数推导特性，构造 BinaryExpression 时无须显式指明模板参数，在 1.4.5 节中对该特性进行过介绍。

▶▶ 2.4.2　向量延迟计算

前面实现了对两个标量进行延迟求值，本小节开始考虑两个向量之间的延迟求值。由于向量可以利用任意容器进行表达，考虑用 BinaryContainerExpression 实现延迟计算类。

```
template<typename T, typename U, typename OP>
struct BinaryContainerExpression :
  private BinaryExpression<T, U, OP> {
  using Base = BinaryExpression<T, U, OP>;
  using Base::Base; // 继承基类的构造函数
  auto operator[](size_t index) const { // 延迟计算接口
    assert(index < size());
    return Base::op(Base::lhs[index], Base::rhs[index]);
  }
  size_t size() const {
    assert(Base::lhs.size() == Base::rhs.size());
    return Base::lhs.size();
  }
};
template<typename T, typename U, typename OP> // 类模板参数推导规则
BinaryContainerExpression(T, U, OP) -> BinaryContainerExpression<T, U, OP>;
```

上述代码通过私有继承 BinaryExpression 模板类实现，私有继承表达内部实现关系，能够复用代码和扩展功能，在库开发中常常使用这个特性。这里使用私有继承并通过 using 复用基类的构造函数，另外在延迟计算接口中也复用了基类提供的数据，这也是为何数据使用 protected 进行声明的原因。最后补充了类模板参数推导规则，因为继承关系的存在使得编译器无法自动获得这个规则。

延迟计算接口 operator [ ] 针对每次提供一个下标值，仅计算下标指明的单个元素，而不

〇　读者会发现这一小节的例子相当简单，expr 甚至可以直接用函数对象 lambda 来表达标量之间的延迟计算：expr= [x, y] {return x+y;}，但这个例子是为了后面小节做准备的。

是所有元素，这也体现了按需计算：使用某个元素的值不需要将所有值（不相关的）都求出来。若需要将所有值都求出来，只需要遍历所有下标即可。回到最初的计算 $x+\alpha y$，可能的代码如下。

```
vector<int> x{1, 2, 3}, y{1, 1, 1};
int alpha = 4;
auto add_scaled = [alpha](auto lhs, auto rhs)
                    { return lhs + alpha * rhs; };
auto expr = BinaryContainerExpression(x, y, add_scaled);
// 求解所有值,生成代码等价于手写版本 LinearCombinationOfVectors
for(size_t i = 0; i < expr.size(); ++i) cout << expr[i]<< " ";
```

在最后求解所有值时，每一个元素的计算等价于 x[i]+alpha * y[i]，通过编译器生成的高效代码和手写的 LinearCombinationOfVectors 函数相当。

对于计算量比较大的运算（诸如矩阵乘法），可在初次按需求值中将求得的结果缓存起来，从而避免后续的重复计算。鉴于矩阵与矩阵、矩阵与向量之间的计算超出了本书讨论的范畴，感兴趣的读者可以使用业界成熟的线性代数库 Eigen，里面大量使用了该技术。

2.4.3 提高表达力

对于计算 $x+y+z$ 而言，在我们的例子中要求程序员手工构造嵌套的计算对象：

```
auto expr = BinaryContainerExpression(
            BinaryContainerExpression(x, y, plus), // (x + y)
            z, plus); // + z
```

若没有类模板参数推导特性，那么构造对象的复杂性将进一步提高。这里 expr 的类型如下，它是在编译时构造表达式的结构，可视作表达式树，并供运行时延迟计算，如图 2.7 所示。

```
BinaryContainerExpression<
  BinaryContainerExpression<vector<int>, vector<int>, decltype(plus)>,
  vector<int>, decltype(plus)>
```

2.1.4 节中提到操作符重载可以提升表达力，这里我们可以借助 operator+操作符来达成目地，根据加法运算的结合律性质，可以将嵌套形式转成平铺的形式：

$$((x+y)+z)=x+y+z$$

BinaryContainerExpression 接受两个任意容器类型的对象，重载操作符 operator+对向量的运算中需要注意约束参数类型为容器类型，这样能够及早发现一些类型上的错误而不是陷入实现的细节中，可以通过 2.2.7 节介绍的 enable_if 来完成。首先，需要判断给定的类型是否为容器类型，使用节 2.2.1 节介绍的变量模板通过特化实现相关 type trait 谓词。

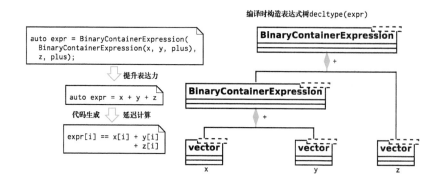

● 图 2.7　表达式模板在编译时构造表达式树，生成高效代码

```
template<typename T, typename = void>
constexpr bool is_container_v = false;

template<typename T> // 是否含有类型成员 value_type 和 iterator 来简单判断是否为容器
constexpr bool is_container_v<T, void_t<typename T::value_type,
                                        typename T::iterator>> = true;
template<typename T, typename U, typename OP> // 延迟计算对象也视作容器
constexpr bool is_container_v<BinaryContainerExpression<T, U, OP>> = true;
```

有了元函数 is_container_v，我们就能够在实现 operator+时添加约束。

```
template<typename T, typename U, // 为两个类型参数添加约束
         typename = enable_if_t<is_container_v<T> && is_container_v<U>>>
auto operator+(const T& lhs, const U& rhs) {
  auto plus = [](auto x, auto y) { return x + y; };
  return BinaryContainerExpression(lhs, rhs, plus);
}
```

通过操作符重载后，我们能够写出 x+y+z 形式的代码，这比通过嵌套构造对象的方式更简洁。

2.5　注意事项

本章介绍了 C++语言在编译期进行多态的手段，最常见的是函数重载机制，支持这个特性的语言相当少。函数重载方式给开发人员很大的灵活性，同一个语义拥有不同的实现，交由编译器进行重载决策；操作符重载可以大大提升计算的表达力。带来灵活的同时也有相应的弊端——语言需要很复杂的规则进行决策。

模板函数在重载过程中可能因为模板参数替换而失败，而从候选集中删除该函数并不会触发编译错误，利用这个特点开发人员可以基于模板类型的特征（type traits）选择最佳的实现，例如可以针对不同迭代器的特点决策出最优的算法。通过函数重载机制衍生了一系列相关技术：使用 enable_if 进行模板类型约束，使用标签分发技术进行偏序决策。

使用奇异递归模板模式可以实现代码复用，做到静态多态。最后，介绍表达式模板，在编译期构造表达式树进行延迟计算，避免一些中间计算产生的临时变量，并生成高效的代码。

这些技术或多或少是因为语言上的缺失衍生的变通办法，我们即将看到 C++20 提供的新特性将代替这些技术。

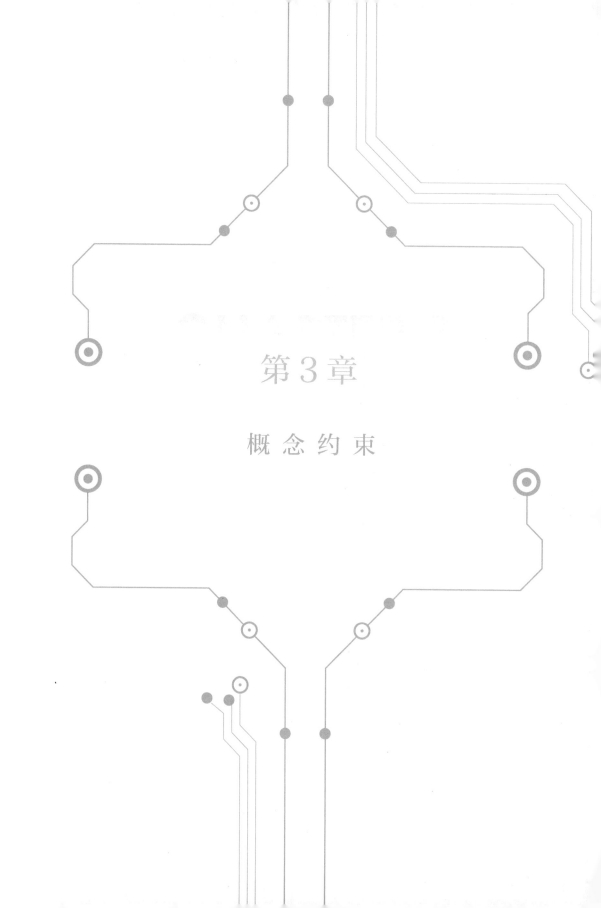

第 3 章

概 念 约 束

早在 1987 年，C++之父 Bjarne Stroustrup 就着手为模板参数设计合适的接口。长期以来模板参数没有任何约束，仅仅在实例化时才能发现类型上的错误。他希望模板拥有如下三大特点：

- 强大的泛化、表达力。
- 相对于手写代码做到零成本开销。
- 良好的接口。

目前看来 C++做到了前两点，强大的泛化与表达力具备"图灵完备"的能力，能够在编译时完成大量计算任务，同时生成的代码拥有比手写更好的性能，在提供前所未有的灵活性的前提下并没有性能损失，这使得模板特性非常成功。

20 世纪 90 年代，泛型编程因 C++中的标准模板库而成为主流，开发人员也开始在库开发中广泛使用泛型编程手段。使用模板做泛型编程过程中遇到的问题是缺少良好的接口，导致编译错误信息非常难读，这困扰了开发人员许多年。除了错误信息不够友好之外，在阅读使用模板元编程的库时面对大量模板参数，在不深入实现的前提下也常常不知为何物。语言上的缺陷导致后来产生 enable_if⊖等变通方法。

包括 C++之父在内的许多人都在寻求解决方案，尤其是标准委员会的成员希望该方案能够在C++0x版本⊜落地，但直到后来的 C++17 版本也都没能实现。没有人能够提出一种既能满足这三种目标，又能合适地融于语言，并且编译速度足够快的方案。

好在 C++20 起对 concept⊜特性进行了标准化，目前主流的编译器也提供了支持。concept 的名字由 STL 之父 Alex Stepanov[6]命名，将一类数据类型和对它的一组操作所满足的公理集称为 concept：不仅需要从语法上满足要求，还需要从语义层面上满足。

几十年来，计算机科学一直在追求软件重用的目标。有多种方法，但没有一种方法能像其他工程学科中的类似尝试那样成功。泛型编程提供了机会。它基于这样一个原则，即软件可以分解为组件，这些组件只对其他组件做出最小的假设（concept），从而得到允许组合的最大灵活性。

泛型编程的关键在于高度可复用的组件必须以 concept 为基础⑩进行编程，而 concept 尽可能匹配更多的类型，并且要求在不牺牲性能的前提下完成这一任务。标准模板库就是基于少量广泛有用的概念⑮，使得用户能够通过各种方式与它们灵活组合。因此，**concept** 是泛型编程的

⊖ 具体请参见 2.2.7 节。
⊜ C++0x 指的是预期的标准应该于 08/09 年标准化，由于计划推迟最终 C++0x 标准在 2011 年完成，也就是 C++11 标准。
⊜ 本书将 concept 译为概念约束，有时候交换使用这两个词。
⑩ 即便不曾有 concept 这个特性，但不代表它不存在，只是隐式存在，并以文档等形式约定。
⑮ 例如函数对象、迭代器的概念。

基石。

由于篇幅有限，关于概念约束的历史可查阅附录 A。

3.1 定义概念

这里正式给 concept 下定义，它是一个对类型约束⊖的编译期谓词，给定一个类型判断其能否满足语法和语义要求，这对泛型编程而言极为重要。举个例子，给定模板参数 T，对它的要求如下。

1）一种迭代器类型 Iterator<T>。

2）一种数字类型 Number<T>。

符号 C<T>中的 C 就是概念，T 是一个类型，它表达"如果 T 满足 C 的所有要求，那么为真，否则为假。"

类似地，我们能够指定一组模板参数来满足概念的要求，例如 Same<T，U>概念可定义为类型 T 与 U 相等。这种多类型概念对于 STL 来说是必不可少的，同时也能应用于其他领域中。

concept 拥有强大的表达力并且对编译时间友好⊜，程序员能够通过非常简单地定义一个概念，也可以借助概念库对已有的概念进行组合。概念支持重载，能够消除对变通方案（诸如 enable_if 等技巧）的依赖，因此不仅大大降低了元编程的难度，同时也简化了泛型编程。

在 C++中定义一个 concept 的语法为：

```
template <被约束的模板参数列表>
concept 概念名 = 约束表达式;
```

概念被定义为约束表达式（constraint-expression），也可以简单理解成布尔常量表达式。在实现一些简单的概念时可以复用在 2.2 节介绍的 type traits 中，它们是编译时查询类型特征的接口，在配套的概念标准库<concepts>中可以看到一些和数值相关的概念被定义为：

```
template<typename T>
concept integral = is_integral_v<T>;
template<typename T>
concept floating_point = is_floating_point_v<T>;
```

这种简单的概念定义能否不依托于 type traits 呢？答案是可能不行，根据 C++20 标准，概念不允许做特化且约束表达式在定义时处于不求值环境中⊜，因此除了 type traits 之外没有更好

⊖ 也可以对常量进行约束。

⊜ 相对于其他变通方案而言。

⊜ 例如通过定义并调用 lambda 获得布尔结果的方式行不通。

的方式了。

概念和模板 using 的别名很类似，前者是对布尔表达式的别名，而后者是对模板类型的别名，它们都不允许自身进行实例化或特化。记住这个有助于对后文介绍的约束偏序规则的理解。

在判断类型是否满足概念时，编译器将会对概念定义的约束表达式进行求值，因此可以通过静态断言来检测类型是否满足。

```
static_assert(floating_point<float>); // 对约束表达式 is_floating_point_v 进行求值
static_assert(! floating_point<int>);
```

如果在定义概念时约束表达式类型不为 bool 类型，将引发一个编译错误，而不是返回不满足（假）[⊖]。

```
// atomic constraint must be of type 'bool' (found 'int')
template<typename T> concept Foo = 1;
```

约束表达式通过逻辑操作符的方式进行组合以定义更复杂的概念，这种操作符有两种：合取（conjunction）与析取（disjunction），C++标准中使用符号 ∧ 来代表合取操作，符号 ∨ 代表析取操作。

由于在 C++ 语法中并没有定义这两个符号，而是复用逻辑与（&&）和逻辑或（||）来分别表达合取与析取，那么它们在约束表达式中的语义相对布尔运算也就有了细微区别。

约束的合取表达式由两个约束组成，判断一个合取是否满足要求，首先要对第一个约束进行检查，如果它不满足，整个合取表达式也不满足；否则，当且仅当第二个约束也满足时，整个表达式满足要求。

约束的析取表达式同样由两个约束组成，判断一个析取是否满足要求，首先对第一个约束进行检查，如果它满足，整个析取表达式满足要求；否则，当且仅当第二个约束也满足时，整个表达式满足要求。

合取与析取操作与逻辑表达式中的与或运算类似，也是一个短路操作符。在依次对每个约束进行检查时，首先检查表达式是否合法，若不合法则该约束不满足，否则进一步对约束进行求值判断是否满足。

```
template<typename T> // 析取表达式 is_integral_v<T::type> ∨ sizeof(T) > 1
concept C = is_integral_v<typename T::type> || (sizeof(T) > 1);
static_assert(C<double>);
```

⊖ GCC 编译器定义 concept 时不会报错，在求值的时候才进行类型检查；Clang 编译器在定义时就会进行类型检查。

对 C<double>进行求值的过程中，模板类型参数 T 被替换为 double，整个约束表达式为 is_integral_v<double::type> ∨ sizeof（double）> 1，显然第一个约束的表达式非法，结果为不满足要求，然而第二个表达式满足要求，因此整个结果为真。

对于可变参数模板形成的约束表达式，既不是约束合取也不是约束析取⊖。

```
template<typename...Ts> // 原子约束
concept C = (is_integral_v<typename Ts::type> ||...);
```

上述代码不是析取表达式，因此没有短路操作，它首先检查整个表达式是否合法，只要有一个模板参数没有类型成员 type，整个表达式将为假。若要表达"至少一个模板参数存在类型成员 type 且类型成员为整数"，则可以添加一层间接层解决：

```
template<typename T> // 额外的间接层
concept IntegralWithNestType = is_integral_v<typename T::type>;
template<typename...Ts>
concept C = (IntegralWithNestType<Ts> ||...);
```

由于约束表达式使用的合取与析取操作符分别与逻辑表达式的逻辑与和逻辑或相同，若要表达"逻辑表达式"的合法性，而不是被当成析取或合取表达式处理则需要额外的工作。

```
template<typename T, typename U> // 约束析取表达式
concept C1 = is_integral_v<typename T::type> ||
             is_integral_v<typename U::type>;
template<typename T, typename U> // 原子约束
concept C2 = bool(is_integral_v<typename T::type> ||
                  is_integral_v<typename U::type>);
```

概念 C1 中的约束表达式为析取表达式，它具有短路性质，表达"要求存在一个模板参数拥有类型成员 type 且类型成员为整数"，而 C2 表达了一条完整的逻辑表达式："要求两个模板参数存在类型成员 type 且其中一个为整数"。

另一个比较特殊的是逻辑否定（negation），在对概念进行求值的过程中，若约束中的模板参数替换发生错误（表达式非法），则该约束的结果为不满足⊖。考虑如下情况。

```
template<typename T> concept C1 = is_integral_v<typename T::type>;
template<typename T> concept C2 = ! is_integral_v<typename T::type>;

static_assert(! C1<int>);
static_assert(! C2<int>)
struct Foo { using type = float; };
static_assert(C2<Foo>);
```

⊖ 这是一个原子约束，后文将详解。
⊖ 这点似乎违反了直觉，因为表达式不满足后进行否定结果应该为真才对。

其中 C1 表达式"要求类型 T 存在关联类型 type，且关联类型为整数类型"，C1 的否定"要求类型 T 不存在关联类型 type，或关联类型不为整数"。

根据约束否定的特殊性质，C2 并不是 C1 的否定，它表达的是"要求类型 T 存在关联类型 type，且关联类型不为整数类型"⊖，在断言 C2<Foo>和 C2<int>时我们可以确认这一点。

如果需要表达 C1 的否定"要求类型 T 不存在关联类型 type，或关联类型不为整数"，应该定义为如下形式。

```
template<typename T> concept C3 = ! C1<T>;
static_assert(C3<Foo>);
static_assert(C3<int>);
```

3.2　requires 表达式

除了使用 type traits 来定义概念之外，requires 表达式也提供了一种简明的方式来表达对模板参数及其对象的特征要求：成员函数、自由函数、关联类型等。在 C++中定义 requires 表达式的语法为：

```
requires (可选的形参列表) { // 表达式体,提出要求
    一系列表达式(要求)
}
```

requires 表达式的结果为 bool 类型，即编译时谓词。表达式体应至少提出一条要求，同样地在表达式体中处于不求值环境。当对 requires 表达式进行求值时，按照表达式体中声明的先后顺序依次检查表达式的合法性，当遇到一条非法的表达式时，返回结果为不满足（假），与短路类似的后续表达式也无须进一步检查；当所有表达式都合法时，返回的结果为满足（真）。

可选的形参列表声明了一系列局部变量，这些局部变量不允许提供默认参数，它们对整个表达式体可见。这些变量没有链接性、存储性与生命周期，仅仅用作提出要求时的符号。如果在表达式体中引用了未声明的符号，则视作语法错误。

requires 表达式提供了四种形式的要求：简单要求、类型要求、复合要求与嵌套要求，它们分别应对不同场景。

3.2.1　简单要求

对于简单的要求，仅仅通过表达式就能表达。考虑定义一个机器的概念，能够上电与下电。

⊖　请读者感受一下这两者语义的细微差别。

```
template<typename M>
concept Machine = requires(M m) {
  m.powerUp();          // 需要存在成员函数
  m.powerDown();         // powerUp/powerDown
};
```

这里涉及两个特性，首先通过 concept 定义机器概念，其次约束表达式为 requires 表达式，它声明了模板参数 M 的局部对象 m，然后在表达式体中提出了两个要求，分别是能够使用对象的上下电接口。

对约束表达式求值的过程中并不会去创建对象，因此我们可以使用简单的值语义，而无须添加额外的引用或者指针形式，这样代码更简洁。此外也不会进行接口调用，仅仅是依据表达式是否合法来确认是否满足要求。

有时候我们要求模板参数的对象含有相关的自由函数，以及含有静态成员函数，或者成员变量，这些要求都可以通过下面这种形式来表达。

```
template<typename T>
concept Animal = requires(T animal) {
  play(animal);         // 要求存在自由函数 animal
  T::count;             // 要求存在静态成员 count
  animal.age;           // 要求存在成员变量 age
};
```

又或者需要进行复杂的操作符运算时，可以声明几个对象，并在提出要求的同时表达对象之间的操作。目的只是检查表达式的合法性，不会去进行真正的计算。

```
template<typename T>
concept Number = requires(T a, T b, T c) {
  a == a;              // 要求对象能进行判等操作
  a + b * c;           // 要求对象能够进行加、乘操作
};
```

▶▶ 3.2.2 类型要求

简单要求虽然可以表达对象的成员函数、成员变量，但无法表达对象的类成员。类型要求可以表达一个类型是否含有成员类型，该类型是否能够和其他模板类型组合等。考虑如下情况。

```
template<typename T>
concept C = requires {
  typename T::type;        // 要求存在类型成员 type
  typename vector<T>;      // 要求能够与 vector 组合，能够模板实例化
};
```

```
struct Foo { using type = float; };
static_assert(C<Foo>);
```

这段代码中的 requires 表达式无须引入局部变量，直接对类型提出要求即可。表达式体中使用关键字 typename 来表达它是一个类型要求。

▶▶ 3.2.3 复合要求

有时候我们会希望一个表达式的类型也能够符合要求，例如要求函数的返回类型为 int，希望表达式不会抛异常等，这时候可以使用复合要求来表达。复合要求的语法如下。

{ 表达式 } 可选的 noexcept 可选的返回类型概念要求

复合要求需要用大括号将表达式括起来，最简单的复合要求和简单要求几乎没什么区别。

```
template<typename M>
concept Machine = requires(M m) {
  { m.powerUp() };        // 需要存在成员函数
  { m.powerDown() };      // powerUp/powerDown
};
```

如果要求表达式不能抛异常，这时候 noexcept 关键字便派上了用场。考虑定义一个概念 Movable，要求对象之间的移动禁止抛异常。当用户自定义移动赋值操作符而忘记声明 noexcept 时，将无法通过约束的检查。

```
template<typename T>
concept Movable = requires(T a, T b) {
  { a = std::move(b) } noexcept;
};
```

当我们对一个表达式的类型提出要求时，有两个问题需要考虑。首先，是明确要求为某个确定的类型；其次，是由于在 C++中允许类型转换，对表达式的类型要求可以稍微放宽，只要能隐式转换到要求的类型即可。

C++标准库<concepts>提供了两个概念 same_as 和 convertible_to 来分别表达这两种情况，它们的声明如下。

```
template<typename T, typename U>
concept same_as = /* ...*/
template<typename _From, typename _To>
concept convertible_to = /* ...*/
```

借助这两个概念的帮助，我们可以定义如下的概念。

```
template<typename T>
concept C = requires(T x) {
```

```
  { f(x) } -> same_as<T>;                    // 要求 f(x)的返回类型与 x 类型一致
  { g(x) } -> convertible_to<double>;        // 要求 g(x)的返回类型能够转换成 double
};
```

使用箭头"->"来表达对表达式类型的要求，后面紧接着的是需要满足的概念。值得注意的是，这两个概念本应该接受两个模板类型参数，为何这里只需要提供一个？其实这是 concept 的性质，它会将表达式的类型补充到概念的第一个参数⊖，如果读者将 same_as 替换成元函数is_same_v那么编译时将提示需要提供两个类型参数。上述代码等价于如下形式。

```
template<typename T>
concept C = requires(T x) {
  f(x); requires same_as<decltype((f(x))), T>;
  g(x); requires convertible_to<decltype((g(x))), double>;
};
```

细心的读者会发现 requires 表达式体中又出现了 requires 关键字，这正是下一小节将介绍的嵌套要求。

▶▶ 3.2.4 嵌套要求

除了前面几种要求，最后一种是嵌套要求，它在表达式体中通过 requires 连接一个编译时常量谓词来表达额外的约束。根据定义，嵌套要求的额外约束有如下几种形式。

- type traits。
- concept。
- requires 表达式。
- constexpr 值或函数。

requires 表达式体通常只检查表达式的合法性，而嵌套要求的谓词约束则通过对表达式求值来确认是否满足要求。在 3.2.3 节中我们不仅要求 f（x）表达式有效，还通过 requires same_as<decltype（f（x）），T>嵌套要求 same_as 的概念为真。

通过嵌套要求定义一个概念，它要求给定的类型大小大于指针大小，并且是平凡的。

```
template<typename T>
concept C = requires { // 使用嵌套要求连接编译期谓词
  requires sizeof(T) > sizeof(void* );
  requires is_trivial_v<T>;
};
```

⊖ 复合要求中对返回类型的要求使用概念进行约束，并且少提供一个类型参数，空出的第一个参数留给表达式类型。

▶▶ 3.2.5　注意事项

本小节介绍 requires 表达式的一些特殊性质，以及使用的时候需要注意的地方。

requires 表达式为编译时谓词，它不一定需要在 concept 定义的时候出现，只要是能够接受布尔表达式的地方都允许它的存在。

最容易想到的是在定义变量模板的时候，判断给定类型是否存在成员函数 swap。

```
template<typename T>
constexpr bool has_member_swap = requires(T a, T b) {
  a.swap(b);
};
```

requires 表达式难道只能对模板参数或者其对象提出要求么？如果对具体类型提出要求又会怎么样？

```
constexpr bool has_int_member_swap = requires(int a, int b) {
  a.swap(b); // member reference base type 'int' is not a structure or union
};
```

从设计角度来看。requires 表达式是服务于模板参数约束的，结果是编译错误而不是返回不满足（假）⊖。除了支持类模板参数外，它还支持非类型模板参数，考虑定义一个偶数概念，要求输入的模板参数为偶数。

```
template<size_t N>
concept Even = requires {
  requires (N % 2 == 0);
};
```

在模板函数 if constexpr 中，也有可能出现 requires 表达式。

```
template <typename T>
void clever_swap(T& a, T& b) {
  if constexpr (requires(T a, T b) { a.swap(b); }) {
    a.swap(b);
  } else {
    using std::swap;
    swap(a, b);
  }
}
```

除了以上场景外，还有很多地方能够接受布尔表达式，例如非类型模板参数中，定义

⊖　如果对具体类型的对象操作合法，那么返回为真；否则编译错误。

constexpr谓词函数时，static_assert 中，实现 type traits 时，还有后面将介绍的 requires 子句等。

一个容易混淆的地方是简单要求与嵌套要求中对布尔表达式的约束，考虑如下两种形式的差异。

```
requires {
    布尔表达式; // 只检查表达式的合法性
    requires 布尔表达式; // 在合法性基础上求值
}
```

如果用户写了如下代码，那么很可能违背约束条件。

```
requires { // 永远满足
  sizeof(T) <= sizeof(int);
}
```

用户可能要求模板类型 T 的大小不应该超过 int 的大小，然而从编译器的角度来看，这仅仅是检查表达式的合法性，对 sizeof 的结果进行比较是永远满足的。想达成用户的意图应该是用嵌套要求，让编译器进一步对这个布尔表达式进行求值判断以查看其是否满足。

```
requires { // 对布尔表达式进行求值
  requires sizeof(T) <= sizeof(int);
}
```

另一个容易出错的地方在于嵌套要求可以接受一个 requires 表达式，考虑如下代码。

```
requires (T v) { // 仅仅检查如下 requires 表达式是否合法
  requires (typename T::value_type x) { ++x; };
}
```

经过分析会发现，以上代码表达式体中的 requires 并不是表达嵌套要求，而是简单要求形式，仅仅检查了表达式体中的 requires 表达式是否合法。好在 C++标准不接受这种代码，只要是以 requires 开头的代码都会被当作嵌套要求处理，其后还紧接着一个编译时谓词⊖；现有的编译器实现也会对该代码报错⊖。这时需要通过添加 requires 前缀进一步表达嵌套要求，具体代码如下。

```
requires (T v) { // 嵌套要求,接受一个 requires 表达式
  requires requires (typename T::value_type x) { ++x; };
}
```

最后一个需要注意的地方是，requires 表达式的可选形参列表中可能涉及非法表达式的问题，考虑如下代码。

⊖ 这个例子中紧接的（typename T::value_type x）{ ++x; } 并不是一个合法的布尔表达式。
⊖ Clang 编译器仅仅告警，提示需要添加 requires 关键字作为前缀来表达嵌套要求

```
template<typename T> // 若不存在关联类型 value_type 则编译错误
constexpr bool P = requires(typename T::value_type v) { ++v; };
```

形参 v 是否有效取，决于类型 T 是否含有类型成员 value_type，在形参无效的情况下，requires 表达式是否应该返回不满足（假）？根据 C++标准提到，编译器仅检查 requires 表达式体中的表达式要求是否合法，如果形参列表中的表达式非法，那么程序非良构，所以上述代码将产生一个编译错误[⊖]。

如果使用 concept 定义，那么在可选的形参无效的情况下，requires 表达式将返回假，不过这是 concept 的特殊性质，和 requires 表达式无关。

```
template<typename T> // 若不存在关联类型 value_type 则返回假
concept P = requires(typename T::value_type v) { ++v; };
```

3.3 requires 子句

我们通过 concept、requires 表达式、constexpr 谓词常量或函数及 type traits 能够定义对类型的谓词，本节将介绍如何应用这些编译期谓词对模板参数添加约束，所有可以用来实例化这个模板的参数都必须满足这些约束。

使用 requires 子句可以为一个模板类或者模板函数添加约束，考虑如下代码。

```
template<typename T>
requires is_integral_v<T>
T gcd(T a, T b);

gcd(1.0, 2.0); // use of function 'T gcd(T, T) [with T = double]'
               // with unsatisfied constraints
gcd(1, 2); // OK
```

模板头中额外的 requires 子句表达了模板参数应该在什么条件下工作，同样地，它还可以接受一个约束表达式[⊖]。当我们错误地使用受约束的 gcd 函数，编译器将产生一个友好的错误信息。

设计 requires 子句的意图是判断它所约束的声明在某些上下文中是否可行。对于函数模板而言，上下文是在执行重载决议中进行的；对于模板类而言，是在决策合适的特化版本中；对于模板类中的成员函数而言，是决策当显式实例化时是否生成该函数。

我们讨论第一个场景，在重载决议中，考虑如下代码。

⊖ 令人难以置信的是，GCC 编译器接受这个代码，而 Clang 编译器拒绝这个代码。
⊖ 同样地，要求表达式类型严格为 bool，不允许发生隐式类型转换。

```
template<typename T> // 受约束版本
requires is_trivial_v<T>
void f(T) { std::cout << "1" << std::endl; }
template<typename T> // 通用版本
void f(T) { std::cout << "2" << std::endl; }

f(vector<int>{}); // 2
```

这里提供了两个模板函数 f，前者要求类型是平凡的[⊖]，后者则没有任何约束。当对函数进行调用时，传递一个非平凡对象 vector<int>，由于候选集中的第一个可行函数的类型不满足要求，将其从候选集中删除，只剩下一个不受约束的版本，因此重载决议没有产生歧义，最终输出的结果为 2。

这里的关键在于违反约束本身并不是一个错误，除非候选集中没有可行函数了，但那是另一回事。上述情况也可以被看作 SFINAE，但我们不需要继续使用诸如 enable_if 等变通方法。

```
template<typename T> // 曾经的元编程技巧:enable_if
enable_if_t<is_trivial_v<T>> f(T) { std::cout << "1" << std::endl; }
template<typename T> // 否定条件
enable_if_t<! is_trivial_v<T>> f(T) { std::cout << "2" << std::endl; }
```

enable_if 提供的可行函数之间的条件必须两两互斥，以避免重载决策上的歧义。而 concept 本身存在优先级机制，这一机制能避免上述问题，这是重大的改进。

在概念标准化之前，除了 enable_if 之外，人们常常使用 decltype 操作符与表达式进行组合来决策重载函数，考虑如下代码。

```
template<typename T> // 如果类型提供了成员函数 OnInit,决策这个版本
auto initalize(T& obj) -> decltype(obj.OnInit()) {
  std::cout << "1" << std::endl;
  return obj.OnInit();
};
// 否则决策什么也不做的版本
void initalize(...) { std::cout << "2" << std::endl; }
```

如果用户提供的类型拥有成员函数 OnInit，那么候选集中的这两个函数都可行，根据重载决议的规则，不定参数函数的优先级较低，编译器将选择正确的第一个版本；若用户提供的类型没有该成员函数，那么第一个版本将触发 SFINAE 机制，候选集中仅剩下第二个版本的函数，最终将什么也不做。

如果使用 requires 子句结合 requires 表达式来实现将更加合理。

⊖ 能够安全地执行 memcpy 函数。

```
template<typename T> // 使用 requires 子句,连接一个 requires 表达式
requires requires(T obj) { obj.OnInit(); }
void f(T& obj) {
  std::cout << "1" << std::endl;
  return obj.OnInit();
};
template<typename T> // 什么也不做的版本
void f(T&) { std::cout << "2" << std::endl; }
```

如果用户提供的类型拥有成员函数 OnInit，那么候选集中这两个函数都可行，根据标准，受约束的函数比未受约束的更优，编译器将选择正确的第一个版本；若用户提供的类型没有该成员函数，第一个版本不符合要求，候选集中仅剩下第二个版本的函数，同理最终将什么也不做。

从这两个例子中我们能够看到 concept 特性所带来的优势，它不需要那么多元编程技巧，让新人也能够容易接受、上手，而无须理解变通技巧中涉及的一些隐晦问题。

requires 子句拥有和 concept 类似的性质，考虑如下代码。

```
template<typename T>
requires is_integral_v<typename T::type>
void f(T);
```

当用户对该函数进行调用时，首先检查表达式是否合法，如果模板参数类型没有类型成员 type，将不满足要求；否则进一步判断类型成员是否为整数类型，如果是则满足要求，函数能够被正常调用，否则不满足要求，产生编译错误。

当对 requires 子句中的约束使用否定时需要额外注意，它可能并不是在表达否定的意思，回忆在 3.1 节提到的一个例子。

```
template<typename T>
requires(! is_integral_v<typename T::type>)
void f(T);
```

程序员可能把这个否定理解为"要求模板参数类型没有类型成员 type 或类型成员不为整数"，而它真正的语义为"要求模板参数类型拥有类型成员 type 且类型成员不为整数"，如果需要表达前者语义，可以参考 3.1 节提到的方式，这里不再赘述。

可能有读者注意到了 requires 子句中对约束的否定使用了圆括号，这是因为编译器对代码进行解析的过程中存在困难，考虑如下代码。

```
constexpr bool P(int) { return true; }
template<typename T>
requires P(0) // 语法错误,P(0)需要通过括号括起来
void f(T) {};
```

编译器在解析这段代码时，遇到约束 P(0) 会认为这是一个类型转换表达式，将数值类型转换成其他类型 P，然而实际上表达的是一个谓词函数调用，这时候需要通过括号将 P(0) 括起来。好在编译器又足够智能，能通过错误信息提醒用户更正这个错误。

requires 子句中的约束表达式也支持对约束进行合取与析取操作。除了通过 requires 子句引入约束之外，在简单情况下还可以通过更简洁的语法来引入约束。

```
template<integral T, integral U>
// requires(integral<T> && integral<U>)
void f(T, U);
```

我们可以看到关键字 typename 被替换成了概念 integral，对多个模板参数添加概念约束，将产生一个约束合取表达式，正如注释中提到的一样。此外，不需要填充概念中的模板参数，根据 concept 的性质它会自动将模板参数补充到概念中第一个参数位置，这是 type traits 做不到的。

另一方面也说明了，不需要通过 requires 子句也能施加约束。约束的合取比较容易得到，而约束的析取需要通过 requires 子句才能得到。

如不关心模板参数类型，则 C++20 模板函数的参数可以使用 auto 来简化，并同时支持添加约束⊖。如下函数原型和上面一样。

```
void f(integral auto a, integral auto b);
```

此外，泛型 lambda 也能够通过使用概念进行约束。

```
auto f = [](integral auto lhs, integral auto rhs)
            { return lhs + rhs; };
```

前面提到模板类与它的特化版本能够通过 requires 子句施加约束，根据约束比较规则可以决策出约束最强的版本。

```
template <typename T>
class Optional { // 主模板
  union { T val; char dummy; } storage_;
  bool initialized_{};
};
template <typename T>
requires is_trivial_v<T>
class Optional<T> { // 受约束的特化版本
  T storage_;
  bool initialized_{};
};
```

⊖ 这里使用 auto 来区分普通函数与模板函数，可以更进一步区分普通类型与概念。

如果使用 Optional<int>，因为 int 类型为平凡类型，符合特化版本中的约束要求，那么将决策特化版本而不是更一般的版本，这样能够有针对性地进行优化。在传统的元编程技巧中，常常使用 enable_if_t 与 void_t 进行特化版本的决策，通过使用约束方式降低了程序员学习的难度。

当对模板类型进行显式实例化时，若受约束的成员函数不符合要求，编译器将不为这个函数生成代码，这是 enable_if_t 做不到的地方。

```
template <typename T>
struct Wrapper {
  T value_;
  void operator()()
  requires is_invocable_v<T>
  { value_(); }
  void reset(T v) { value_ = v; }
};
// 显式实例化,由于不满足约束,不生成成员函数 operator()()
template struct Wrapper<int>;
```

这里的 requires 子句写在了函数声明后，当对该模板类进行实例化时，由于成员函数 operator( )( ) 不满足要求，编译器将不为它生成代码⊖。

3.4 约束的偏序规则

在前一节我们看到了通过给模板施加约束，受约束的版本比未受约束的版本更优，如果两个版本同样含有约束且都满足，哪个最优呢？

之所以会有这个问题，要回到 C++ 最初的标准模板库中的设计，迭代器是算法与容器之间的桥梁，并且分为几类⊖。同一个算法针对不同类的迭代器中拥有不同的高效实现；如 rotate 旋转算法在随机访问迭代器、双向迭代器、单向迭代器中拥有不同的实现，其中随机访问迭代器的效率最高。

如果一个随机访问迭代器使用了单向迭代器的算法，那么效率不是最优。在 C++11 之前，使用标签分发技术来决策最优算法，迭代器种类标签之间存在继承关系，重载决议时通过比较规则决策出正确的版本；在 C++17 中，可以使用 if constexpr 来决策最优算法；进入 C++20 后，则使用概念约束进行决策。

在 C++ 的概念特性发展历史中，它曾经支持以继承形式扩展，这被称为概念改良。概念继

⊖ 在笔者编写本书的时候，Clang 还不支持这个功能，而 GCC 和 MSVC 都支持。
⊖ 对迭代器的介绍可回顾 2.2.8 节中的介绍。

承形式能够比较自然地表达合取关系，但在表达析取关系就不那么自然了。因此在 C++20 标准中废除了这一形式，而是采用更加自然的合取与析取关系。

在模板函数重载决议与类模板特化决策中，约束的合取与析取关系以及 concept 扮演至关重要的角色，对于两个约束都满足的模板，可以通过约束的偏序规则决策出谁最优。

▶▶ 3.4.1　约束表达式归一化

对于受约束的模板函数、模板类而言，施加的约束表达式被称为关联约束（associated constraint），为了进一步判断是否满足约束以及谁更优，需要将关联约束分解成原子约束的合取与析取形式，这个过程被称为归一化（normalization）。

前面提到 concept 只是约束表达式的别名，在归一化过程中会对 concept 进行展开，展开后的约束表达式若包含 concept，则会进一步递归展开。直到所有的约束都无法进一步展开，这些约束即为原子约束，那么最终的形式就是原子约束的合取与析取表达式。每个原子约束既不是合取也不是析取形式。

```
template<typename T> concept C1 = sizeof(T) == 1;
template<typename T> concept C2 = C1<T> && 1 == 2;
template<typename T> concept C3 = requires (T x) { ++x; } ||C2<T>;

template<C2 T> void f1(T);
template<C3 T> void f2(T);
```

函数 f1 的关联约束为 C2<T>，为了判断关联约束是否满足要求，将对它进行归一化，展开过程如下。

```
C2<T> ⇒ C1<T> ∧ 1 == 2 // 再次递归展开
      ⇒ (sizeof(T) == 1) ∧ (1 == 2)
```

最终形式是原子约束 sizeof（T）== 1 与原子约束 1 == 2 的合取形式，归一化过程在模板参数替换时没有产生非法表达式，这时进行最终的求值，可以发现约束不满足。

函数 f2 的关联约束为 C3<T>，归一化过程类似。需要注意 requires 表达式、约束的否定是原子约束，最终结果为：

```
C3<T> ⇒ requires (T x) { ++x; } ∨ ((sizeof(T) == 1) ∧ (1 == 2))
```

▶▶ 3.4.2　简单约束的包含关系

对于同样满足要求的两个约束表达式的关系，C++标准中拥有更正式的规则来描述，本小节首先考虑简单的合取与析取表达式。

约束表达式 P 与 Q 的偏序关系也被称为包含关系（subsumption），如果它们拥有包含关系，若 P 包含 Q 而 Q 不包含 P，则 P 比 Q 更优；反之，Q 比 P 更优。P 和 Q 可能没有包含关系，那么将产生决议歧义的编译错误。

约束表达式 P 包含 Q，当且仅当 P 满足要求时 Q 也满足；Q 不包含 P，则当 Q 满足时 P 不一定满足。考虑如下两个约束表达式⊖。

```
template<typename T>
concept EqualityComparable = /* ...* /
template<typename T>
concept TotallyOrdered = EqualityComparable<T> && PartiallyOrderedWith<T, T>;

template<EqualityComparable T> void f(T); // #1
template<TotallyOrdered T> void f(T); // #2
```

当 TotallyOrdered\<T>所指的约束合取表达式满足要求时，意味着它的两个约束都为真，可以得出 EqualityComparable\<T>满足要求，因此 TotallyOrdered\<T>包含 EqualityComparable\<T>。

当 EqualityComparable\<T>所指的约束表达式满足要求时，不能得出 TotallyOrdered\<T>也满足要求，因此 EqualityComparable\<T>不包含 TotallyOrdered\<T> （见图 3.1）。

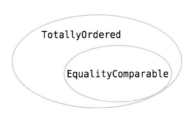

● 图 3.1 约束的合取包含关系

在对两个都满足约束的函数 f 决议中，将决出更优的第二个版本。

再来看看约束析取表达式，同样给出两个约束表达式。

```
template<typename T>
concept FloatingPoint = is_floating_point_v<T>;
template<typename T>
concept Arithmetic = FloatingPoint<T> || Integral<T>;

template<FloatingPoint T> void f(T); // #1
template<Arithmetic T> void f(T); // #2
```

当 Arithmetic\<T>所指的约束表达式满足要求时，意味着它的两个约束中至少有一个为真，不能得出 FloatingPoint\<T>也满足要求，因此 Arithmetic\<T>不包含 FloatingPoint\<T>。

当 FloatingPoint\<T>所指的约束合取表达式满足要求时，得出 Arithmetic\<T>满足要求，因此 FloatingPoint\<T>包含 Arithmetic\<T> （见图 3.2）。

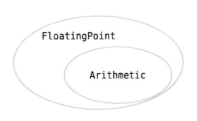

● 图 3.2 约束的析取包含关系

⊖ 为了简单起见，这里不对 concept 所指的约束表达式进行分解归一化。

在对两个都满足约束的函数 f 的决议中，将决策出第一个版本更优。

通过这两个例子我们可以发现，约束的合取形式 $R \land S$ 要比 R 更优，而析取形式 R 要比 $R \lor S$ 更优。

▶ 3.4.3　一般约束的包含关系

上一小节介绍了简单约束表达式的包含关系，这一节将介绍更为通用的规则，当编译器面临复杂的约束表达式时，是如何决策出最优的。

首先，考虑如下两个约束表达式，谁更优？

```
template<typename T> // P
void f(T) requires is_integral_v<T> ; // #1
template<typename T> // Q
void f(T) requires is_integral_v<T> && is_signed_v<T>; // #2
```

当模板参数 T 为 int 时，这两个函数都满足要求，那么它们究竟谁更优呢？答案是由于编译错误，它们没有任何关系，无法决策出最优版本。3.4.2 节提到"约束的合取形式 $R \land S$ 要比 R 更优"，为什么结论在这里不成立了？

其实不然，之前为了简化讨论，忽略了对约束表达式进行归一化的过程：约束表达式中的 concept（如果存在）会递归展开成最终原子约束的合取与析取形式。判断两个约束表达式之间是否存在关系，需要进一步判断它们归一化后的原子约束之间是否存在相同（identical）关系。

原子约束 A_i 和 A_j 的相同关系被定义为：它们是否词法上相等且来自同一个 concept。这个例子中的两个约束表达式都没有 concept，归一化后的原子约束表达式分别为：

```
P = is_integral_v<T>
Q = is_integral_v<T> ∧ is_signed_v<T>
```

原子约束表达式 P 和 Q 存在词法上相等的原子约束 is_integral_v<T>，但它们不是来自于同一个 concept，因此这两个原子约束其实不相同，最终两个表达式没有包含关系，它们相当于"$R \land S$ 与 T 没有关系"，因此无法决策出谁最优。

使用 concept 改写这个例子，代码如下。

```
template<typename T>
concept Integral = is_integral_v<T>;

template<typename T> // P
void f(T) requires Integral<T> ; // #1
template<typename T> // Q
void f(T) requires Integral<T> && is_signed_v<T>; // #2
```

同样地，当模板参数 T 为 int 时，两个版本都满足要求，但是这次编译器选择了第二个版本作为更优的版本。对这两个原子约束表达式进行归一化，过程如下。

```
P ⇒ Integral<T> ⇒ is_integral_v<T>
Q ⇒ Integral<T> ∧ is_signed_v<T> ⇒ is_integral_v<T> ∧ is_signed_v<T>
```

归一化后的结果和前面一样，唯一不同的是这期间 Integral 概念进行了展开：两个原子约束 is_integral_v<T> 来自于同一个概念 Integral。上一节的结论再次成立。

虽然我们能够一眼看出来谁更优，但是编译器却不那样认为。当使用 concept 时，编译器才会在需要的时候尝试计算它们之间的关系，这也是 concept 具有的独特性质。

更一般地，C++ 标准通过如下的规则来计算约束表达式 P 与 Q 之间的偏序关系。P 包含 Q，当且仅当 P 的析取范式中的每个析取子句 P_i 包含 Q 的合取范式的每个合取子句 Q_j，那么 P 包含 Q。

原子约束归一化后可以标准化为析取范式与合取范式，其中析取范式的析取子句为约束合取表达式，合取范式的合取子句为约束析取表达式。

考虑原子约束 A、B、C，归一化后的约束表达式 $A \wedge (B \vee C)$，将它写成析取范式时需要进一步转换成 $(A \wedge B) \vee (A \wedge C)$⊖，它的两个析取子句分别为合取表达式 $A \wedge B$ 和 $A \wedge C$；将它写成合取范式时为它本身，两个合取子句分别为析取表达式 A 和 $B \vee C$。

析取子句 P_i 包含合取子句 Q_j 当且仅当 P_i 存在一个原子约束 P_{ia} 且 P_{ia} 与 Q_j 中的一个原子约束 Q_{jb} 相同。

这些规则相当抽象，我们可以结合具体的例子来分析一下。

考虑归一化后约束表达式 $P = R \wedge S$ 与 $Q = R$，首先判断 P 是否包含 Q，将 P 写成析取范式，它只有一个析取子句 $P_0 = R \wedge S$，将 Q 写成合取范式，同样只有一个合取子句 $Q_0 = R$，P_0 和 Q_0 存在相同的原子约束 R，因此 P 包含 Q；接下来判断 Q 是否包含 P，将 Q 写成析取范式，它只有一个析取子句 $Q_0 = R$，将 P 写成合取范式，它有两个合取子句 $P_0 = R$ 与 $P_1 = S$，显然 Q_0 包含 P_0（因为存在相同的原子约束 R），而 Q_0 不包含 P_1（因为不存在相同的原子约束），最后得到 Q 不包含 P。综上所述，$R \wedge S$ 要比 R 更优。

考虑归一化后约束表达式 $P = R \vee S$ 与 $Q = R$，首先判断 P 是否包含 Q，将 P 写成析取范式，它有两个析取子句 $P_0 = R$ 与 $P_1 = S$，将 Q 写成合取范式，它只有一个合取子句 $Q_0 = R$，P_0 和 Q_0 存在相同的原子约束 R，因此 P_0 包含 Q_0，而 P_1 不包含 Q_0（由于不存在相同的原子约束），因此 P 不包含 Q；接下来判断 Q 是否包含 P，将 Q 写成析取范式，它只有一个析取子句 $Q_0 = R$，将 P 写成合取范式，同样只有一个合取子句 $P_0 = R \vee S$，显然 Q_0 包含 P_0（因为存在相同的原子

⊖ 布尔代数中的分配律。

约束 R），最后得到 Q 包含 P。综上所述，R 比 $R \vee S$ 要更优。

接下来考虑更为复杂的情况，考虑为一个假想的数学库提供概念设计，例如标量概念中要求为整数或者浮点类型。

```
template<typename T>
concept Scalar = is_arithmetic_v<T>;
```

该数学库考虑为用户提供的类型进行扩展，提供一个叫作 MathematicalTraits 的元函数，用户需要通过特化实现该元函数，以便让数学库识别⊖。

```
// 由数学库提供
template <typename T>
struct MathematicalTraits {
  constexpr static bool customized = false;
};
// 由用户自行扩展,例如自定义类型 BigInt
template <>
struct MathematicalTraits<BigInt> {
  constexpr static bool customized = true;
};
```

同时，数学库提供了一个概念 CustomMath 用于识别给定类型是否为用户扩展的类型。

```
template <typename T>
concept CustomMath = MathematicalTraits<T>::customized;
```

最后，需要用一个概念 Mathematical 来表达要么为内置的标量类型，要么为用户扩展的自定义类型，即通过两个概念的析取来表达。

```
template <typename T>
concept Mathematical = Scalar<T> || CustomMath<T>;
```

数学库提供了一个计算函数 calculate，它接受两个模板参数类型，对类型的约束为 Mathematical，关联约束为合取表达式。

```
template <Mathematical T, Mathematical U>
void calculate(T const&, U const&) { std::cout << "Q"; }
```

这个计算函数要求的两个类型不一定一样，其中一个有可能属于标量类型，另一个属于自定义类型。该数学库可能会提供一个性能更优的计算函数的重载版本，只要给定的两个类型属于同一个概念：要么都属于标量概念 Scalar，要么都属于自定义概念 CustomMath。

```
template <typename T, typename U>
requires (Scalar<T> && Scalar<U>)
```

⊖ 在传统的面向对象设计的库中，通常使用继承以实现某个接口类来扩展用户类型。

```
      || (CustomMath<T> && CustomMath<U>)
void calculate(T const&, U const& ) { std::cout << "P"; }
```

当用户使用两个标量类型对该函数进行调用时，可发现两个候选函数都满足要求，那么究竟哪个更优呢？

首先，我们判断第二个重载版本的关联约束 P 是否包含第一个版本中的关联约束 Q。将 P 和 Q 分别写成析取范式与合取范式[⊖]。

$P = P_0 \lor P_1$

$P_0 =$ Scalar<T> $\land$ Scalar<U>

$P_1 =$ CustomMath<T> $\land$ CustomMath<U>

$Q = Q_0 \land Q_1$

$Q_0 =$ Scalar<T> $\lor$ CustomMath<T>

$Q_1 =$ Scalar<U> $\lor$ CustomMath<U>

于是我们需要进一步判断 P 的每个析取子句 P_i 是否包含 Q 的每个合取子句 Q_j，也就是证明如下命题都为真。

- P_0 包含 Q_0。
- P_0 包含 Q_1。
- P_1 包含 Q_0。
- P_1 包含 Q_1。

为了进一步证明 P_i 是否包含 Q_j，需要在 P_i 中找到一个原子约束 P_{ia} 使得，它与 Q_j 中的原子约束 Q_{jb} 相同。显然，我们可以找出它们共同的原子约束：

- 对于 P_0 与 Q_0 而言，存在相同的原子约束 Scalar<T>。
- 对于 P_0 与 Q_1 而言，存在相同的原子约束 Scalar<U>。
- 对于 P_1 与 Q_0 而言，存在相同的原子约束 CustomMath<T>。
- 对于 P_1 与 Q_1 而言，存在相同的原子约束 CustomMath<U>。

因此可以得出 P 包含 Q 的结论，为了证明 P 比 Q 更优而不是重载歧义，我们需要证明 Q 不包含 P。类似地，将 Q 和 P 分别写成析取范式与合取范式。

析取范式与合取范式互相转换，每个子句间的原子约束将两两分配，最终子句数量最多为原范式子句数量的指数级别。

⊖ 为简化讨论，这里不对约束表达式进一步展开做归一化，这样也便于判断原子约束是否相同。实际上，在 Clang 编译器实现中也没有完全归一化，仅仅在判断原子约束是否相同的情况下进行展开，这样只要在保证来自于同一个概念的前提下，进一步判断词法上是否相等。

在这个例子中 Q 的合取范式只有两个子句，每个子句由两个原子约束组成，转换成析取范式后各子句中的原子约束两两分配产生 $2^2 = 4$ 个子句。

```
Q = Q₀ ∨ Q₁ ∨ Q₂ ∨ Q₃
Q₀ = Scalar<T> ∧ Scalar<U>
Q₁ = Scalar<T> ∧ CustomMath<U>
Q₂ = CustomMath<T> ∧ Scalar<U>
Q₃ = CustomMath<T> ∧ CustomMath<U>
```

P 的析取范式转换成合取范式也是类似的过程。

```
P = P₀ ∧ P₁ ∧ P₂ ∧ P₃
P₀ = Scalar<T> ∨ CustomMath<T>
P₁ = Scalar<T> ∨ CustomMath<U>
P₂ = Scalar<U> ∨ CustomMath<T>
P₃ = Scalar<U> ∨ CustomMath<U>
```

需要进一步判断 Q 的每个析取子句 Q_i 是否包含 P 的每个合取子句 P_j，这需要证明 16 个命题，只要我们能够找到一个 Q_i 不包含 P_j 即可证明 Q 不包含 P。仔细观察可以发现，Q_1 与 P_2 之间、Q_2 与 P_1 之间都不存在相同的原子约束，这就证明了 Q 不包含 P。

最后的结果符合我们的预期，第二个重载 calculate 函数为最优的候选函数，最终输出的结果为 P。

从这个过程中我们也能够发现，当涉及复杂的约束表达式时，编译器的计算量将大幅增加。约束合取表达式是难以避免的，因为可以通过多种方式引入，而约束析取表达式则没那么多⊖。如果可能的话，应尽可能避免使用析取表达式，这将有助于减少编译器的计算量⊖。

▶▶ 3.4.4 using 类型别名与 concept 表达式别名

前面提到 concept 作为表达式别名，其机制和 using 作为类型别名类似。C++中判断两个类型别名是否相同也是通过展开后判断词法与位置是否相等。考虑如下两个类型。

```
struct Point { int x; int y; };

using A = Point;
```

⊖ 合取与析取可以通过定义 concept 和 requires 子句引入，除此之外还能隐式地引入合取，例如template <A T, B U>引入了 A<T> && B<U>。
⊖ 通过对 libstdc++的标准库头文件<concepts>进行检索后发现，&& 有 76 处，而 || 只有 4 处。

```
using B = Point;
static_assert(is_same_v<A, B>);
```

这里的类型别名 A 和 B 其实是一个类型，它们都为 Point。而如下两个类型却是不相同的类型，尽管它们词法上相等。

```
struct A { int x; int y; };
struct B { int x; int y; };

static_assert(! is_same_v<A, B>);
```

两个原子约束是否存在包含关系仅取决于它们是否相同，这就要求原子约束在词法上相等，并且来源于同一个 concept。

3.5 概念标准库<concepts>

C++20 标准库<concepts>提供了一些基本的概念，用于在编译期对模板参数进行校验和基于概念的函数重载。标准库中的许多概念都有语法和语义上的要求，如果一个模板参数符合语法上的约束，那么它通常被称为"满足（satisfy）要求"。更进一步，如果模板参数符合语义上的约束，则被称为"对该概念进行建模（model）"。通常编译器只能检查语法上的要求，对于语义上的要求需要程序员自行检查。

本节将介绍一些常用的 concept，基于这些 concept 能够组合出更为强大的概念。

▶ 3.5.1 same_as（与某类相同）

same_as 概念要求输入两个类型参数，借此判断这两个类型是否满足相同的约束。一个可能的实现如下。

```
template<typename T, typename U>
concept same_as = is_same_v<T, U>;
```

上述实现是有问题的，所以考虑要求两个模板参数类型一致的函数⊖，并提供一个特别的重载版本。

```
template<typename T, typename U>
requires same_as<T, U> // P
void f(T, U); // 一般的版本
template<typename T, typename U>
```

⊖ 为了解释使用概念时可能会遇到的问题，这里并没有简单地使用同一个类型参数的方式来做。

```
requires same_as<U, T> && is_integral_v<T> // Q
void f(T, U); // 提供一个特别的版本
```

需要注意的是，特别版本中的 requires 子句中的约束 same_as 的类型参数正好与一般的版本相反，前者为 same_as<U, T>，后者为 same_as<T, U>，根据 same_as 的对称性可知，两者应该是一样的，当使用 f（1，1）时，预期应该决策使用特别的版本。

然而在编译器决策的时候发生了重载歧义，无法决策出最优的实现。分别将两个版本的约束表达式进行正规化后，得到如下结果。

```
P ⇒ same_as<T, U> ⇒ is_same_v<T, U>
Q ⇒ same_as<U, T> ∧ is_integral_v<T> ⇒ is_same_v<U, T> ∧ is_integral_v<T>
```

虽然这两个表达式最终的原子表达式 is_same_v 都来自于同一个概念 same_as，但是它们在词法上不相等，因此这两个原子约束不相同，也就没法进一步判断它们之间的偏序关系了。

为了解决这个问题，标准中通过添加一层间接层来解决，即引入额外的 concept。最后，same_as 的正确实现如下。

```
template<typename T, typename U>
concept _same_as = is_same_v<T, U>;
template<typename T, typename U>
concept same_as = _same_as<T, U> && _same_as<U, T>;
```

这表达了一种对称关系：same_as<T, U>包含 same_as<U, T>，反之亦然。

▶▶ 3.5.2　derived_from（派生自某类）

derived_from 用于表达两个类之间是否存在 is-a 的关系，也就是判断两个类之间是否存在公有继承关系。在元编程场景中，通常定义一个空标签类来代表某一族类，然后同一族类派生自该特征标签，后续只需要判断某个类是否派生自该特征类即可判断是否为所需。

derived_from 的实现比较简单，需要注意的是，同样的类在忽略 cv 修饰符的情况下也满足派生关系，这通过给类型都加上 cv 属性来保证。

```
template<typename Derived, typename Base>
concept derived_from = is_base_of_v<Base, Derived> &&
                       is_convertible_v<const volatile Derived* ,
                               const volatile Base* >;
```

▶▶ 3.5.3　convertible_to（可转换为某类）

除了要求表达式的类型严格相同之外，另一个常见的场景是，只要一个表达式的类型能够通过隐式或显式转换成目标类型即可。语义上要求这两种转换方式的结果应该是相等的，这种

情况可以使用 convertible_to 来表达。

convertible_to 的实现如下，通过约束合取来表达。

```
template<typename From, typename To>
concept convertible_to = is_convertible_v<From, To> &&   // 隐式类型转换
                         requires(add_rvalue_reference_t<From> (&f)())
                         { static_cast<To>(f()); };       // 显式类型转换
```

第一个约束要求类型 From 能够通过隐式类型转换成 To，第二个约束根据 requires 表达式要求进行显式类型转换。

requires 表达式的形参列表中声明了一个无参函数类型，其返回类型为 From&&，通过符号 f 来指代这个函数。在表达式体中使用 static_cast 将函数调用的结果显式类型转换成 To，由于 requires 表达式为不求值环境，所以不会发生真正的函数调用。

为何需要进一步要求类型能够通过显式转换？什么类型能够通过隐式转换成目标类型但又无法通过显式转换？虽然在实际场景中几乎不可能出现这种类型，但是在 C++ 中，允许用户定义这种 "奇怪" 的类型。

```
struct To {
  template<typename FROM> // 删除显式构造函数
  explicit To(FROM) = delete;
};
struct From { // 类型 From 能够隐式转换成 To
  operator To();
};
```

我们构造的这种 "奇怪" 类型 To 删除了显式类型转换构造函数，而另一个类型 From 拥有类型转换操作符，由于没有使用 explicit 修饰，所以能够隐式地转换成类型 To。

```
static_assert(is_convertible_v<From, To>);
static_assert(! convertible_to<From, To>);
```

C++ 标准中正是考虑了这种能够通过隐式类型转换而无法通过显式类型转换的奇怪场景，才使用 convertible_to 的概念，这样我们在编写泛型代码时就无须考虑这种奇怪场景，它们将无法通过概念检查。

▶▶ 3.5.4 算术概念

在我们初学编程时常常会涉及一些基本的数据类型，这些数据类型被分为整数类和浮点类，整数类包含了 char、short、int 等，进一步可划分成有符号类和无符号类；浮点类包含了 float、double 等。它们统称为算术类型，根据这些概念不难定义出与之对应的 concept。

```
template<typename T>
concept integral = is_integral_v<T>;
template<typename T>
concept signed_integral = integral<T> && is_signed_v<T>;
template<typename T>
concept unsigned_integral = integral<T> && ! signed_integral<T>;
template<typename T>
concept floating_point = is_floating_point_v<T>;
```

▶▶ 3.5.5 值概念

在面向值语义编程⊖与泛型编程时，常常会涉及一些相当重要的概念：regular（正则）与 semiregular（半正则）。

regular（正则）的概念指的是一些类型⊖看上去可以像基础数据（如 int）一样，能够进行默认构造、移动构造与赋值、拷贝构造与赋值，并且能够进行判等操作。标准库中的容器设计就使用了这个概念，这样对容器进行的一些操作与对基础数据类型进行的操作没什么区别，都能够以一致的形式编写泛型代码。

semiregular 与 regular 类似，但放松了限制，无须支持判等操作。

▶▶ 3.5.6 invocable（可调用的）

除了值和对象之外，还有一些编程元素如函数和函数对象，它们都属于 invocable（可调用）概念。

```
template<typename F, typename...Args> // 要求 F 能够使用 Args 参数包进行调用
concept invocable = requires(F&& f, Args&&...args) {
    invoke(std::forward<F>(f), std::forward<Args>(args)...);
};
```

若可调用类返回类型为 bool，那么也满足 predicate（谓词）的概念。

```
template<typename _Fn, typename..._Args>
concept predicate = regular_invocable<_Fn, _Args...> &&
                    _boolean_testable<invoke_result_t<_Fn, _Args...>>;
```

若一个谓词入参仅接受两个参数，那么也满足 relation（关系）的概念。

```
template<typename R, typename T, typename U>
concept relation = predicate<R, T, T> && predicate<R, U, U> &&
                   predicate<R, T, U> && predicate<R, U, T>;
```

⊖ 与指针、引用语义相对。
⊖ 非引用、函数、void 类型。

通过关系（relation）可以进一步定义等价关系（equivalence_relation）和弱序关系（strict_weak_order），这在 2.3.1 节中介绍过，这里不再赘述。虽然它们从语法定义上一样，但语义不同，正如程序员使用接口时需要关注它们的语义一样，使用概念同样也要关注语义。

```
template<typename R, typename T, typename U>
concept equivalence_relation = relation<R, T, U>;
template<typename R, typename T, typename U>
concept strict_weak_order = relation<R, T, U>;
```

3.6　综合运用之扩展 transform 变换算法

C++标准库中的 transform 算法接受 1~2 个输入迭代器、一个输出迭代器与单元或二元函数对象，它在对这 1~2 输入迭代器迭代的过程中，将解引用后的值作为单元或二元函数对象的入参，并将二元函数的结果写到输出迭代器上。以下代码实现的功能是将字符串小写转换成大写：

```
string s("hello");
transform(s.begin(), s.end(), s.begin(), // 一个输入迭代器与输出迭代器、单参函数
          [](unsigned char c) -> unsigned char { return std::toupper(c); });
```

本节的任务是扩展该算法，使其接受任意多个输入迭代器、一个输出迭代器并接受同等输入个数的函数对象，允许输入迭代器的长度不一致，这将以最短的迭代器作为结束。这个算法的名字也应该被命名为 zip_transform，它的原型如下：

```
template<typename ...InputIt, typename Operation, typename OutputIt>
OutputIt zip_transform(OutputIt out, Operation op,
                       pair<InputIt, InputIt>...inputs);
```

这里简单地使用 pair 类将输入迭代器的起始与终止部分打包，考虑可变参数必须作为函数最后的参数，它们也被放到了最后。但该模板函数没有任何约束，用户仅靠模板参数名来人为地遵守语义上的要求。通过使用<concepts>标准库中预定义的概念，添加约束如下：

```
template<std::input_iterator ...InputIt, // 对 InputIt 进行输入迭代器约束
  std::invocable<std::iter_reference_t<InputIt>...> Operation, // 对函数对象约束
  std::output_iterator<std::invoke_result_t<Operation, // 对输出迭代器进行约束
                       std::iter_reference_t<InputIt>...>> OutputIt>
OutputIt zip_transform(OutputIt out, Operation op,
                       pair<InputIt, InputIt>...inputs);
```

这要求用户输入的参数必须满足输入迭代器的要求，并且函数对象的参数类型、个数、输入迭代器的解引用类型及个数都能够对应得上，同时还对输出迭代器进行了约束，要求其能够

接受函数对象的返回类型。实现部分使用折叠表达式[⊖]进行代码生成：

```
OutputIt zip_transform(OutputIt out, Operation op,
                       pair<InputIt, InputIt>...inputs) {
  while ( ( (inputs.first != inputs.second) && ...))
    * out++ = op(* inputs.first++...);
  return out;
}
```

一个可能的用例如下：

```
std::vector v1 {1, 2, 3, 4};
std::vector v2 {5, 6, 7, 8};
std::vector v3 {9, 10, 11, 12};
std::vector<int> result(4);

zip_transform(result.begin(), [](int a, int b, int c) { return a + b + c; },
              make_pair(v1.begin(), v1.end()), make_pair(v2.begin(), v2.end()),
              make_pair(v3.begin(), v3.end()));
```

3.7 注意事项

　　如今已经有了很多惯用的手段来表达模板参数的接口，例如 Boost 专门有个 concept check 的库，语言提供了 static_assert、constexpr 函数与值、if constexpr，还有标准库提供的 type traits，那么 concept 特性存在的必要性是什么？

　　这些技巧有些涉及模板的实例化阶段，而不是仅仅去检查模板参数的声明，这或多或少不够理想。此外，这些手段相当低级，有点类似于元编程世界中的汇编代码。但读者不要就此认为这些低级手段就足够用了，这就好比我们自认为只要拥有了 if 和 goto 语句后就不需要 for、while 语句。类似地，只要有了函数指针，虚函数与 lambda 就变得不再那么重要。C++不仅仅支持这些低级手段，它还是一门足够抽象的语言，因此：

- concept 并不是专门针对泛型编程的专家才能使用的高级特性。
- concept 不仅仅是 type traits、enable_if 和标签分发等变通方法的语法糖。
- concept 是最基础的语言特性，最好在最初模板特性出现的时候就使用它。

　　如果 concept 在 20 世纪 90 年代就已经出现，那么今日的模板与模板库将会简单很多。好在最初的模板特性关键字为 typename：它仅要求模板参数为类型，因此一些老的模板库可以很容易与 concept 特性集成。

⊖　具体代码请参见 6.3 节。

concept 仅对所约束的模板参数声明部分进行检查，而不会去检查函数体中该模板参数是否使用了未被约束的操作，考虑如下代码。

```
template<integral T>
T mod2(T v) { return v % 2; }
```

模板函数 mod2 仅检查模板参数 T 是否为整数概念 integral，而这个概念的定义并没有要求模板参数能够使用求余%操作，但在函数定义中使用未被约束的操作是允许的。

这也体现了一个设计层面的问题，是否应该将实现细节暴露给 concept？需要记住的是，实现并不是接口规范，如果有一天你发现一个更高效的实现，理想情况下是通过重构实现，而不是去影响它的接口，这样可以避免破坏用户的代码。若概念设计的要求太宽泛则起不到约束的作用，若设计得太细则难以应对各种变化，因此应该在保证语义一致性的前提下定义与使用concept。

如果使用了概念中未被约束的操作，即使通过了约束检查，当该参数不支持这些操作时也会进一步导致模板实例化错误。不根据模板概念去检查模板的定义是一个深思熟虑的决定，而不是一个技术上不可行的问题。

concept 特性的贡献者们已经分析并尝试过，最终慎重地决定在 concept 的标准化中不包含这个功能，主要原因有以下几点。

- 减轻最初设计的复杂度，不想进一步延期标准化，因为延期意味着一些反馈与库的建设将会进一步延后。
- concept 的好处在于模板参数的接口规范化与模板使用之处检查。
- 能够在较早阶段发现错误而不是延迟到实例化阶段。
- 如果检查模板定义的话，将很难把未受约束的模板与模板库重构成基于 concept 的模板。
- 如果检查模板定义的话，很难在不修改 concept 接口的情况下对模板定义部分添加调试辅助、日志、性能打点等代码。
- 模板之间的调用会相当困难，一个受约束的模板只能调用另一个受约束的模板，这意味着新的基于 concept 的模板库将无法使用老的库，这是个非常严重的问题，原因在于不同的库是由不同组织开发的，而使用 concept 是一个渐进的过程。

从上可见 C++是一门工程性非常强的语言，所有的特性引入都需要考虑是否破坏了已有代码，老代码能否容易迁移到新特性上，在以上问题未被恰当解决之前是不会去考虑那样做的。

concept 曾经考虑通过定义检查将模板的声明与实现分离，而这会导致很多函数的间接调用，并严重影响最终代码的性能。一个可能的解决方案是将模板作为模块（module）特性的一部分，通过半编译形式实现。

concept 的设计提供了几种语法形式，从简洁到复杂的 requires 子句，因为简单的形式不可避免地限制了它的表达力，而通过复杂的形式表达简单的场景又增加了冗余的噪声。

在极少会出现两个概念语法一样而语义不同的情况[⊖]，这就需要程序员手动将语义上的差别转换成语法上的差别：例如通过定义额外的方法或类型成员作为特征以便区分。此外，可以使用 static_assert 显式声明给定类型以满足概念上的要求。

concept 非常容易定义与使用，这极大改善了模板与泛型编程的代码质量。它就和基础的语言特性（诸如函数、类）一样，需要理解才能高效使用。与未受约束的模板相比，它们没有引入额外的运行时开销。这也符合 C++的设计原则：不要强迫程序员去做那些机器能做得更好的事，并且简单的事简单做，以及零成本抽象的哲学。

concept 解决了模板与泛型编程的很多痛点，它达到了最初所设想的 C++模板系统应有的样子，而不是语言特性的扩展。

⊖　例如输入迭代器与前向迭代器仅仅是语义不一致。

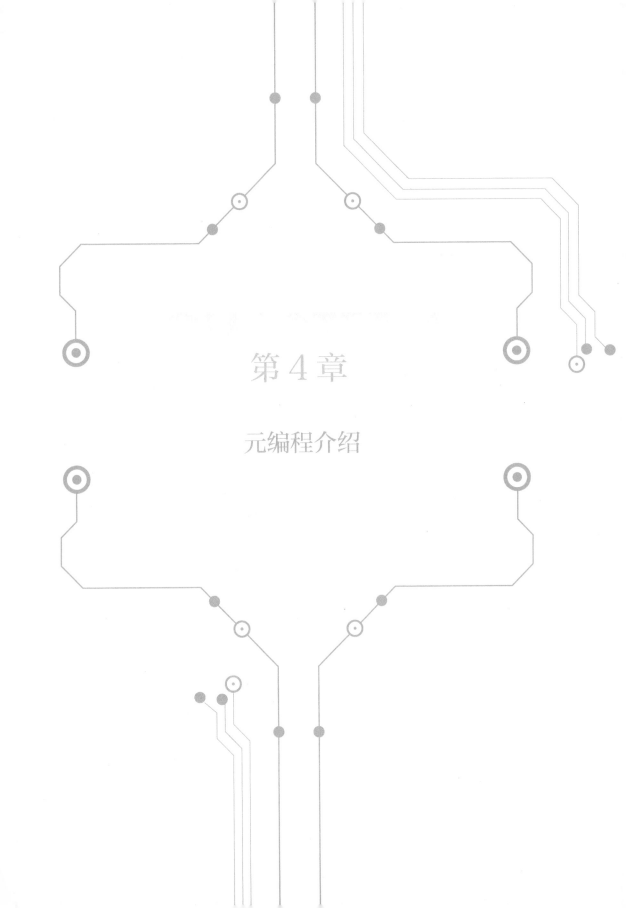

第 4 章

元编程介绍

元编程技术是由编译器在编译时解析执行代码，并生成最终代码、数据的技术。为什么会有元编程需求呢？相对于其他技术而言，它以最少的代价实现更多的功能、满足更大的灵活性，同时最大化复用代码。本章将介绍 C++元编程技术的历史与应用场景。

4.1 元编程历史

在整个计算机科学的发展历史中，各种语言的发展以不同形式支持元编程的部分特性。LISP 系[7]语言至今已有六十多年的历史，其数据结构、表达式、过程都是由表组成，数据即过程、过程即数据。它强大的宏系统能够扩展语言特性，即元编程输入的是结构化的符号数据，输出的结果是语言扩展特性。其他语言深受启发，从而提供编译时或者运行时元编程特性。

在 LISP 系语言之外，我们所使用的 C 语言提供的宏与预处理工具也能实现一些简单的代码生成任务，所以大家在不知不觉间都用到过元编程技术。然而 C 语言的宏也有很多问题，由于是预处理期间进行字符串替换，若发生错误，则有可能跳过编译期，甚至到运行期都难以察觉，并且不是类型安全的。所以笔者只考虑用宏做局部代码片段的生成和封装，其他元编程任务则交给 C++自带的特性，例如模板与 constexpr 特性。

4.2 模板历史

现代 C++发展的方向是语言更容易使用、拥有更好的性能。如果关注 C++标准的演进会发现其提供的特性多半是为了辅助库开发者，尤其是很多编译时特性，大大简化了库开发的难度。C++在 1986 年的时候引入模板，它是为了解决一些因为类型导致重复的问题，在这之前只能通过宏来做。模板的出现也进一步体现了泛型编程的价值与魅力，尤其是后来引入标准的 STL 模板库。

1994 年，Erwin Unruh 利用模板特性编写了一个求解 $\leq N$ 的素数程序，通过编译报错信息输出结果，发现了模板元编程的图灵完备能力，这点也导致了后续的 Boost 社区百花齐放。由于其复杂性，它仅适用于库开发和为上层应用封装简单易用的接口。

由于元编程能力是民间偶然发现的，因而 C++标准没有考虑过这方面需求，通过模板做元编程使用起来也很蹩脚，好在后续标准演进也引入了很多模板语法糖特性，简化了一些模板元程序。例如在 C++98 时，要实现类似于 tuple、类型安全的可变参数功能时，代码只能通过重复的方式来实现⊖：

⊖　来自于《C++设计新思维》[8] p52。

```
template<typename T, typename U>
struct TypeList {
  typedef T Head;
  typedef U Tail;
};
#define TYPELIST_1(T1) TypeList<T1, NullType>
#define TYPELIST_2(T1, T2) TypeList<T1, TYPELIST_1(T2)>
#define TYPELIST_3(T1, T2, T3) TypeList<T1, TYPELIST_2(T2, T3)>
#define TYPELIST_4(T1, T2, T3, T4) TypeList<T1, TYPELIST_3(T2, T3, T4)>
...
#define TYPELIST_50(...) ...
```

C++11 引入了可变参数模板特性，消除了这类重复代码，提高了开发体验：

```
template<typename ...Ts>
struct TypeList { };
```

除此之外，C++11 提供 using 来做模板类型别名以替代 typedef 方式，通过 static_assert 操作符进行编译期检查。提供 decltype 关键字来获取值的类型，解决了泛型编程中由于需要类型参数而无法表达类型的问题。标准库还引入了 type_traits 做类型计算。

C++14 提供了 decltype（auto），integer_sequence 等特性，进一步解决了遍历时需要索引的问题。

C++17 提供了类模板参数推导规则 CTAD 特性，在这之前程序员使用标准库容器，诸如 vector<int> 时，需要指明 int，而通过这个特性，只需要写 vector，程序将根据推导规则自动推导出实际的类型。关于非类型模板参数则需要指明具体的类型，也可以通过 auto 自动推导出非类型模板参数的类型。引入折叠表达式，简化了一些需要递归处理的代码，以及复杂代码的生成。标准库引入 void_t 后简化了一些模板特化的代码。

C++20 进步更大，引入了 concept 做类型约束，这也是社区一直呼吁的特性。传统的模板库因为使用不当导致大量难读的编译错误信息，使用户一不小心就陷入实现中难以自拔，通过 concept 对类型进行约束，编译器能够产生可读性更好的报错信息。另外，也放宽了非类型模板参数，比如允许 double、字符串甚至自定义了属于非类型模板参数的字面类型的值。

纵观整个演进过程，C++对开发者越来越友好了，尤其是库开发者。

4.3 constexpr 历史

在模板元编程满足需求的情况下，为何在 C++11 后还会引入 constexpr 呢？很大一部分原因在于编译时值计算需要更加简单的方式。

早在 C++11 的时候就有 constexpr 特性，那时候约束比较多，只能有一条 return 语句，能做的事情只有利用简单的递归实现一些数学函数或 Hash 函数（也称散列函数）；在 C++14 时这个约束放开了，允许像普通函数那样，进而在社区产生了一系列 constexpr 库；C++17 进一步泛化了 constexpr 能力，允许使用 if constexpr 来代替元编程的 SFINAE 方式，STL 库的一些算法支持 constexpr，lambda 默认是 constexpr 的；在 C++20 中支持 constexpr new 行为，因而标准库中的一些容器诸如 vector 也能在编译时进行计算。

4.4 元编程能力与应用

本部分将从几个方面介绍 C++元编程能力与应用。

▶▶ 4.4.1 零成本抽象

C++之父 Bjarne Stroustrup 曾在他的著作 *Foundations of C++* 中提到过一个零成本抽象的设计哲学：

- 你不用的东西，你就不需要付出代价（"没有散落在各处的赘肉"）。
- 你使用的东西，你手工写代码也不会更好。

抽象与细节相对，如果没有抽象，那么代码将充斥着细节，除非阅读者智商超群，否则难以面对这么多细节。而哪怕简单封装成简短的函数，也是一种抽象，代码会因此有层次感。例如 swap 函数隐藏了变量交换的细节，而不需要每次都手写这些代码。抽象之上也可以继续抽象，这样代码将会越来越简洁。

若一个类没有变化，就不应该用 virtual 关键字来表达，滥用 virtual 无疑是支付了本来不需要的开销，可笔者却常常见到有些人在类的每个函数中都加了 virtual 关键字，这种做法会让阅读者以为这个函数有多种实现，影响理解，同时没有任何好处。如果将来因为需求发生了变化，再加个 virtual 关键字也不是什么难事。

普通人很难写出比 STL 标准库更快的代码，其泛型元编程技术在编译期就可生成更高效的代码，典型的例子是在同等优化条件下 C++版本的 std::sort 要比 C 语言版本的 qsort 快数倍，这是因为泛型代码能够让编译器获得更多的信息，从而最大化实现内联等优化。

当然 C++也有违背这个原则的特性，例如 RTTI 和异常特性，这两个特性在实际环境中一般是不用的，因为有其他的方案替代，比如异常可以用返回值等。

如果没有泛型元编程技术，灵活的库代码总会有效率上的缺陷。零成本抽象可以做到像 Python 代码那样简洁，同时又不失效率。对编译器来说会积极优化它们，编译器非常擅长将模板代码化简、生成高效的代码，例如函数会尽可能内联。

▶▶ 4.4.2　值计算

编译时进行值计算，一般生成表，供运行时使用，这个能力在真实场景中用得比较少。在 C++11 前只能通过模板元编程的方式来做，后来这部分职责交给了 constexpr。标准库演进过程中的很多类和函数都默认为 constexpr 了，也就是大部分计算都能从运行时挪到编译时。

```
template<class RandomIt, class Compare> // (C++20 起)
constexpr void sort(RandomIt first, RandomIt last, Compare comp);
constexpr vector(std::initializer_list<T> init, const Allocator& alloc =
Allocator()); // (C++20 起)
```

▶▶ 4.4.3　类型计算

C++拥有主流非学术语言中最为强大的类型系统，它的模板参数不仅可以为类型的，还可以为非类型的◎。因此我们可以将值嵌入类型中，对类型进行计算，即对值进行计算；同样，我们也可以将类型实例化成值，对值计算即对蕴含着值本身所属的类型进行计算。值与类型的边界将不复存在，两者将高度融合在一个体系中。

编译时对类型进行计算，比如对类型萃取得到类型的组合信息：萃取函数类型获得参数、返回值类型信息；对类型进行 cv 修饰得到最终类型；对类型进行退化得到原始类型等。还可以做到类型与值、类型与类型之间的映射，标准库<type_traits>◎就是一个很好的例子。

另一个典型应用是组合数据类型，生成聚合数据类型，例如标准库 tuple◎元组的实现，将多个数据类型组合成聚合数据类型。

▶▶ 4.4.4　编译时多态

在编程中，多态指的是对于同一段代码，其能做不同的事。例如函数重载就是一种编译时多态，编译器会调用同一个函数，生成不同的二进制代码。还有就是运行时多态，典型的面向对象编程范式就是通过定义统一的虚接口类来应对变化，在运行时根据不同的对象做出不同的行为。由于编译器在编译时无法判断一个接口类最终在运行时实际执行的函数，所以这种多态需要额外的虚函数表开销，并由运行时决议。

如果能用编译时多态解决问题，那毫无疑问比用运行时多态更有效率。C++除了函数重载外，还可以体现在 STL 容器中，例如 vector 类型在编译时才决定是 vector<int>还是 vector<double>，针

◎ C++20 放松了对非类型参数的约束，其能支持浮点数、字符串、自定义字面类型的值等。

◎ 在 C++中，trait 一般指的是与类型有关的信息集。

◎ tuple 元组和结构体类似，其不关心字段名，只关心组合的类型。一般用于存储函数参数和延迟调用。

对不同类型，其接口都没有运行时开销[⊖]。

▶▶ 4.4.5　类型安全

编程语言引入类型可以很大一部分程度上避免一些低级错误，在某些动态类型的语言中，常常伴随着 AttributeError、Undefined 等错误，静态类型语言在这方面有很大的优势。

在 C 语言编程中，框架为了保证灵活性，会将提供给用户的接口用类型 void * 代替，典型的有 qsort 函数，其原型如下：

```
void qsort(void * ptr, size_t count, size_t size,
           int (* comp)(const void * , const void * ));
```

这种接口最大的问题就是难以准确获得类型的原始信息，对用户来说很容易出错，而且要等到运行时才会察觉到错误。例如，用 qsort 正确地排序一个二维数组就是一件不容易的事情。

而 C++ 强大的类型系统可以使我们设计出的接口在编译期就能检查出错误，而不是留到运行时再去调试，一定程度上做到编译通过程序即正确。然而在 concept 标准化之前，编译信息有时候也不够那么友好，那也比最终到运行时去定位强，因为有时候运行难度高（上板成本高），其次目标运行时，运行环境中可能也没有调试器。

标准库中的 chrono::duration 能够很好地处理时间单位之间的转换，它允许用户写出 1s-3ms 的代码，这得到的时间间隔为 997ms。如果计算会丢失精度，那么这将引发一个编译错误而不是运行时错误，需要用户显式地通过 duration_cast 进行转换。

▶▶ 4.4.6　泛型编程

通过泛型编程手段可以赋予一个框架最大的弹性，最大化复用代码。它无须关注具体类型，无须通过继承实现特定的接口类，只需要类型满足接口规范[⊖]的要求，并利用这些约束来实现算法，即鸭子类型：当看到一只鸟走起路来像鸭子、游起泳来像鸭子，叫起来也像鸭子时，那么这只鸟就可以被称为鸭子。

鸭子类型关注的是泛型的行为，而不是类型，这也是函数式编程范式的特点——参数化类型。因此同样的算法可以运用广泛的类型集，达到高度复用的效果。STL 泛型容器、泛型算法都是典型的代表。

▶▶ 4.4.7　静态反射

通过反射我们能得到结构的一些信息，例如字段信息、对应的类型信息，从而根据这些信

⊖　动态联编开销
⊖　C++20 用 concept 方式，在 C++20i 诞生之前用 SFINAE 方式。

息来实现一些功能。C++20 目前还没有提供反射特性，在需要反射的时候，我们不得不采取一些手段来实现。实现反射最关键的是存储结构的元信息，我们可以将这些元信息存储到模板类中，供后续查询使用。

反射最大的作用就是序列化、反序列化一个结构体，然后就能够在各个模块之间进行交互，不管是跨进程，还是跨机器，都缺不了反射这个功能，这也是面向对象世界中对象交互的载体⊖。

如果没有反射模块，就需要人工为每个数据结构手写大量序列化、反序列代码，不仅代码难看，而且工作量大，容易出错。程序员的乐趣就是将此类重复易错工作转换成更有趣的方式，从而提高效率。

如果反射采用静态的方式，与一般的动态反射对比，会少了很多运行时的分支和循环，而生成的代码与逐字段手写序列化、反序列化具体数据结构的代码大致相当。

▶▶ 4.4.8 内部领域特定语言 EDSL

编程本身也被很多语言所承载，例如机器语言，其关注的是特定机器的指令集、数据的表现形式、内存结构等；高级点的 C++ 语言，建立在机器语言的抽象之上，隐藏具体机器的指令集等细节，并提供了组合与抽象的语义（例如函数、类），用来满足大规模的软件开发。

当我们面临的问题越来越复杂时，C++ 作为一门通用编程语言，已经无法满足我们的需求了。我们在不断创造新的领域特定语言（DSL），去准确地表达自己的想法，在工程设计中创造 DSL 也是控制复杂度的策略，通过使用其提供的原子语义、组合的语义、抽象的语义来解决领域问题。例如，用 Verilong 语言以逻辑门与寄存器的方式来描述和验证数字电路，用 SQL 语言来管理关系数据库。用 HTML/XML 语言来构建网页、界面。

通过给程序设计 EDSL⊖，用更具体的语言表达更具体的领域。提供原子语义，这些语义能够组合成更强大的语义结构和行为，同时又很容易扩展、复用这些语义。这正是函数式编程的一大精髓：行为组合；同样也是 C++ 类运用的精髓：结构组合。实现同一个 EDSL，既可以采取 constexpr 元编程方式，又可以采取模板元编程方式，前者可读性略好。EDSL 是在编译时生成语法树，运行时只有少量的开销，将零成本抽象发挥到了极致。

⊖ 指的是消息。
⊖ 与外部 DSL 相对应，需要解析器、代码生成工具，本书不涉及外部 DSL 话题。

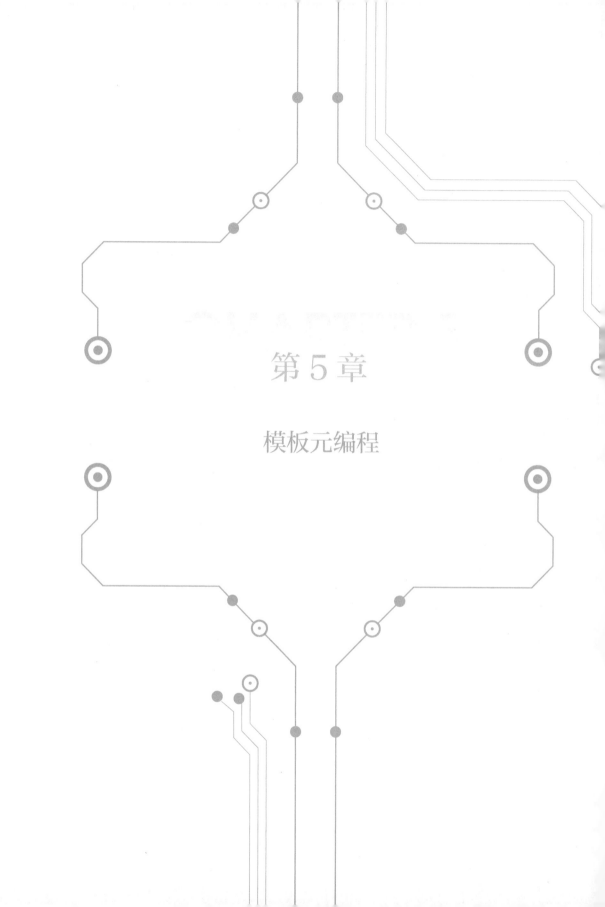

第 5 章

模板元编程

C++语言中最具有魅力的地方可能就是模板元编程了，它不但为框架、库的开发提供了强有力的手段，而且通常是零成本抽象的基础。在 C++中，能够与编译器交互的工具是类型，我们可以通过强大的类型系统在编译期完成许多工作，并且能够利用类型系统生成高效的最终代码。

如果将类型视作对象，那么计算对象的常常被称为函数，编译时的函数也被称为元函数，传统上使用模板类来表达它，模板参数即函数的输入，模板类的成员即函数的输出。模板参数既可以是类型参数，也可以是非类型的参数，甚至可以是模板类（元函数）本身。一旦将元函数作为它的输入或输出，那么该函数可视作高阶函数，有了这一丰富的组合手段，就能够在编译时完成任意复杂的程序。

运行时计算与编译时计算相比，前者能够处理的元素有用户输入的数据、动态创建的对象以及函数；后者能够处理的元素有常量、类型、对象⊖以及元函数。初看似乎后者能够处理的元素比前者丰富，但在编译时计算是不允许副作用⊖存在的，这意味着同样的编程任务，编译时的难度要比运行时大得多。好在可以借助成熟的函数式编程范式来解决，它允许在不产生副作用的情况下完成编程任务，并且最终代码是容易推理的，通过静态断言可以提前发现一些问题，代码编译通过即正确。

C++使用模板做元编程拥有很长的历史，并且语言的发展使得元编程的体验越来越好，本章将着重介绍模板元编程。

5.1 模板 vs 宏

利用宏可以避免重复代码，模板起初是为了支持泛型替代宏而设计的语法，它还能使类型安全问题能够在编译期被检查出来。

▶▶ 5.1.1 泛型函数

考虑如下代码，求两个值的最大值的宏，会涉及哪些问题呢？

```
#define MAX(X, Y) (((X) > (Y)) ? (X) : (Y))
```

由于 C 语言中的宏⊜不是卫生宏（宏展开后，不会污染原来的词法作用域），当用户通过 MAX（a++，b++）方式调用时，代码通过宏会展开成(((a++) > (b++)) ? (a++) : (b++))，

⊖ C++20 起支持一些 constexpr 对象。
⊖ 即不允许在编译时修改变量。
⊜ GNU 汇编语言也能够使用这种宏机制。

最终影响 a 与 b 的值，潜在的错误将在运行时被察觉；由于宏不加约束，当用户写出 MAX(0, "123") 这种代码[⊖]时，同样的错误只有到运行时才能被察觉。

对于这种宏充当泛型函数作用的情况，要想避免为每个类都写一个同样代码的函数，可以通过模板函数做到：

```
template<typename T>
T max(T a, T b) { return a > b ? a : b; }
```

这个模板函数避免了宏会出现的几种问题，从函数签名来看，其模板参数 T 约束了 a、b 两个值，要求它们的类型一致，同时返回值类型也要和值类型一致。但仍不够完美，如果只看签名，其实我们是不知道类型参数 T 有什么约束的，然而实际上该函数隐含着对类型参数 T 的约束，就是它需要支持 operator>( ) 操作符。当我们对不支持这个约束的类型进行 max 调用时，编译会报错：

```
struct Foo {};
max(Foo{}, Foo{});
```

C++20 引入 concept 特性可对类型参数进行约束，好处有两个其一是提高了代码可读性，只需观察函数签名便能知道类型参数需要满足哪些条件；其二是编译错误信息更加友好。

我们可以根据 max 函数定义一个约束 Comparable：

```
#include <concepts>
template<typename T>
concept Comparable = requires(T a, T b) {
  { a > b } -> std::same_as<bool>;
};
```

可以理解成对类型参数 T 进行 Comparable 概念约束，该约束支持 operator>( ) 运算符，并且返回类型为 bool。重构我们的 max 函数：

```
template<typename T>
requires Comparable<T>
T max(T a, T b) { return a > b ? a : b; }
```

再次编译，友好的报错信息如下：

```
max.cpp:11:3: note: constraints not satisfied
max.cpp: In instantiation of 'T max(T, T) [with T = Foo]':
max.cpp:17:21: required from here
max.cpp:5:9: required for the satisfaction of 'Comparable<T>' [with T = Foo]
max.cpp:5:23: in requirements with 'T a', 'T b' [with T = Foo]
```

⊖ 能够被 C 语言编译器接受，但无法被 C++编译器接受，可看出 C++类型更加安全。

```
max.cpp:6:9: note: the required expression '(a > b)' is invalid
   6 |       { a > b } -> std::same_as<bool>;
     |         ~~^~~
```

▶▶ 5.1.2　泛型容器

C 语言做元编程的一个强大的模式是 X 宏，也就是在头文件中定义一系列宏封装的样板代码，这个头文件能够被包含多次，在包含样板头文件前，需要重定义样板头文件中的宏，从而达到同一个样板头文件生成不同代码片段的目的，这种模式 Boost 社区为这种模式提供了丰富的库 Boost. Preprocessor。

Clang 编译器后端 LLVM 项目中大量使用了 X 宏模式，通过 TableGen 工具解析用户定义的数据结构，生成样板头文件给代码复用，通过重定义不同宏来生成代码。笔者在一个程序中使用 X 宏模式减少了近 5000 行宏定义与字符串映射代码。

X 宏的另一个应用是将泛型容器代码封装起来，其中典型的应用是动态数组 collection 模块，可能的一个实现如下：

```
// collection.def
struct Collection_ ## TYPE {
  TYPE * array;
  size_t size, n;
};

#ifdef INSTANCE
Collection_ ## TYPE make_Collection_ ## TYPE(size_t sz) { /* ...* / }
#endif
```

用户使用 collection 模块时，在包含 collection. def 头文件前，需定义 TYPE 宏与 INSTANCE 宏。可能的用例如下：

```
// main.cpp
#define INSTANCE

#define TYPE int
#include "collection.def"
#undef TYPE

#define TYPE double
#include "collection.def"
#undef TYPE

int main() {
  Collection_int lstInt = make_Collection_int(5);
```

```
        Collection_double lstDouble = make_Collection_double(5);
    }
```

上述代码从使用角度来说有很多不便的地方。例如，定义了 TYPE 之后需及时取消宏定义，避免污染其他泛型容器。这种在#include "collection. def" 之前通过定义不同的 TYPE 宏生成不同代码的技术，也称为预处理多态技术。

对于这种宏充当泛型容器作用的情况，可以通过模板类来做到。

```
template <typename T>
class Collection {
  T* array;
  size_t size, n;
public:
  Collection(size_t sz) { /* ...* / }
};

// main.cpp
int main() {
  Collection<int> lstInt(5);
  Collection<double> lstDouble(5);
}
```

这么做无论从使用角度，还是性能角度，都有不错的优势，这也是标准库的典型做法。

宏适用于局部代码片段生成，对于完整代码（诸如函数、类），可以利用模板函数、模板类来实现。在 C++20 之前，可以通过给类型参数命名的方式提高可读性⊖，而 C++20 后则可以通过 concept 特性使得代码的可读性更好。

5.2 模板类元函数

使用模板类做元函数已经在 2.2 节的 type traits 中介绍过了，本小节将通过几个例子来进一步挖掘模板类的能力。

▶▶ 5.2.1 数值计算

考虑编译时计算斐波那契数列的第 N 项的情况，如果使用模板类来表达，它将以非类型参数 N 作为输入，并且以成员变量 value 作为输出。

⊖ 例如 max 函数的 T 可以命名为 Comparable。

```
template <size_t N>
struct Fibonacci {
  constexpr static size_t value = Fibonacci<N - 1>::value +
                                  Fibonacci<N - 2>::value;
};
template <> struct Fibonacci<0> { constexpr static size_t value = 0; };
template <> struct Fibonacci<1> { constexpr static size_t value = 1; };

static_assert(Fibonacci<10>::value == 55);
```

　　模板元函数的调用方式与普通函数不同之处在于，包裹函数的圆括号变成了尖括号，并且需要显式地指定返回值，返回值为值时，通常使用 value 成员表示。返回值为类型时，通常使用 type 成员表示。正如一个函数可由多条表达式组成，模板类的多条表达式也可以通过多个成员来表达。

　　由于在编译时不允许修改输入的非类型参数，也就意味着无法简单地通过 for 循环对迭代变量进行修改并求值。模板元编程通过递归的方式解决这类迭代问题，该方式只需要在输入参数的基础上进行计算而无须修改原值。

　　递归的边界是通过特化的形式表达的，当输入为 0 或者 1 时，停止递归求值，直接返回边界的结果。

　　这个例子非常简单，但它蕴含着元编程的基本思想：使用递归代替迭代，使用特化代替分支⊖，即"图灵完备"。

▶▶ 5.2.2　类型计算

　　模板元编程另一个强大的方面在于其类型计算能力，这一点在库和框架开发中的应用也很广泛。

　　考虑使用多维数组的场景，标准库中的 array 相对原生数组无额外开销，并且提供了一些友好的操作接口。然而在使用多维数组的时候，比起原生数组要烦琐得多。

```
using Array5x4x3 = array<array<array<int, 3>, 4>, 5>;
using CArray5x4x3 = int[5][4][3];
```

　　使用模板元编程可以为用户封装一层友好的接口。Array 元函数将接受一个类型参数，和至少一个非类型参数的维度信息，返回的结果为多维数组类型。

```
template<typename T, size_t I, size_t ...Is>
struct Array {
  using type = array<typename Array<T, Is...>::type, I>;
};
```

⊖　这也是函数式编程的方式，在函数式编程中不允许修改任何变量，它使用递归表达迭代，使用模式匹配表达分支。

```
template<typename T, size_t I> // 边界情况
struct Array<T, I> { using type = array<T, I>; };

// C++20 之前需要通过 typename Array<int, 5, 4, 3>::type 访问类型成员,20 起可省略
static_assert(is_same_v<Array<int, 5, 4, 3>::type, Array5x4x3>);
```

在一般情况下，递归地调用元函数 Array，并减少一层维度，直到只有一层维度的边界情况，就是最简单的一维 array，它将在层层递归中被最终组合成多维数组。

```
Array<int, 5, 4, 3>::type
=> Array<Array<int, 4, 3>::type, 5>::type
=> Array<Array<Array<int, 3>::type, 4>::type, 5>::type
=> Array<Array<array<int, 3>, 4>::type, 5>::type
=> Array<array<array<int, 3>, 4>, 5>::type
=> array<array<array<int, 3>, 4>, 5>
```

5.3 TypeList

在上文的例子中我们初步探知了元编程的能力，然而对于编译时构造大型程序而言，还需要一些工具集，例如在过程式编程中涉及拥有复合数据类型的数组、结构体等。

元编程中最基本的工具便是 TypeList，顾名思义，它是类型的列表，也就是利用变参模板类来存储类型信息。

```
template <typename ...Ts>
struct TypeList { };

using List = TypeList<int, double>;
```

在标准库中有类似的工具 integer_sequence，它只能存储数字列表，可视作 TypeList 的特殊形态，因为在 C++元编程中，值与类型之间可以相互映射：用类型携带值，值承载于类型，即值可以映射成类型从而存储到 TypeList 中。

```
using One = std::integral_constant<int, 1>; // 值承载于类型
constexpr auto one = One::value; // 类型转换成值
using Two = std::integral_constant<int, 2>;
constexpr auto two = Two::value;

using List = TypeList<One, Two>; // 与 std::integer_sequence<int, 1, 2>同构
```

上述代码中，值 1 映射到独一无二的类型 One 上，而不是它本身的类型 int，因为我们无法从值域相当大的 int 类型映射到 1，而 One 类型可以直接映射回值。标准库中的一个例子是

布尔类型与值的映射分别为 true_type 和 false_type，它们分别表达值 true 和 false。

```
using true_type = integral_constant<bool, true>;
static_assert(true_type::value);
using false_type = integral_constant<bool, false>;
static_assert(! false_type::value);
```

类型是程序员与编译器交互的桥梁，模板元编程的本质即类型的计算⊖，可见元编程的重要性。本节将选择使用传统的 TypeList 作为模板元编程的工具，有了复合数据结构，我们就可以为其定义一系列访问、操作方法。

▶▶ 5.3.1 基本方法

一般地，需要对列表进行长度查询，在头尾添加一些元素，将列表转成其他模板类等。

```
template <typename ...Ts>
struct TypeList {
  struct IsTypeList { }; // 标记该类型是一个 TypeList,用于定义 concept
  using type = TypeList; // 约定使用 type 成员输出结果,即本身
  constexpr static size_t size = sizeof...(Ts); // 列表的长度
  // 成员元函数,在列表尾部添加元素
  template <typename ...T> using append = TypeList<Ts..., T...>;
  // 成员元函数,在列表头部添加元素
  template <typename ...T> using prepend = TypeList<T..., Ts...>;
  // 成员元函数,将该列表转换成其他模板类
  template <template<typename...> typename T> using to = T<Ts...>;
};

template<typename TypeList>
concept TL = requires { // 使用概念提高可读性
  typename TypeList::IsTypeList;     // 通过特征判断
  typename TypeList::type;           // 返回的类型
};
```

值得注意的是 to 方法的输入并不是一个简单的类型，而是另一个接受该列表中所有元素的元函数，从而实现类型转换的效果。to 的存在也意味着 TypeList 只是模板元编程的中间过程，所以不直接使用标准库中的 tuple 等模板类替代 TypeList 的实现，是因为前者对于编译器而言需要做太多工作，它的实现不仅涉及可变参数还涉及多重继承等其他特性，而 TypeList 相当简单纯粹，仅涉及可变参数特性，因此 TypeList 编译性能要远远高于 tuple 等其他类。值得一提的是，最初 C++11 引入可变参数特性的一个原因是，它比其他变通方案的编译速度要快

⊖ 对于 5.2.1 节中计算斐波那契数列的例子也可视作类型的计算，因为结果存放于类型 Fibonacci<N>中。

几十倍。

这几个成员元函数都是通过简单的 using 别名的方式来实现的，而不是通过定义模板类的方式，这是因为别名可以减少编译器需要实例化类型的数量，从而提高编译速度。当然别名也不是万能的，它不支持自引用与特化，对于这种情况依旧通过模板类的方式实现。

使用静态断言对列表进行测试代码如下。

```cpp
using AList = TypeList<int, char>;
static_assert(TL<AList>); // 检查是否满足 TypeList 概念要求
static_assert(AList::size == 2);
static_assert(is_same_v<AList::prepend<double>, TypeList<double, int, char>>);
static_assert(is_same_v<AList::append<double>, TypeList<int, char, double>>);
static_assert(is_same_v<AList::to<tuple>, tuple<int, char>>);
static_assert(is_same_v<AList::to<variant>, variant<int, char>>);
```

▶▶ 5.3.2 高阶函数

有了复合数据结构 TypeList 后，我们可以进一步定义一些操作列表的元函数。为了减少定义元函数的工作量，同时最大化复用代码，可以使用高阶函数。如果一个函数的输入或者输出为函数，那么这个函数就是高阶函数。在过程式编程中，比较常见的函数便是 sort，它接受比较函数作为入参。

高阶函数最大的优势在于可以灵活地与其他函数进行组合，借此来实现所需要的功能。本书第 7 章会介绍一些高阶函数如 transform、filter 等，它们也被分别称为 map 和 filter 高阶函数。

另一个常用的函数是被称为"折叠"的 fold 高阶函数[⊖]，它接受一个列表、一个初始累计元素和二元函数，对列表中的元素进行迭代并调用二元函数，将累计元素与迭代的元素作为入参调用，得到的结果作为下一次二元调用的累计元素。fold 函数返回最终的累计元素。

Richard Waters 在 1979 年发表的文章 *A Method for Analyzing Loop Programs*[9]中提到，他开发了一个可以自动分析传统 Fortran 代码的程序，将代码中的一些对列表的操作视作 map、filter、fold 等高阶函数，研究发现 Fortran 的科学计算包中近 90% 的代码完全符合这种模式。而 LISP 作为一种编程语言成功的原因之一是，它的列表提供了一种表达有序集合的标准容器，以便可以使用高阶函数来操纵它们。A 语言中的大部分功能都可归功于类似的高阶函数，它的所有数据都表示为数组，并且有一组通用操作符用于各种数组操作。

本小节将实现这三种高阶函数，其他的函数实现都可以由这三种高阶函数组合而成。

1. map 高阶函数

高阶函数 map 接受一个 TypeList 和一个单参元函数 F，对列表中的每个元素进行迭代并交

⊖ 类似于标准库<numeric>中的 accumulate 和 reduce 函数。

由 F 调用，得到迭代后的 TypeList。

```
template<TL In, template <typename> class F>
struct Map; // 元函数声明,接受一个 TypeList 和一个单参元函数
template<template <typename> class F, typename ...Ts> // 元函数实现
struct Map<TypeList<Ts...>, F> : TypeList<typename F<Ts>::type...> {};
```

Map 元函数的实现需要通过偏特化获取 TypeList 中的各个参数，然后通过参数包展开的方式对每个参数进行 F 调用。根据标准库中的约定，为了方便调用，一般需要定义一个后缀为_t 的别名$^{\ominus}$。

```
template<TL In, template <typename> class F>
using Map_t = typename Map<In, F>::type;
```

另外，根据约定，Map 返回的结果需要存储到类型成员 type 里，而 TypeList 正好定义了 type 成员，使用继承特性来继承 type 能够精简代码。继承特性是模板元编程的常用手段。

同样地，可以通过静态断言构造测试用例，这里对 TypeList 中的每个类型元素进行添加指针 add_pointer 操作。

```
using LongList = TypeList<char, float, double, int, char>;
static_assert(is_same_v<Map_t<LongList, add_pointer>,
                        TypeList<char* , float* , double* , int* , char* >>);
```

2. filter 高阶函数

高阶函数 filter 接受一个 TypeList 与一个单参谓词元函数 P，对列表中的每个元素进行迭代并交由 P 调用，得到仅有谓词为真的元素的 TypeList。

```
template<TL In, template <typename> class P, TL Out = TypeList<>>
struct Filter : Out { }; // 边界情况,当列表为空得到空列表
template<template <typename> class P, TL Out, typename H, typename ...Ts>
struct Filter<TypeList<H, Ts...>, P, Out> : // 通过偏特化取得当前迭代的元素 H
  conditional_t<P<H>::value, // 对 H 进行判断,若为真则添加到 Out 列表
    Filter<TypeList<Ts...>, P, typename Out::template append<H>>,
    Filter<TypeList<Ts...>, P, Out>> { }; // 否则丢弃掉当前元素
```

Filter 元函数的实现由两部分组成，通过偏特化可以得到当前迭代的元素，并利用谓词进行判断，得到的结果视情况存储于 Out 列表并进一步对剩余的元素递归调用 Filter 元函数，直到列表为空的边界情况，最终返回 Out 列表作为结果。

同样地，可以构造测试用例，将那些小于 4 的类型找出来。

```cpp
template<typename T> // 判断类型大小是否小于 4 的元函数
using SizeLess4 = bool_constant<(sizeof(T) < 4)>;
static_assert(is_same_v<Filter_t<LongList, SizeLess4>, TypeList<char, char>>);
```

3. fold 高阶函数

高阶函数 fold 接受一个 TypeList、一个初始累计元素和二元函数，对列表中的元素进行迭代并调用二元函数，将累计元素与迭代元素作为入参调用，得到的结果作为下一次二元调用的累计元素。fold 返回最终的累计元素。

在实现 fold 函数之前，首先定义单参元函数 Return，它只简单地返回入参⊖。有些类型（诸如基本类型 int）本身是没有成员类型 type 的，这时候通过 Return<int> 表明返回的结果为 int。

```cpp
template<typename T> // 输入 T,输出 T
struct Return { using type = T; };

template<TL In, typename Init, template<typename, typename> class Op>
struct Fold : Return<Init> { }; // 边界情况,返回最终的累计元素
template<typename Acc, template<typename, typename> class Op,
        typename H, typename ...Ts> // 通过偏特化取得当前迭代的元素 H
struct Fold<TypeList<H, Ts...>, Acc, Op> : // 更新累计元素,递归地对剩余元素调用
        Fold<TypeList<Ts...>, typename Op<Acc, H>::type, Op> {};
```

通过该高阶函数可以构造用例，对列表中的元素大小相加求和。初始的累计元素应该为 0，每次迭代将当前累计元素与类型的大小相加，作为下一次迭代的累计元素。最终累计元素就是所有类型大小之和。

```cpp
template<typename Acc, typename E> // 二元函数,返回累加后的结果
using TypeSizeAcc = integral_constant<size_t, Acc::value + sizeof(E)>;
static_assert(Fold_t<LongList, integral_constant<size_t, 0>, TypeSizeAcc>
                ::value == 18);
```

有趣的是，仅使用 fold 便能实现 map 和 filter 高阶函数，它应该是最为基础的高阶函数。

▶▶ 5.3.3　常用算法

通过 5.3.2 节定义的几个高阶函数，我们可以轻而易举地实现各种常用算法。

⊖ 它的行为与 C++20 标准库中的 type_identity 类似，本代码中仅用于提高可读性。

1. concat 算法

concat 元函数可以接受任意个数的列表，并依次将它们串联起来。[注] 首先，写出该元函数的原型。

```
template<TL...In> struct Concat; // 接受任意个列表作为输入
template<TL...In> using Concat_t = typename Concat<In...>::type;
```

我们只需要考虑输入列表为两个的情况，因为当列表少于两个时，不难得出实现；而当列表多于两个时，可以先串联前两个列表，并将结果递归地与剩下的列表串联。

```
template<> struct Concat<> : TypeList<> { }; // 当没有输入时,返回空列表
template<TL In> struct Concat<In> : In { }; // 若只有一个列表,返回本身
template<TL In, TL In2, TL ...Rest> // 多于两个列表的情况,递归地串联
struct Concat<In, In2, Rest...> : Concat_t<Concat_t<In, In2>, Rest...> { };
```

现在我们可以专心地考虑如何实现串联两个列表的情况。最朴素的想法是迭代第二个列表的元素并依次添加到第一个列表的尾部，这可以通过成员元函数 append 做到。如果使用 fold 高阶函数来实现，那么第一个列表可作为初始累计元素，对第二个列表进行迭代，二元函数为 append。

```
template<TL In1, TL In2>
class Concat<In1, In2> { // 当输入两个列表时
  template<TL Acc, typename E> // 定义二元元函数 Append
  using Append = typename Acc::template append<E>;
public:
  using type = Fold_t<In2, In1, Append>;
};
```

上述代码不够清晰，有没有其他解法？我们知道 TypeList 的成员元函数 append 可以接受任意个元素并添加到列表尾部，而通过 fold 高阶函数逐个添加似乎效率比较低，况且还需要定义额外的 Append 元函数。列表的另一个高阶成员元函数是 to，当它接受一个元函数时，可以将该列表中的所有元素转发到元函数上。因此，我们可以将第二个列表中的所有元素通过 to 高阶函数转发到第一个列表的 append 元函数上。

```
template<TL In, TL In2> // In2 列表的 to 函数将所有元素转发到 In 列表的 append 函数上
struct Concat<In, In2> : In2::template to<In::template append> { };
```

进一步思考，我们会发现更优的解法，通过偏特化获取两个列表的所有元素，可以进一步组成新的 TypeList。

⊖ 一般的 concat 函数只允许两个输入，这样在串联多个列表时会导致代码的嵌套调用，而接受任意个数的列表可以使代码更加简洁。

```
template<typename ...Ts, typename ...Ts2> // 通过偏特化获取两个列表的所有元素
struct Concat<TypeList<Ts...>, TypeList<Ts2...>> : TypeList<Ts..., Ts2...> { };
```

最后，构造测试用例，对该算法进行测试。

```
static_assert(is_same_v<Concat_t<TypeList<int, double>, TypeList<char, float>>,
                        TypeList<int, double, char, float>>);
```

2. elem 算法

elem 算法接受一个列表和一个元素，查找列表中是否存在该元素。最朴素的实现是通过 fold 高阶函数对列表进行迭代，初始累计元素为 false_type，当找到相同元素时，更新累计元素，最终返回的累计元素就是查找的结果。

```
template<TL In, typename E>
class Elem {
  template<typename Acc, typename T> // 二元函数,判断是否找到过
  using FindE = conditional_t<Acc::value, Acc, is_same<T, E>>;
  using Found = Fold_t<In, false_type, FindE>; // 存储最终的结果
public:
  constexpr static bool value = Found::value;
};
```

除上述算法之外，也可以使用 C++17 提供的折叠表达式来实现⊖，同样需要提供初值和二元操作符，取最终的累计值。

```
template<TL In, typename E>
struct Elem : false_type { };

template<typename E, typename ...Ts>
struct Elem<TypeList<Ts...>, E> :
  bool_constant<(false ||...|| is_same_v<E, Ts>)> { };
```

虽然二元操作符为逻辑或，但它本质上和二元函数 FindE 没有什么区别。最后通过构造测试用例保证其正确性。

```
static_assert(Elem_v<LongList, char>);
static_assert(! Elem_v<LongList, long long>);
```

3. unqiue 算法

unqiue 元函数可以对列表进行去重，即删除那些重复出现的元素。实现时可以使用 fold 高阶函数，将输入的列表进行迭代，累计元素是已去重的列表，那么二元函数判断当前迭代的元

⊖ 折叠表达式的介绍见 6.3 节。

素是否在已去重列表中。若在，则空操作，否则添加到去重的列表末尾。

```
template<TL In>
class Unique {
  template<TL Acc, typename E> // 判断当前迭代元素是否位于去重列表中
  using Append = conditional_t<Elem_v<Acc, E>,
                              Acc, typename Acc::template append<E>>;
public:
  using type = Fold_t<In, TypeList<>, Append>;
};
```

最后，测试用例依然必不可少。

```
static_assert(is_same_v<Unique_t<LongList>,
                        TypeList<char, float, double, int>>);
```

4. partition 算法

partition 元函数接受一个列表与一个谓词，将列表中的元素根据谓词的结果一分为二，形成两个表：满足谓词的表与不满足谓词的表。使用 filter 高阶函数可以轻而易举地根据谓词情况对列表中的元素进行过滤。

```
template<TL In, template<typename> typename P>
class Partition {
  template<typename Arg> // 对谓词进行取反操作
  using NotP = bool_constant<! P<Arg>::value>;
public:
  struct type {
    using Satisfied = Filter_t<In, P>;
    using Rest = Filter_t<In, NotP>;
  };
};
```

上述实现可能不够高效，但是足够简单。读者可尝试只迭代一遍，将列表一分为二。我们可以构造测试用例，对列表中大小分别小于 4 和大于等于 4 的类型元素进行分组。

```
using SplitBySize4 = Partition_t<LongList, SizeLess4>;
static_assert(is_same_v<SplitBySize4::Satisfied, TypeList<char, char>>);
static_assert(is_same_v<SplitBySize4::Rest, TypeList<float, double, int>>);
```

5. sort 算法

对列表进行排序是件很常见的事情，例如对有向图中的节点进行拓扑排序。这个算法的实现，可以使用接受一个列表与比较函数的快速排序算法，因为它能够很自然地写成递归的形式，并且代码足够简单优雅。

快速排序使用的是分治策略，把一个列表分为较小和较大的两个子序列，然后递归地排序

这两个子序列。具体步骤如下。

1）挑选基准值：从列表中挑出一个元素，一般是第一个元素，称为"基准"（pivot）。

2）分割：重新排序列表，所有比基准值小的元素摆放在基准前面，所有比基准值大的元素摆在基准后面⊖。分割结束之后，对基准值的排序就已经完成了。

3）递归排序子序列：递归地将小于基准值元素的子序列和大于基准值元素的子序列排序。

```
template<TL In, template<typename, typename> class Cmp>
struct Sort : TypeList<> {}; // 默认列表为空的情况

template<template<typename, typename> class Cmp,
         typename Pivot, typename ...Ts>
class Sort<TypeList<Pivot, Ts...>, Cmp> { // 特化提取第一个元素作为 Pivot
  template<typename E> using LT = Cmp<E, Pivot>; // 定义是否小于 Pivot 的谓词
  using P = Partition_t<TypeList<Ts...>, LT>; // 使用 partition 算法对列表进行分割
  // 递归排序子序列
  using SmallerSorted = typename Sort<typename P::Satisfied, Cmp>::type;
  using BiggerSorted = typename Sort<typename P::Rest, Cmp>::type;
public:
  using type = Concat_t<typename SmallerSorted::template append<Pivot>,
                        BiggerSorted>; // 得到最后的结果 };
```

测试用例对列表中的类型元素依据它们的大小进行排序，定义比较函数并排序。

```
template<typename L, typename R> // 比较函数
using SizeCmp = bool_constant<(sizeof(L) < sizeof(R))>;
static_assert(is_same_v<Sort_t<LongList, SizeCmp>,
                        TypeList<char, char, float, int, double>>);
```

5.4 综合运用

通过定义列表与一系列简单的元函数并将它们组合起来，便能挖掘出许多可能。

▶▶ 5.4.1 全局最短路径

1. 背景与 eDSL

在实际程序中，如何求解图的最短路径是常见的问题。例如描述状态之间的迁移关系，根据外界条件得到目标状态，然后再从当前状态到目的状态之间找到最短路进行迁移，同时要在

⊖ 与基准值相等的元素可以放到任何一边。

状态迁移过程中执行一系列动作。

最朴素的做法是定义一个巨大的数据头文件，描述边集[⊖]，同时根据已有边集手工算出所有节点之间的最短路径，并补充到头文件中去。这样做不仅工作量大、容易出错，而且当节点数较多时，头文件便难以维护，可读性也差。若节点自身还携带属性，那么也容易造成冲突。

若不想在运行时计算最短路径，又想减轻数据头文件的问题，一种做法是利用外部工具，并定义描述图的 DSL，借助于工具将 DSL 翻译成数据头文件，最终链接到目标文件中去。

另一种做法是使用模板元编程构造 eDSL。程序员只需要描述图的连接关系，在编译时根据边集信息，计算出图中所有节点之间的最短路数据，同时提供接口供运行时查询。模板元编程的一个优势在于先于编译时发现图的错误，从而产生一个编译错误。这样做无须额外地维护一套工具，只需要继续使用 C++即可，由于构造的是 eDSL，因此也很容易与原语言互操作。本节构造的 eDSL 如下。

```
template<char ID> // 定义节点数据结构
struct Node { constexpr static char id = ID; };

using A = Node<'A'>;
using B = Node<'B'>;
using C = Node<'C'>;
using D = Node<'D'>;
using E = Node<'E'>;

using g = Graph< // 描述图的 EDSL
    link(node(A) -> node(B) -> node(C) -> node(D)),
    link(node(A) -> node(C)),          // 测试最短路: A -> C -> D
    link(node(B) -> node(A)),          // 测试环
    link(node(A) -> node(E)) >;        // 测试不可达
// path.sz 存储长度信息,path.path 数组存储路径信息
static_assert(g::getPath('A', 'D').sz == 3); // 编译时测试
auto path = g::getPath(argv[1][0], argv[2][0]); // 运行时测试
std::cout << " path size: " << path.sz << std::endl;
```

这个 eDSL 包含了几个基本原语，Graph 描述了一幅完整的图，link 描述一条链，node 则描述节点本身，它们之间使用 "->" 表达连接关系。

图的边集信息存储于类型 g 中，并提供接口 getPath。前面提到类型是程序员与编译器交互的一种手段，在类型被编译器生成代码时，将触发元函数的调用，元函数将这些代码生成最短路径数据；而在运行时，类型将不复存在，而仅仅是一堆路径数据，好在我们不必将代码写成数据，而是以一种相对直观的方式表达。

———————

⊖ 两两节点之间的连接关系。

示例描述的情况如图 5.1 所示，图中存在环，且存在两节点不可达的场景。

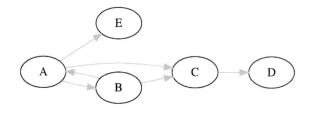

• 图 5.1 求解全局最短路问题

对于 eDSL 实现，程序员只需要关注如何实现这些原语的语义，而无须定义它们的语法，这是相对外部 DSL 而言的另一个优势。

2. 解构边集

EDSL 中的 link 和 node 原语其实是一个简单的宏，将它们完全展开后的样子如下。

```
using g = Graph<
    auto(*)(A) -> auto(*)(B) -> auto(*)(C) -> auto(*)(D) -> void,
    auto(*)(A) -> auto(*)(C) -> void,
    auto(*)(B) -> auto(*)(A) -> void,
    auto(*)(A) -> auto(*)(E) -> void>;
```

每条链其实是一个函数指针类型，使用返回类型后置的写法，通常在链的前面声明 auto，这样返回类型就可以写到箭头"->"后面。而函数返回类型本身也可以是一个函数指针类型，如此就能够实现链状效果，最后使用宏隐藏细节，看上去就相当直观。

```
template<typename...Chains>
class Graph { /* ...*/ };
```

每条链由至少一条边组成，而每条边由两个端点组成，使用 concept 来表达端点的代码如下。

```
template<typename Node>
concept Vertex = requires {
  Node::id; // 通过特征::id 来判定节点 Node
};
```

虽然我们使用函数指针类型表达链，但函数指针本身是无意义的。换句话说，我们无法将它真正指向一个有意义的函数，我们关注的其实是节点的连接关系。那么如何提取这些信息呢？我们需要的是边集（表）数据，它被存放于 TypeList 中。

```
template<Vertex F, Vertex T>
struct Edge {
  using From = F;
  using To = T;
```

```
};
// 预期的边集(表):using Edges = TypeList<Edge...>;
```

与此同时，定义一些和边相关的接口，来方便后面的使用。它们分别用来判断某个节点是否属于某条边的两个端点之一，以及获取某条边的两个端点之一。

```
template<typename Node = void>
requires (Vertex<Node> ||is_void_v<Node>)
struct EdgeTrait {
  template<typename Edge> using IsFrom = is_same<typename Edge::From, Node>;
  template<typename Edge> using IsTo = is_same<typename Edge::To, Node>;
  template<typename Edge> using GetFrom = Return<typename Edge::From>;
  template<typename Edge> using GetTo = Return<typename Edge::To>;
};
```

定义一个元函数 Chain，它输入一条链（函数指针），然后输出这条链上的边集信息。在此过程中，不断递归地对链进行分解，直到最终的->void 链尾。

```
template<typename Link, TL Out = TypeList<>>
struct Chain; // 元函数声明,输入一条链,输出边集

template<Vertex F, TL Out> // 边界情况,->void 指明链尾
struct Chain<auto(* )(F) -> void, Out> {
  using From = F;
  using type = Out; // 存储最终的边集
};

template<Vertex F, typename T, TL Out>
class Chain<auto(* )(F) -> T, Out> {
  using To = typename Chain<T, Out>::From;
public:
  using From = F;
  using type = typename Chain<T, // 存储当前边,递归地对函数指针 T 进行分解
        typename Out::template append<Edge<From, To>>>::type;
};
```

通过遍历所有的链就能得到所有的边集，需要使用 Unqiue 元函数去掉重复的边。

```
template<typename...Chains>
class Graph {
    using Edges = Unique_t<Concat_t<Chain_t<Chains>...>>;
```

3. 两点间最短路径

获得边集信息后，我们就可以开始实现求解两点间最短路径的 PathFinder 算法，简单起见，这里使用深度优先搜索策略，伪代码形式如下。

```
def find_shortest_path(from, to, path = []):
    if from == to: return path        #1.到达目标
    if from in path: return []        #2.发现环
        for (from, v) in edges:       #3.遍历邻接 from 的端点
        cur_path = from + find_shortest_path(v, to)    #4.深度优先搜索
        path = min(path, cur_path)                     #5.记录最短非空路
    return path
```

这个算法相当简单，但是如何将它转换成元函数？转换过程涉及几个分支且存在循环，对于分支可以使用偏特化实现，对于循环则使用递归实现。

```
template<Vertex From, Vertex Target, TL Path = TypeList<>>
struct PathFinder; // 元函数声明,和伪代码一致
```

第一步的条件比较简单，偏特化保证两端点相等即可。

```
template<Vertex Target, TL Path> // 1.到达目标,将目标端点加入路径中
struct PathFinder<Target, Target, Path> : Path::template append<Target> { };
```

第二步的发现环的条件，使用 requires 子句表达条件，编译器会选择出现环的版本。

```
template<Vertex CurrNode, Vertex Target, TL Path>
requires (Elem_v<Path, CurrNode>) // 2.发现环,返回空路径
struct PathFinder<CurrNode, Target, Path> : TypeList<> { };
```

在第三步中，遍历邻接 from 端点的端点 v，可以使用 filter 高阶函数从边集中过滤出一端作为 from 的边集，接着使用 Map 高阶函数获取边集中的另一端 v 列表即可。

在第四步中通过深度优先搜索求得从 from 的每条边出发的最短路径表。

第五步记录最短非空路径，可以使用 fold 高阶函数。初始列表为空路径，遍历最短路径表，利用二元函数比较最短的非空路径。

```
template<Vertex CurrNode, Vertex Target, TL Path = TypeList<>>
class PathFinder {
    // 3.从边集中找出邻接 CurrNode 的端点,存放于 NextNodes
    using EdgesFrom = Filter_t<Edges, EdgeTrait<CurrNode>::template IsFrom>;
    using NextNodes = Map_t<EdgesFrom, EdgeTrait<>::GetTo>;

    // 4.求出从当前节点出发到目的节点的路径,深度优先搜索
    template<Vertex AdjacentNode>
    using GetPath = PathFinder<AdjacentNode, Target,
                                typename Path::template append<CurrNode>>;
    // 存放所有从当前节点出发的路径
    using AllPathFromCurNode = Map_t<NextNodes, GetPath>;
```

```
// 5.二元函数,记录最短可行路径
template<TL AccMinPath, TL Path_>
using GetMinPath = conditional_t<AccMinPath::size == 0 ||
                                (AccMinPath::size > Path_::size &&
                                Path_::size > 0), Path_, AccMinPath>;
public:
  // 5.使用 fold 得出最短路径
  using type = Fold_t<AllPathFromCurNode, TypeList<>, GetMinPath>;
};
```

4. 全局最短路径

至此，我们已经得到求解两点间最短路径的算法，这是一种编译时算法，仅工作于编译时，那么如何在运行时求解两点间的最短路径呢？编译时生成任意两点间的最短路径，将其存放于数据表中，供运行时查询，最终效果就像是内嵌路径数据头文件一样。

通过边集数据可以得到所有节点信息，并进一步生成两两节点的组合，然后调用这个最短路径算法，便能得到全局最短路径。该过程需要对边集中的一端节点与另一端节点做笛卡儿积，得到所有节点对，这个元函数被命名为 CrossProduct，它仅由高阶函数 fold 组合而成。

```
template<TL A, TL B, template<typename, typename> class Pair>
struct CrossProduct {
  template<TL ResultOuter, typename ElemA>
  struct OuterAppend { // 外层迭代,对列表 A 的迭代
    template<TL ResultInner, typename ElemB> // 内层迭代,对列表 B 的迭代
    using InnerAppend = typename ResultInner
                        ::template append<Pair<ElemA, ElemB>>;
    using type = Fold_t<B, ResultOuter, InnerAppend>;
  };
public:
  using type = Fold_t<A, TypeList<>, OuterAppend>;
};
```

通过笛卡儿积，可以轻松地从边集中得到所有节点对的组合，它们也将被存储于类型 AllNodePairs 中。

```
using AllNodePairs = CrossProduct_t<
    Unique_t<Map_t<Edges, EdgeTrait<>::GetFrom>>,
    Unique_t<Map_t<Edges, EdgeTrait<>::GetTo>>,
    std::pair>; // TypeList<pair<A, B>...>
```

由于两节点之间可能不可达，所以没必要存储它们之间的路径，解决的方法是定义一个辅助元函数 IsNonEmptyPath，用于过滤掉那些不可达的节点对。

```
template<typename NodePair>
using IsNonEmptyPath = bool_constant<(
                    PathFinder_t<typename NodePair::first_type,
                            typename NodePair::second_type>::size > 0)>;
```

类型 ReachableNodePairs 用于存放可达节点对, 使用 filter 高阶函数组合而成。

```
using ReachableNodePairs = Filter_t<AllNodePairs, IsNonEmptyPath>;
```

5. 动静结合

目前, 所有信息都存放于类型中, 这里需要将类型中的信息转换成实际数据, 以便运行时能够访问到它们。可以通过定义数据结构 PathRef 指向存放的路径数据。

```
template<typename NodeType>
struct PathRef {
  const NodeType* path; // 数组指针
  size_t sz; // 数组长度
};
```

另一个数据结构 PathStorage 将存放真正的路径数据, 并初始化 PathRef 数据结构, 以用于外部访问。

```
template<Vertex Node, Vertex...Nodes>
class PathStorage {
  using NodeType = std::decay_t<decltype(Node::id)>;
  constexpr static NodeType pathStorage[]{ Node::id, Nodes::id...};
public:
  constexpr static PathRef<NodeType> path { // 初始化 PathRef
    .path = pathStorage, // 指向路径数据
    .sz = sizeof...(Nodes) + 1,
  };
};
```

接下来便是关键, 要将节点对的最短路径数据输入到 PathStorage 类型中。定义元函数 SavePath 用于存放输入节点对, 输出节点对与它们之间的 PathStorage 类型。

```
template<typename NodePair>
using SavePath = Return<std::pair< // pair<pair<A, B>, PathStorage<A...B>>
    NodePair, typename PathFinder_t<typename NodePair::first_type,
                        typename NodePair::second_type>
                            ::template to<PathStorage>>>;
```

使用 map 高阶函数对所有可达节点对进行遍历, 执行 SavePath 元函数, 便能得到所有节点间的最短路径, 然后存放于类型 SavedAllPath 中。

```
// TypeList<pair<pair<A, B>, PathStorage<A...B>>...>
using SavedAllPath = Map_t<ReachableNodePairs, SavePath>;
```

6. 生成编译时、运行时接口

由于路径数据存放于 SavedAllPath 类型中，无法便利地访问类型中的信息，因此需要提供一个函数，用于从类型中检索节点，从而得到最短路径。

```
template<typename NodeType> // 对外接口
constexpr static PathRef<NodeType> getPath(NodeType from, NodeType to) {
  PathRef<NodeType> result{};
  matchPath(from, to, result, SavedAllPath{}); // 从类型 SavedAllPath 检索路径数据
  return result;
}
```

matchPath 函数比较关键，它的作用是从 TypeList 中检索节点数据。

```
template<typename NodeType, typename ...PathPairs>
constexpr static void matchPath(NodeType from, NodeType to,
                                PathRef<NodeType>& result,
                                TypeList<PathPairs...>) {
    (matchPath(from, to, result, PathPairs{}) ||...);
}
```

这里使用了折叠表达式，它会依次匹配 TypeList 中的路径数据，直到找到路径。

```
template<typename NodeType, Vertex From, Vertex Target, typename PathStorage_>
constexpr static bool matchPath(NodeType from, NodeType to,
                                PathRef<NodeType>& result,
                                pair<pair<From, Target>, PathStorage_>) {
    if (From::id == from && Target::id == to) { // 判断是否找到节点对
        result = PathStorage_::path; // 存放路径
        return true; // 停止后续的查找
    }
    return false;
}
```

7. 检视结果

以上便是所有的实现。虽然整个过程中的类型存储了很多信息，并承载了许多计算，但是它们不占用额外空间，使用 sizeof 运算后的结果将为 1，也就是"空类"。

在"动静结合"这一步骤中，我们设法将数据存储于这些"空类"的静态数据成员中，并使用函数来访问"空类"的静态数据成员，一旦程序被编译，运行时类型将不复存在，仅剩下那些静态数据与访问数据的接口。

通过生成的汇编数据可以证实这一点。

```
.weak Graph<...>::PathStorage<A, B>::pathStorage:
.ascii "AB"
.weak Graph<...>::PathStorage<A, C>::pathStorage:
.ascii "AC"
.weak Graph<...>::PathStorage<A, C, D>::pathStorage:
.ascii "ACD"
.weak Graph<...>::PathStorage<A>::pathStorage:
.byte "A"
.weak Graph<...>::PathStorage<A, E>::pathStorage:
.ascii "AE"
// ...
```

检视最终目标文件的只读数据存储区，如下为 Linux 系统的结果：

```
$ readelf -x .rodata a.out

Hex dump of section '.rodata':
  0x00002000 01000200 66726f6d 20002074 6f200020 ....from .to .
  0x00002010 70617468 2073697a 653a2000 2d3e0043 path size: .->.C
  0x00002020 44434241 45424142 43444243 42414541 DCBAEBABCDBCBAEA
  0x00002030 41434441 43414200 00000000 00000000 ACDACAB.........
```

以及最后的 getPath 汇编代码。

```
10f7: 3c 43                cmp          $0x43,%al          # 比较 to
10f9: 40 0f 94 c7          sete         %dil               # 记录 to 的比较结果
10fd: 84 c9                test         %cl,%cl            # 比较 from
10ff: 74 1c                je           111d               # 没找到端点，匹配下一条
1101: 0f 28 05 38 0f 00 00 movaps       0xf38(%rip),%xmm0  # 预存路径数据
1108: 48 8d 2d 24 0f 00 00 lea          0xf24(%rip),%rbp   # .path
110f: 66 48 0f 7e c3       movq         %xmm0,%rbx         # .sz
1114: 40 84 ff             test         %dil,%dil          # 比较 to
1117: 0f 85 58 01 00 00    jne          1275               # 找到路径数据
```

▶▶ 5.4.2 KV 数据表

KV 数据表是一种用于存储键值对数据的基础结构，在嵌入式软件中非常常见，一般键采用枚举类型，而值是一个可变类型。

考虑到嵌入式产品的内存、性能比较受限，所以我们需要一个高效的实现，而模板元编程为高性能编程提供了一种可能，例如在编译时能对用户定义的 KV 类型进行重排，将那些同样大小和对齐方式的值类型排到一起，这样就能够生成最为紧凑、缓存占用最小的数据表。考虑如下代码：

```
// 描述键、值信息
using AllEntries = TypeList<
    Entry<0, int>,Entry<1, char>,Entry<2, char>,
    Entry<3, short>, Entry<4, char[10]>, Entry<5, char[10]>,
    Entry<6, int>
>;
// 构造数据表
Datatable<AllEntries> datatbl;
// 测试代码
std::string_view expectedValue = "hello";
char value[10]{};
assert(! datatbl.getData(4, value));
assert(datatbl.setData(4, expectedValue.data(), expectedValue.length()));
assert(datatbl.getData(4, value));
assert(expectedValue == value);
```

它描述了表中所有键与值类型的信息，这里一共有 7 个键，分别从 0 到 6，存储于 TypeList 中。这种描述信息将不占用任何程序的空间，仅辅助于后续编译期数据表的生成。Datatable< AllEntries>是关键部分，它接受描述信息，并生成数据表，它的运行结构如图 5.2 所示。

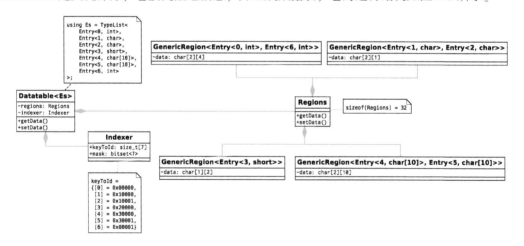

● 图 5.2 KV 数据表

从图 5.2 中可以看出，在编译时根据值类型的大小与对齐方式对键进行重新排序，形成 4 个组，数据将被存放于 GenericRegion 模板类的 data 数组中，这 4 个 GenericRegion 被组合成一个 Regions 并提供接口来读写这些数据。

除此之外，编译时还将生成 Indexer 类型，keyToId 字段记录了每个键被存放到哪个组中的第几个数据，低 16 位记录了位于 GenericRegion 中的第几个数据，而剩下的高位记录了存放于第几个 GenericRegion。例如，图 5.2 中键 2 的索引为 0x10001，表明它是被存储于第二个（从 0

开始）组中的第 2 个数据。mask 字段则记录了是否存储过对应键的值。

最后的 Regions 和 Indexer 类组合成 Datatable，它提供了一组读写数据的接口。读者可以仔细观察图 5.2 中的信息，便于理解后续的实现。

```
template <TL Es>
class Datatable {
// ...
public:
  bool getData(size_t key, void* out, size_t len = -1) { /* ...* / };
  bool setData(size_t key, const void* value, size_t len = -1) { /* ...* / };
};
```

1. 对键值信息进行分组

由于键值表信息由用户输入，为此我们定义 Entry 模板类记录每个键的信息，约束值类型为平凡的标准布局类型，因为它仅用于存放数据，所以能安全地执行按位拷贝动作。同时定义概念 KVEntry 进行约束，代码如下。

```
// <key, valuetype>
template<auto Key, typename ValueType, size_t Dim = 1>
struct Entry {
  constexpr static auto key = Key;
  constexpr static size_t dim = Dim;
  constexpr static bool isArray = Dim > 1;
  using type = ValueType;
};
// 对数组类型进行特化
template<auto Key, typename ValueType, size_t Dim>
struct Entry<Key, ValueType[Dim]> : Entry<Key, ValueType, Dim> { };

// 定义 KVEntry 概念 template<typename E>
concept KVEntry = requires {
  typename E::type;
  requires is_standard_layout_v<typename E::type>;
  requires is_trivial_v<typename E::type>;
  { E::key } -> convertible_to<size_t>;
  { E::dim } -> convertible_to<size_t>;
};
// 确保 Entry 满足 KVEntry 的要求
static_assert(KVEntry<Entry<0, char[10]>>);
```

接着需要对输入的键值信息进行分组，编写元函数 GroupEntriesTrait 输入键值表信息，输出分组后的列表，这个过程可以利用 partition 元函数不断地将表一分为二，其中一部分为同样大小与对齐方式的键值表信息，另一部分则需要递归地进行分组，直到该部分为空。

```
template<TL Es = TypeList<>, TL Gs = TypeList<>>
struct GroupEntriesTrait : Gs { }; // 边界情况,当输入列表为空时,输出 Gs

template<KVEntry H, KVEntry ...Ts, TL Gs> // 输入列表非空时
class GroupEntriesTrait<TypeList<H, Ts...>, Gs> {
  template<KVEntry E>
  using GroupPrediction = bool_constant<(H::dim == E::dim &&
      sizeof(typename H::type) == sizeof(typename E::type) &&
      alignof(typename H::type) == alignof(typename E::type))>;
  // 使用谓词 GroupPrediction 将输入一分为二
  using Group = Partition_t<TypeList<H, Ts...>, GroupPrediction>;
  using Satisfied = typename Group::Satisfied; // 满足的部分成为单独一组
  using Rest = typename Group::Rest; // 不满足的部分进一步递归分解
public:
  using type = typename GroupEntriesTrait<
                  Rest, typename Gs::template append<Satisfied>>::type;
};
```

利用这个元函数将分组的结果存储起来。

```
// TypeList<TypeList<Entry...>...>
using Gs = GroupEntriesTrait_t<Es>;
```

2. 生成 Regions 类

每一组的键值表将由一个 GenericRegion 存储,最终所有的 GenericRegion 将被组合成一个 Regions。如下是 GenericRegion 的实现。

```
template<KVEntry EH, KVEntry ...ET>
class GenericRegion {
  constexpr static size_t numberOfEntries = sizeof...(ET) + 1;
  constexpr static size_t maxSize = max(alignof(typename EH::type),
                                        sizeof (typename EH::type)) * EH::dim;
  char data[numberOfEntries][maxSize];
public:
  bool getData(size_t nthData, void* out, size_t len) {
    if (nthData >= numberOfEntries) [[unlikely]]{ return false; }
    copy_n(data[nthData], min(len, maxSize), reinterpret_cast<char*>(out));
    return true;
  }
  bool setData(size_t nthData, const void* value, size_t len) {
    if (nthData >= numberOfEntries) [[unlikely]]{ return false; }
    copy_n(reinterpret_cast<const char*>(value),
           min(len, maxSize), data[nthData]);
```

```
        return true;
    }
};
```

上述实现相当简单，分别读写该组中的第 n 块数据，属性［［likely］］和［［unlikely］］
由 C++20 标准化，这有利于编译器对分支路径的优化。

如何将这些 GenericRegion 组合成 Regions，并便于检索呢？一个可能的方案是使用虚函数
机制对 GenericRegion 进行类型擦除，代码如下。

```
struct Region { // 使用虚函数机制
  virtual bool getData(size_t index, void* out, size_t len) = 0;
  virtual bool setData(size_t index, const void* value, size_t len) = 0;
  virtual ~Region() = default;
};
template<KVEntry EH, KVEntry...ET> // 实现接口
Region class GenericRegion : public Region { /* ...* / }

template<typename...R>
class Regions : private R...{ // 参数包展开,多继承组合成一个 Regions
  Region* regions[sizeof...(R)]; // 接口统一存储至检索数组,聚合关系
public:
  constexpr Regions() {
    size_t i = 0; // 类型擦除
    ((regions[i++]= static_cast<R* >(this)), ...);
  }
};
```

上述方案相对来说比较简单，使用私有继承组合各个 GenericRegion，并被检索数组所引
用，读写的时候直接对检索数组 regions 进行访问，通过虚函数在运行时派发到具体的 Generi-
cRegion 的实现上。然而该方案引入了昂贵的虚表，即便 GenericRegion 只存储一个键值，也不
得不承担虚表开销，此外，引入了用于检索的数组，这又会产生指针的开销。

考虑到各个 GenericRegion 的类型各不相同，既要将它们组合到一起，又要便于检索，解决
方案之一是使用 std::tuple 类型存储，而使用模板函数 std::get 检索。

```
template<typename...R>
class Regions {
  tuple<R...> regions;
  // ...
};
```

模板函数 std::get 使用模板参数作为索引访问，需要枚举所有的可能，以便运行时访问。
就实现 getData 而言，可能的代码如下。

```
bool getData(size_t index, void* out, size_t len) {
  size_t regionIdx = index >> 16;
  if (regionIdx == 0) {
    return std::get<0>(regions).getData(index & 0xFFFF, out, len);
  } else if (regionIdx == 1) {
    return std::get<1>(regions).getData(index & 0xFFFF, out, len);
  } else if (regionIdx == 2) {
    return std::get<2>(regions).getData(index & 0xFFFF, out, len);
  } else ...
}
```

上述实现比较烦琐，同时还存在几个问题，一是不确定有多少个 GenericRegion 存在，因此只能按照系统能允许的最大可能进行编写，二是这种重复代码容易写错。好在元编程可以帮我们生成这种代码，方式有两种：

- 使用元编程生成表驱动数据，运行时查表。
- 使用元编程生成检索代码。

第一种方式需要生成数据表，而数据正是对各个 GenericRegion 访问的函数[⊖]，运行时查找函数进行调用。这种方式需要考虑数据的存储位置，相对来说比较麻烦。另外，使用数据也意味着丧失了函数内联的可能性，因此笔者不推荐这种方式。

第二种是直接生成等价的 if else 代码，而无须使用数据表，笔者比较推荐这种方式。

考虑到 getData 和 setData 的代码比较相似，为了最大程度复用代码，可以使用高阶函数的形式传递这些动作，例如代码中的 forData 函数，其中 op 传递了读或者写数据的动作，这些动作可能被内联到最终代码中。

```
template<size_t I, typename OP>
bool forData(OP&& op, size_t index) {
  size_t regionIdx = index >> 16;
  size_t nthData = index & 0xFFFF;
  if (I == regionIdx) { return op(std::get<I>(regions), nthData); }
  return false;
}
```

forData 函数判断当前索引是否检索第 I 个 GenericRegion，如果是则进行访问，否则空操作。有了这个函数可以进一步生成上述的 if else 形式代码。

```
template<typename OP, size_t...Is>
bool forData(std::index_sequence<Is...>, OP&& op, size_t index)
{ return (forData<Is>(std::forward<OP>(op), index) ||...); }
```

⊖ 这是"数据即代码，代码即数据"思想的体现。

index_sequence 可视作一种 TypeList，它存储了一系列数值，并以模板参数的形式传递。使用折叠表达式与"二元或"操作符，初值为 false，当成功对指定的组进行操作后，将会短路后续的动作，这样就能达到上述 if else 的效果。最后的读写接口便不难实现。

```cpp
bool getData(size_t index, void* out, size_t len) {
  auto op = [&](auto& region, size_t nthData)
              { return region.getData(nthData, out, len); };
  return forData(std::make_index_sequence<sizeof...(R)>{}, op, index);
}
bool setData(size_t index, const void* value, size_t len) {
  auto op = [&](auto& region, size_t nthData)
              { return region.setData(nthData, value, len); };
  return forData(std::make_index_sequence<sizeof...(R)>{}, op, index);
}
```

make_index_sequence<sizeof...（R）> 生成序列 index_sequence<0，1，…，sizeof...（R）- 1>，进一步将这些数值传递给 forData 进行代码生成。

最后，我们利用上一部分分组的结果 Gs 生成这个 Regions 类。将 Gs 的信息转发给 GenericRegion，然后将 GenericRegion 转发给 Regions 模板类。

```cpp
template<TL Gs> // 输入分组信息
class GenericRegionTrait {
  template<TL G> // 将组内的 Entry 转发给 GenericRegion
  using ToRegion = Return<typename G::template to<GenericRegion>>;
public:
  using type = Map_t<Gs, ToRegion>; // 输出 TypeList<GenericRegion<E...>...>
};
// 最后转发到模板类 Regions 上
using RegionsClass = typename GenericRegionTrait_t<Gs>::template to<Regions>;
```

3. 生成 Indexer 类

同样地，我们需要利用分组的结果生成索引信息，以便知道一个键对应的是第几组中的第几块数据，同时还需要生成 bitset 信息维护键的置位状态。

```cpp
template<typename ...Indexes>
struct Indexer {
  size_t keyToId[sizeof...(Indexes)];
  std::bitset<sizeof...(Indexes)> mask;
  constexpr Indexer() {
    constexpr size_t IndexSize = sizeof...(Indexes);
    static_assert(((Indexes::key < IndexSize) && ...), "key is out of size");
    (void(keyToId[Indexes::key] = Indexes::id), ...);
  }
};
```

Indexer 模板类的模板参数中记录了键与索引的关系，它们仅存储于类型中，需要通过构造函数将这些数据存储到 keyToId，这个过程可以通过折叠表达式做到，式中二元操作符为逗号，初值为 void。

接下来的难点是如何将分组信息转换成上述的模板参数。分组信息是一个二维 TypeList，第二维记录了每组的信息，而第一维记录了组内的 Entry，如果使用命令式编程，要用两个嵌套的 for 循环进行处理，而模板元编程只能使用递归处理，好在我们构造了一些高阶元函数，这里仅通过两个 fold 元函数，便可分别处理外层循环和内层循环。

```cpp
template<TL Gs>
class GroupIndexTrait {
  template<size_t GroupIdx = 0, size_t InnerIdx = 0, TL Res = TypeList<>>
  struct Index { // 用于累计值的数据结构
    constexpr static size_t GroupIndex = GroupIdx;
    constexpr static size_t InnerIndex = InnerIdx;
    using Result = Res;
  };

  template<typename Acc, TL G>
  class AddGroup { // 最外层的二元函数
    constexpr static size_t GroupIndex = Acc::GroupIndex;
    template<typename Acc_, KVEntry E>
    class AddKey { // 最内层的二元函数
      constexpr static size_t InnerIndex = Acc_::InnerIndex;
      struct KeyWithIndex { // 所需要的映射信息
        constexpr static auto key = E::key;
        constexpr static auto id = (GroupIndex << 16) | InnerIndex;
      };
      using Result = typename Acc_::Result::template append<KeyWithIndex>;
    public:
      using type = Index<GroupIndex + 1, InnerIndex + 1, Result>;
    };
    using Result = typename Acc::Result;
  public: // 对内层进行迭代
    using type = Fold_t<G, Index<GroupIndex + 1, 0, Result>, AddKey>;
  };
public: // 对外层进行迭代
  using type = typename Fold_t<Gs, Index<>, AddGroup>::Result;
};
// 最后转发到模板类 Indexer 上
using IndexerClass = typename GroupIndexTrait_t<Gs>::template to<Indexer>;
```

生成最终的 Datatable 数据表。

有了那两个 fold 元函数，最后实现 Datatable 就很简单。

```
template <TL Es>
class Datatable {
  RegionsClass regions;
  IndexerClass indexer;
public:
  bool getData(size_t key, void* out, size_t len = -1) {
    if (key >= Es::size ||! indexer.mask[key]) { return false; }
    return regions.getData(indexer.keyToId[key], out, len);
  }
  bool setData(size_t key, const void* value, size_t len = -1) {
    if (key >= Es::size) { return false; }
    return indexer.mask[key] =
      regions.setData(indexer.keyToId[key], value, len);
  }
};
```

▶▶ 5.4.3 注意事项

这两个例子是笔者在实际项目中遇到的，它们都是由问题驱动产生而不是被精心构造的。C++的表达力足够强，选择的手段也足够多，之所以还会用元编程解决问题，是因为相比其他手段而言，它带来的好处已经能掩盖它的坏处。这些好处是：

- 超越以 C 语言风格或面向对象风格所能获得的灵活性。
- 更细的静态类型检查粒度。
- 更高的效率（主要来自内联、让编译器同时查看多处源代码、计算从运行时移到编译时，以及更好的类型检查）。

从这几个例子可以看到，模板元编程的本质是类型计算，使用特化表达分支，使用递归表达循环。类型是一种很强大的手段，它可以存储许多信息（往往是空类型），这些信息也仅供编译时使用，一旦到运行时，它们将不复存在。

理智的程序员会发现，尽管模板元编程有着各种问题，但仍要比其他方案好。当然，C++程序员必须学会限制编译期计算和元编程的使用，只有在考虑增强代码紧凑性、提高表达力和提升运行时性能的时候才引用它们。

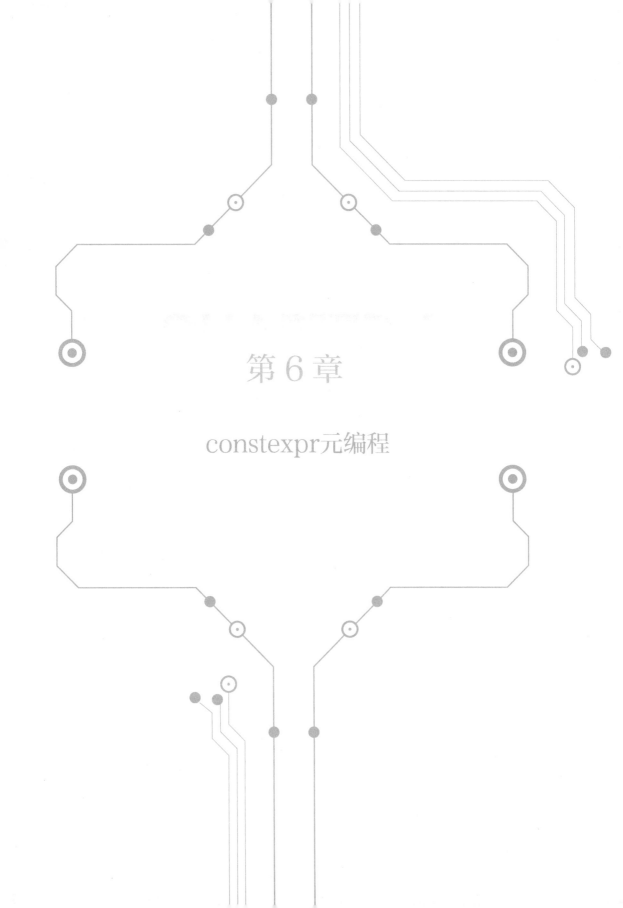

第 6 章

constexpr元编程

2003 年，C++标准委员会提出了一种用于在 C++中进行常量表达式求值的更好的机制。在此之前人们使用无类型的宏和简陋的 C 语言定义的常量表达式。另一些人则开始使用模板元编程来计算值，这既乏味又容易出错，因此提出如下目标。

- 让编译时计算达到类型安全。
- 一般来说，通过将计算移至编译时来提高效率。
- 支持嵌入式系统编程（尤其是 ROM）。
- 直接支持元编程，而非模板元编程。
- 让编译时编程与"普通编程"非常相似。

这些想法实现起来是简单的：允许在常量表达式中使用以 constexpr 为前缀的函数，还允许在常量表达式中使用简单用户定义类型，即字面量类型。字面量类型是一种所有运算都是 constexpr 的类型。

一个经典的场景是单位计算，1999 年美国国家航空航天局的"火星气候探测者"号发射失败，事故的关键原因是物理单位不匹配且程序运行时没有被发现。

此外，传统的解决方案要么需要更多的运行时间，要么需要程序员在草稿纸上算好值。而 constexpr 函数可以在编译时进行求值，这使它无法访问非本地对象⊖，也不能对调用者的环境产生副作用，因此 C++获得了一种很方便的能力，拥有以上特性的函数也叫纯函数。

为什么要求程序员使用 constexpr 来标记那些可以在编译时执行的函数？原则上，编译器可以弄清楚在编译时可以计算出什么，但如果没有标注，用户将受制于各种编译器的性能，并且编译器需要将所有函数体"永远"保留下来，以备常量表达式在求值时要调用它们。

早期的讨论主要集中在性能和嵌入式系统的简单示例上。2015 年起，constexpr 函数才成为元编程的主要支柱⊖。C++14 允许在 constexpr 函数中使用局部变量，从而支持了循环；在此之前，constexpr 必须是纯函数式的。C++20 允许将字面类型用作值模板参数类型。因此，C++20 非常接近最初的语言设计目标，即在可以使用内建类型的地方都可以使用用户定义的类型。

constexpr 函数很快变得非常流行。它们遍布于 C++14、C++17 和 C++20 标准库，并且不断有相关建议，以求在 constexpr 函数中允许更多的语言构造、将 constexpr 应用于标准库中的更多函数，以及为编译期求值提供更多支持。

6.1 constexpr 变量

通过 constexpr 定义的常量，通常可以代替使用宏定义的常量，并且能够保证类型安全。

⊖ 它们在编译时还不存在。
⊖ 和元编程有关的反射提案也是从模板接口往 constexpr 接口转变的。

```
constexpr double PI = 3.1415926535;
constexpr double area = PI * 2.0 * 2.0;

constexpr size_t MAX_LEN = 32;
int8_t buffer[MAX_LEN];
```

在上述代码中定义了一些 constexpr，例如圆周率 PI，后续的面积计算，都将在编译时计算出结果，且无运行时开销。除此之外，一般使用 constexpr 定义一些常量用于指定数组的最大长度。使用 constexpr 修饰的对象，也可以看作是 const 的。

constexpr 与 const 变量的区别在于，前者需要保证表达式可在编译时求值，否则会出现编译错误；而后者只是表达变量拥有常量性，若能在编译时求值，也可用于编译时计算上下文⊖，否则将于运行时求值。

constexpr 常量还可以与变量模板组合使用，例如可以标准库<type_traits>中定义大量常量模板以简化 traits 的使用。

```
template <typename T> // 这是一个变量模板
inline constexpr bool is_integral_v = is_integral<T>::value;
static_assert(is_integral_v<int>);
static_assert(! is_integral_v<void>);
```

上述代码中的 inline 修饰表明了该函数是一个内联变量，这是 C++17 引入的一个小特性。一般模板代码定义在头文件中，使用 inline 修饰可避免重复定义的问题。

constexpr 也可以定义简单的表达式计算逻辑，例如判断给定的字符是否是一个数字。

```
template<char c>
constexpr bool is_digit = (c >= '0' && c <= '9');
static_assert(! is_digit<'x'>);
static_assert(is_digit<'0'>);
```

变量模板可以被特化，因此可以实现一些包含循环的逻辑，正如 2.2.1 节中提到的求解斐波那契数列的问题。

```
template<size_t N>
constexpr size_t fibonacci = fibonacci<N - 1> + fibonacci<N - 2>;
template<> constexpr size_t fibonacci<0> = 0;
template<> constexpr size_t fibonacci<1> = 1;
static_assert(fibonacci<10> == 55);
```

⊖ 例如数组下标、模板参数、静态断言、初始化 constexpr 常量等。

6.2 constinit 初始化

使用 constexpr 定义的变量被要求其表达式能够在编译时进行求值，它们需要拥有常量的属性。C++20 中使用 constinit 定义的变量同样要求在编译时能对表达式求值，但它仍保留了可变的属性。

历史上，C++ 的各个编译单元的全局变量在运行时的初始化顺序是不确定的，若这些全局变量产生了依赖，初始化结果自然而然是未定义的。因此流行的解决方案是使用函数的局部静态变量来代替全局变量，将直接的依赖关系转换成对函数的依赖，这样一来对函数的调用顺序能够确保局部静态变量初始化的顺序。

C++ 的魅力在于将运行时的计算转换成编译时的计算，从而提高程序运行的效率，这也是C++11 之后大力发展 constexpr 的一个原因，其中 constinit 解决的就是全局生命周期[⊖]变量运行时初始化顺序不确定的问题，它要求全局生命周期的变量能够在编译时初始化，这能节省运行时初始化的开销，同时也避免了依赖的问题。

例如，C++11 提供的 mutex 构造函数便是 constexpr 的，但它们无法在编译时使用，直到C++20 的出现，才使得在编译时初始化并在运行时使用成为可能。

```
constinit std::mutex g_mtx; // 编译时初始化的可变全局变量
```

6.3 折叠表达式

折叠表达式是 C++17 提供的一个强大特性，它旨在简化一部分需要通过模板递归才能实现的循环功能。在本书第 5 章中曾为读者展示了 fold 高阶函数的能力，它通过使用模板类实现元函数，而折叠表达式能基于值实现循环。

笔者常常使用这个特性简化代码的生成，例如 5.4.2 节中笔者就使用它生成分支、映射表代码。折叠表达式拥有如下两大代码形式：

1. 右折叠：(pack op ...[op init])
2. 左折叠：([init op]...op pack)

它们都需要通过圆括号将表达式括起来，并且都接受一个模板参数包 pack、一个二元操作符 op 和一个可选的初始累计值 init，再算上可选的初值后，一共有四种表现形式。

─────────────

⊖ 包括全局变量、静态变量、线程级变量等。

折叠表达式的语义是：对参数包中的值进行迭代，每次迭代将当前值与累计值进行二元操作求值，求值的结果作为下一次累计值进行二元迭代。两大形式的差别在于，第一个称为右折叠，第二个称为左折叠[⊖]，而左右折叠的区别在于迭代的方向以及二元操作符的顺序。考虑如下例子：

```
template<size_t ...Is> // 右折叠
constexpr int rsum = (Is + ...+ 0);
template<size_t ...Is> // 左折叠
constexpr int lsum = (0 + ...+ Is);
// (1 + (2 + (3 + (4 + (5 + 0)))))
static_assert(rsum<1, 2, 3, 4, 5> == 15);
// (((((0 + 1) + 2) + 3) + 4) + 5)
static_assert(lsum<1, 2, 3, 4, 5> == 15);
```

因为数值加法的结合律性质，我们可以看到从右往左累加与从左往右累加的结果是一样的。实际用到折叠表达式的时候很少需要考虑左折叠与右折叠的用法区别，除非二元操作符不支持结合律，例如减法运算。

```
template<size_t ...Is> // 右折叠
constexpr int rsub = (Is - ...- 0);
template<size_t ...Is> // 左折叠
constexpr int lsub = (0 - ...- Is);
static_assert(rsub<1,2,3,4,5> == 3);
static_assert(lsub<1,2,3,4,5> == -15);
```

如果参数包可能为空，则必须提供初值，否则在空参数包下编译将会报错。但有 3 个二元操作符例外，分别为逻辑与（&&）、逻辑或（||）、逗号表达式（,），它们在不提供初值且参数包为空时，结果分别为 true、false 和 void( )。

6.4 constexpr 函数

若使用 constexpr 关键字修饰一个函数，表示它可能在编译时求值。只要给出的参数合适，那么在需要常量表达式的地方，例如数组下标、模板参数、静态断言、初始化 constexpr 常量等，编译器将会尝试求值。使用 constexpr 修饰的函数声明意味着它是 inline 的。考虑如下代码：

```
constexpr int min(initializer_list<int> xs) {
    int low = numeric_limits<int>::max();
```

⊖　由可选的初值判断左右。

```
  for (int x : xs) {
    if (x < low) low = x;
  }
  return low;
}
static_assert(min({1, 3, 2, 4}) == 1);
```

给定一个常量表达式作为参数，这个 min( ) 函数可以在编译时进行求值。函数的局部变量仅在编译器中存在，求值计算不会对调用者的环境产生副作用。

▶▶ 6.4.1　consteval

使用 constexpr 修饰仅表达一个函数是否可能被编译时求值，而使用 consteval 修饰时则要求函数必须能够被编译时求值。

```
consteval int min(initializer_list<int> xs) {
  int low = numeric_limits<int>::max();
  for (int x : xs) {
    if (x < low) low = x;
  }
  return low;
}
static_assert(min({1, 3, 2, 4}) == 1);
```

▶▶ 6.4.2　编译时内存分配

自从 C++11 引入 constexpr 函数起，最初仅支持以递归方式求值，随着标准的演进，到 C++20 一些函数已经能够在编译时进行内存分配，例如标准库中如 vector、string 等容器也能够在 constexpr 函数中使用⊖，在此之前只有数组容器可以在编译时使用。考虑如下算法：

```
consteval vector<int> sievePrime(int n) {
  vector<bool> marked(n + 1, true);
  for (int p = 2; p *  p <= n; p++) {
    if (marked[p]) {
      for (int i = p *  p; i <= n; i += p)
        marked[i] = false;
    }
  }

  vector<int> result;
```

———————————

⊖ 编写本书的时候，仅微软 MSVC 编译器的标准库容器能够在编译时使用。

```
  for (int p = 2; p <= n; p++)
    if (marked[p]) result.push_back(p);
  return result;
}

consteval size_t primeCount(int n) {
  return sievePrime(n).size();
}
static_assert(primeCount(100) == 25);
```

sievePrime 是一个使用埃拉托斯特尼筛法的算法，它是通过消除素数的倍数以计算素数的方法。这个算法在编译时要创建两个 vector，一个用于标记素数，另一个使用 push_back 存放最终的结果，整个过程中涉及内存的动态分配，且都发生在编译时。primeCount 用于获取小于 n 的素数个数，可知小于 100 的素数有 25 个。

在 5.4.1 节中，笔者使用模板元编程技术在编译时对用户输入的图 eDSL 进行最短路径算法计算，存储两两节点之间的最短路径并使用数组容器存储：

```
template<Vertex Node, Vertex...Nodes>
class PathStorage {
  constexpr static NodeType pathStorage[]{ Node::id, Nodes::id...};
public:
  constexpr static PathRef<NodeType> path { // 初始化 PathRef
    .path = pathStorage, // 指向路径数据
    .sz = sizeof...(Nodes) + 1,
  };
};
```

考虑到两两节点间的路径长度是确定的，而模板元编程技术能够很好地存储这些静态路径。C++20 中的容器能够在编译时动态分配内存，那它是否也能很好地存储这些不定长的数据，从而简化元编程难度？

很遗憾答案是否定的，就 sievePrime 而言，虽然它能够在编译时存储不定长数据，但是却没法将这些数据提升到运行时使用，换句话说，编译时的内存分配也必须在编译时释放，因此使用 constexpr 元编程时，程序员需要考虑如何将这些数据提升到运行时使用⊖。

```
// error C2131: expression did not evaluate to a constant
// failure was caused by allocated storage not being deallocated
constexpr auto primes50 = sievePrime(50);
constexpr auto primes100 = sievePrime(100);
static_assert(sievePrime(100).size() == 25); // 这样也无法通过编译,原因同上
```

⊖　即便是使用 constinit 也无法初始化这些变量，原因还是编译时内存分配的生命周期问题。

编译时唯一能够分配并能被运行时使用的静态容器就是数组，这就需要程序员想方设法将动态容器中的数据复制到数组中。

```
template<int n>
consteval auto savePrimeToArray() {
  array<int, primeCount(n)> result;
  auto primes = sievePrime(n);
  copy(primes.begin(), primes.end(), result.data());
  return result;
}
```

这个算法预先计算小于 n 的素数个数，以便确定数组的长度，接下来将素数复制到数组中。注意 primes 容器并不是 constexpr 的，因此我们不能使用它的 size 函数来直接获得最终数组的长度，而必须通过其他的 consteval 函数预先获得结果的长度。从目标汇编代码中可看到最终的素数表。

```
constexpr auto primes100 = savePrimeToArray<100>();
int main() { // 运行时使用
  for (auto e : primes100) cout << e << endl;
}
```

这个例子揭示了一个问题：若使用 constexpr 进行元编程，例如生成查找表供运行时使用，若查找表长度不确定，那么至少要计算两遍，第一遍计算出最终查找表的长度，第二遍将计算的结果复制到查找表中。

即便如此，对于值计算问题，constexpr 的编译速度也远远比传统的模板元编程要快很多。笔者分别对比了 MSVC 使用 constexpr 与 GCC 使用模板元编程生成小于 10000 的素数表，前者编译时间在 10s 左右，而后者在编译 1min 后，由于内存不足会导致编译失败。

▶▶ 6.4.3 编译时虚函数

由于 constexpr 在编译时可以进行内存分配，那么虚函数也有了应用条件。本小节将以 1.6.2 节中的多态形状求面积为例，编译时只需添加 constexpr 修饰即可实现编译时多态⊖。

```
struct Shape { // 定义接口,无需 constexpr 修饰
  virtual ~Shape() = default;
  virtual double getArea() const = 0;
};

struct Circle : Shape { // 实现接口,使用 constexpr 重写
  constexpr Circle(double r): r_(r) {}
```

⊖ 本部分代码在编写之时只有 Clang 编译器能编译通过。

```
  constexpr double getArea() const override
  { return numbers::pi * r_ * r_; }
private:
  double r_;
};
```

从上述代码可知，一个接口类并没什么变化，它无须被 constexpr 所修饰，这是出于对程序员可能没有接口的修改权的考虑。即便虚接口被 constexpr 所修饰，它也能够被非 constexpr 派生类所重写。若想一个派生类能够被编译时使用，那么它所实现的函数需要满足并修饰成 constexpr 的，正如派生类 Circle 所示。

```
consteval double testSubtype() {
  array<Shape* , 4> shapes {
    new Circle(10), new Rectangle(3, 5),
    new Circle(5), new Rectangle(2, 3)
  };
  double sum = 0.0;
  for (auto s : shapes) {
    sum += s->getArea();
    delete s;
  }
  return sum;
}
static_assert(int(testSubtype()) == 413);
```

上述代码在编译时创建 Circle 对象与 Rectangle 对象，并由容器所存储，它们在遍历过程中求面积将表现多态性，并及时释放所创建的对象内存，需要手动申请释放内存的另一个原因是 make_unique 等智能指针在 C++20 中暂时无法在编译时使用。最终静态断言的结果符合预期。

考虑编译器内部已经维护了动态类型的信息，那么编译时使用 dynamic_cast 与 typeid[一] 操作符也是可行的，例如只求 Rectangle 面积：

```
if (auto retangle = dynamic_cast<Rectangle* >(s)) {
  sum += s->getArea();
}
```

▶▶ 6.4.4　is_constant_evaluated

is_constant_evaluated 元函数是由 C++20 标准库<type_traits>提供的，它能帮助程序员判断一个表达式是否在编译器执行，主要用途是让程序员可以根据编译时与运行时的不同情况选择不同

　⊖　typeid 的返回结果 type_info 的对象成员函数不是 constexpr 的，实际不可用。

的实现。现有的一些高效算法无法在编译时使用，利用它可以为编译时与运行时提供统一的接口。

```cpp
constexpr double power(double b, int x) { // 统一的接口
  if (std::is_constant_evaluated()) { /* 编译时实现 */ }
  else { /* 运行时实现 */ }
}
// 使用编译时实现分支
constexpr double kilo = power(10.0, 3);
// 使用运行时实现分支
int n = 3; // 非常左值
double mucho = power(10.0, n);
```

上述表达式 power（10.0, n）未处于编译时计算上下文的状态，因为无法在编译时将非常左值 n 转换成右值。

对于 is_constant_evaluated 元函数而言，编译器首先尝试在编译时求值，若求值成功它将返回真；若无法求值将返回假，编译器将根据运行时实现生成代码。有时候，这会导致令人迷惑的结果，因为在编译时计算环境下总为真。考虑如下例子：

```cpp
// clang: will always evaluate to 'true' in a constant-evaluated expression
static_assert(is_constant_evaluated());
int y = 0;
const int a = is_constant_evaluated() ? y : 1; // 1
const int b = is_constant_evaluated() ? 2 : y; // 2
```

由于 static_assert 要求表达式必须能够在编译时计算，所以 is_constant_evaluated 在这个环境下始终为真。初始化 a 和 b 的结果令人迷惑：对于 a，首先编译器会尝试在编译时对非常左值 y 进行求值，这将会使求值失败，从而导致 is_constant_evaluated 结果为假，最终初始化为 1；对于 b，首先尝试编译时对 2 进行求值，这总是成功的，最终初始化结果为 2。如果不注意，如下代码将无效，它总是尝试走编译时实现这一分支：

```cpp
constexpr int square(int x) {
  if constexpr (is_constant_evaluated()) { /* 编译时实现 */ }
  else { /* 运行时实现 */ }
}
```

if constexpr 语句和 static_assert 的情况类似，is_constant_evaluated 在上述代码中同样总为真。好在编译器会对这类代码进行告警，程序员在使用 constexpr 元编程时尤其需要注意。

▶▶ 6.4.5 停机问题

停机问题是可计算理论中的一个著名问题，给定任意程序与它的输入，是否存在一个算法能判断该程序在指定输入下能否执行结束（停机），又或者无限循环。图灵在 1936 年证明了不

存在这样的通用算法。

假设存在一个通用算法 f，它能够判断任何程序是否会停机，那么就会存在一个程序 g，它可以在给定输入时通过使用算法 f 判断自身是否会停机，若停机则进入无限循环分支；若判断不会停机则直接返回结果，这将形成悖论，这种情况是不可能存在的。

图灵机是证明该问题的一个核心部分，它是计算机程序的数学定义模型。停机问题在图灵机上是不可确定的，它是最早被证明的不可解决的决策问题之一，这一证明对实际计算工作具有重要意义，它定义了一类没有任何编程发明能够完美解决的问题。

那么，对于给定的 constexpr 函数与给定的输入，是否都能在编译时求得结果？答案是否定的，编译器无法证明一个 constexpr 函数是否会停机，一般而言，编程时会对 constexpr 函数的计算深度进行限制，若突破限制则留给运行时执行。程序员也不希望一段程序永远无法完成编译。

考拉兹猜想（Collatz Conjecture）是指对于任意一个正整数，如果它是奇数，则对它乘以 3 再加 1；如果它是偶数，则对它除以 2，如此循环，最终都能够得到 1。

$$f(n) = \begin{cases} n/2, & n \equiv 0 \\ 3n + 1, & n \equiv 1 \end{cases} (\bmod 2)$$

但该猜想的证明超出了当今数学的能力范围，2020 年时，计算机验证的正整数已达到 2^{68}，也仍未找到例外的情况，但这并不能证明对于任何大小的正整数都能成立。考虑使用 constexpr 编译时计算，并对所需要的步骤进行求和。

```
constexpr size_t collatz_time(size_t n){
  size_t step = 0;
  for (; n > 1; ++step)
    n = (n % 2 == 0) ? n / 2 : 3 * n + 1;
  return step;
}

constexpr size_t sum_collatz_time(size_t n) {
  int sum = 0;
  for (size_t i = 1; i <= n; ++i)
    sum += collatz_time(i);
  return sum;
}
```

对求和函数指定输入，编译器是否都能在编译时完成求值呢？由于该猜想目前未被证明，因此没人知道对于所有的数，该算法是否都会停机。

```
constexpr int res = sum_collatz_time(10000); // 849666
// clang: constexpr evaluation hit maximum step limit; possible infinite loop?
constexpr int res2 = sum_collatz_time(100000);
```

当对小于等于 10000 的步骤求和时，编译器能在编译时计算出结果；当输入过大时，编译器将会放弃计算。正因为它无法证明该算法是否会停机，所以最终只能用于运行时计算，尽管它只需要多计算一点时间就能获得结果⊖。

▶▶ 6.4.6 检测未定义行为

constexpr 特性不会对环境产生副作用，对于一些未定义行为的函数将产生编译错误⊖。

在 C++中，除零错误是一个未定义行为，但如果在编译时发生了除零错误，那么就会产生编译错误：

```
constexpr auto v = 1/0; // error: division by zero is not a constant expression
```

对于整数溢出运算，三大主流编译器 GCC、Clang、MSVC 中除了 MSVC 编译器都能检测出来：

```
constexpr int v = 2147483647 * 2; // error: overflow in constant expression
```

对于一些内存问题，也能够被编译器精准捕捉到，例如对空指针进行解引用：

```
constexpr int f() { int* p = nullptr; return * p; }
constexpr auto v = f(); // error: dereferencing a null pointer
```

对越界的内存进行访问：

```
constexpr int f(const int * p) { return * (p + 12); }
constexpr int g() { int arr[10]{}; return f(arr); }
constexpr int v = g(); // error: failure was caused by out of range index 12
```

以及返回一个悬挂引用：

```
constexpr int& f(){ int x = 23; return x; }
constexpr auto v = f(); // error: read of a variable outside its lifetime
```

C++中有一个著名的迭代器失效例子，对 vector 进行 resize 操作导致内存重新分配，那么之前的指针和迭代器将失效，这时对其访问则会产生未定义行为：

```
constexpr int f() {
  vector<int> v(700);        // 初始化 700 个为 0 的元素
  int* q = &v[7];            // 指针存在失效的风险
  v.resize(900);             // 内存重分配,迭代器、指针将失效
  return * q;                // 非法内存访问
}
constexpr int x = f();       // error: read of deallocated object
```

⊖ 主流编译器有编译选项，可对计算深度进行设置，在 GCC 编译器中是-fconstexpr-ops-limit，Clang 编译器中为-fconstexpr-depth，MSVC 编译器中为/constexpr: steps。

⊖ 各大编译器对未定义行为的检测范围有所差别。

因此，对于一些稍微复杂的编译时计算，程序员将能避免因为内存问题而导致的未定义计算结果。

6.5 非类型模板参数

C++20 中的一个重大改进是对非类型模板参数放松约束，曾经的非类型模板参数仅支持简单的数值类型：

```
template<size_t N> constexpr void f() { /* ...* / }

enum class Color { /* ...* / };
template<Color c> struct C { /* ...* / };
```

在 C++20 中进一步支持以浮点数作为非类型参数，使用 auto 占位符表达由编译器类型推导的非类型参数，以及用户定义的字面类型。顾名思义，字面类型要求能够在编译期构造对象，并且所有非静态成员都需要是 public 的字面类型，它们和字符串常量、标量一样不可修改。

```
struct Foo {}; // 用户定义的字面类型
template<auto...> struct ValueList {};
ValueList<'C', 0, 2L, nullptr, Foo{}> x; // OK
```

非类型模板参数对字符串的支持仍需要做些额外的工作，而不能简单地使用 const char * 作为模板参数，这是因为字符串常量"hello"和其他内置类型不一样，它们拥有自己的地址⊖，而这些地址是不确定的，因此对于同一个字符串常量，它的指针 const char * 比较结果可能不一样。

```
template<const char*  p> struct C {};
// pointer to subobject of string literal is not allowed in a template argument
C<"hello"> c; // 编译错误
```

一个变通的方案是为字符串常量分配确定的地址，使它们可以被模板参数所接受。

```
static const char hello[] = "hello"; // 确定的地址
static_assert(is_same_v<C<hello>, C<hello>>); // 相等
```

但这对于使用模板类的用户而言相当不便，因为他们必须手动为字符串分配确定的地址空间。C++20 的用户自定义字面类型将简化这种场景，我们可以简单地定义字面类型 FixedString。

```
template<size_t N>
struct FixedString {
  char str[N];
```

⊖ 简而言之，字符串常量是个左值。

```
  // 将临时的字符串复制到成员中
  constexpr FixedString(const char(&s)[N]) { copy_n(s, N, str); }
};
// 使用自定义字面类型
template<FixedString str> struct C {};
static_assert(is_same_v<C<"hello">, C<"hello">>);
static_assert(! is_same_v<C<"hello">, C<"world">>);
```

字符串如预期地被传递到模板参数中，值得注意的是模板类 FixedString 通过类模板参数推导规则推导出长度 N，然后触发类的构造函数，最后将字符串常量构造成对象进行传递。这些非类型字面对象将拥有静态存储期，同样类型和同样的值表明同一个字面对象，这意味着同一个字面对象在程序中仅有一个实例。

```
template<FixedString str> struct C { static constexpr auto ptr = &str; };
template<FixedString str> struct C2 { static constexpr auto ptr = &str; };

static_assert(! is_same_v<C<"hello">, C2<"hello">>);   // 不同类型
static_assert(C<"hello">::ptr == C2<"hello">::ptr);   // 但同一个字面对象
```

显然 C<"hello"> 和 C2<"hello"> 是不同的类型，但是对于同一个 FixedString 字面对象，它们在不同的模板实例中却拥有相同的地址。

倘若模板参数使用 auto 表达非类型参数，交由编译器推导类型，那么字符串常量的类型将被推导成 const char *，同样地这是非法的，我们希望它被推导成 FixedString 类型。

```
ValueList<"hello"> v1; // 编译错误
```

从 C++11 起便提供了用户自定义字面量特性，用户为字面量自定义后缀操作符，如此便能转换成字面类型的对象。下方代码中，我们以_fs 后缀修饰字符串字面量，它将被转换成所需要的 FixedString 对象。

```
template<FixedString str> // 用户自定义字面量
constexpr decltype(str) operator""_fs() { return str; }
ValueList<"hello"_fs> v1; // OK
```

表达式"hello"_fs 将触发 operator""_fs<"hello">( ) 函数调用，它将简单地构造字面对象 FixedString 并返回。

对非类型模板参数放松约束，将大大提高传统模板类的基于 Policy 设计的表达力，它的一个使用场景是定制模板类的行为。下面为测试用例构造一个类，以观察这个类的构造、赋值、析构行为，那么可以设计成如下形式：

```
template<bool move_constructable = true, bool copy_constructable = true,
         bool move_assignable = true, bool copy_assignable = true>
struct Counted { /* ...* / };
```

这个类由 4 个非类型参数所控制，它们分别为是否支持可移动构造、拷贝构造、可移动赋值、拷贝赋值，如果需要定制这些行为，参数必须按照先后顺序给出，即便之前的参数已存在默认值。例如需要生成不支持赋值行为的类，那么代码如下：

```
using ConstructOnly = Counted<true, true, false, false>;
```

如果使用一个自定义类来表达这些选项，那么表达力将大大提高：

```
struct CountedPolicy {
  bool move_constructable = true;
  bool copy_constructable = true;
  bool move_assignable = true;
  bool copy_assignable = true;
};
inline constexpr CountedPolicy default_counted_policy;

// C++20 的方式
template<CountedPolicy policy = default_counted_policy>
struct Counted { /* ...* / };
```

同样地，想要生成不支持赋值行为的类，只需要给出相应的控制选项即可。

```
using ConstructOnly = Counted<{
  .move_assignable=false,
  .copy_assignable=false
}>;
```

6.6 constexpr 与 TypeList

在第 5 章中为读者介绍了模板元编程的经典数据结构 TypeList，模板元编程的思路是利用类型进行计算，还可以使用模板类表达元函数、递归表达循环、特化表达分支。由于模板元编程是人们偶然发现的，尽管使用函数式编程风格对其进行编程，但仍令人难以阅读。

使用函数这种抽象机制表达计算再适合不过了，它比模板类表达的元函数要自然。我们看到 constexpr 元函数对于值计算相当有优势，但它能否应用于类型计算的领域呢？

Boost. Hana 库给出了答案，它充分利用 constexpr 特性对值与类型进行计算，Boost. Hana 相对于传统的模板元编程库 Boost. MPL 和 Boost. Fusion 拥有更快的编译速度与运行时性能，并且拥有更强大的表达力，笔者汲取其思想并使用 C++20 的特性编写了一个元编程库 meta-list[⊖]，并借鉴 ranges 标准库，使用管道操作符对函数进行组合。meta-list 库的元编程风格如下：

⊖ 代码仓库 https：// github. com/ netcan/ meta-list。

```
constexpr auto result
    = type_list<int, char, long, char, short, float, double>
    | filter([]<typename T>(TypeConst<T>) { return _v<(sizeof(T) < 4)>; })
    | transform([]<typename T>(TypeConst<T>) { return _t<add_pointer_t<T>>; })
    | unique()
    | convert_to<variant>()
    ;
static_assert(result == _t<variant<char* , short* >>);
```

这段代码首先对输入的类型列表中小于 4 的类型进行过滤，得到的结果为 type_list<char, char, short>，接着对每个类型进行添加指针的计算[⊖]，得到 type_list<char * , char * , short * >，进一步进行去重操作得到 type_list<char * , short * >，最后将列表中的元素转发到模板类 variant 上得到类型 variant<char * , short * >。

上述代码如果使用传统的模板元编程编写，那么代码风格如下：

```
template<typename E>
using TypeSizeLess4 = bool_constant<(sizeof(E) < 4)>;
using Res = Unique_t<Map_t<Filter_t<In, TypeSizeLess4>, add_pointer>>
            ::to<variant>;
static_assert(is_same_v<Res, variant<char* , short* >>);
```

从表现形式上来看，meta-list 的风格是使用 constexpr 元函数来表达计算，而模板元编程则使用模板类来表达计算。当传递函数时，前者只需要使用 lambda 即可，而后者需要定义额外的模板类 TypeSizeLess4。调用形式也有很大差别，前者使用圆括号进行调用，并使用管道操作符对函数进行组合，阅读顺序是从上往下的[⊖]。而后者使用尖括号进行调用，并形成嵌套调用关系，阅读顺序是从里往外的。本小节将简要介绍该库的实现原理。

▶▶ 6.6.1 类型、值的包裹类

TypeList 的实现仍然和 5.3 节中展示的一样：

```
template<typename...Ts>
struct TypeList {
  consteval size_t size() const { return sizeof...(Ts); }
  // 其他函数...
};
```

它的一些数据成员、类型成员都由函数来表达的，这是因为我们需要将 TypeList 转换成值，以便作为高阶函数（如 transform）的参数，这样做是为了在实现这些函数的时候可以简单

⊖ 这个 transform 高阶函数也被叫作 map 高阶函数。
⊖ 也可以选择使用函数的嵌套调用形式。

地使用统一的函数调用机制。

```
template<typename...Ts> // type_list<int, int>为值,可以传递给函数
inline constexpr auto type_list = TypeList<TypeConst<Ts>...>{};
```

这里对每一个类型的元素使用 TypeConst 模板类包裹,这是为了便于用户传递的 lambda 访问到这些类型:

```
[]<typename T>(TypeConst<T>) { return _t<add_pointer_t<T>>; };
```

C++20 支持为泛型 lambda 提供模板参数,从而可以提取出来 TypeConst 所包裹的类型,然后进行计算,返回一个新的类型,新类型同样需要被包裹:

```
template<typename T>
struct TypeConst { using type = T; };
template<typename T> // _t<int>是一个 TypeConst<int>的值
inline constexpr TypeConst<T> _t;
```

对值的处理也是类似的,依然使用 ValueConst 模板类包裹一个值,这里不再赘述。

将 TypeList 作为值的另一个好处是可以实现一些判等的操作,这简化了测试用例的编写。

```
template<typename...LHs, typename...RHs>
consteval bool operator==(TypeList<LHs...>, TypeList<RHs...>) {
  if constexpr (sizeof...(LHs) != sizeof...(RHs)) { return false; }
  else { return ((is_same_v<LHs, RHs>) && ...); }
}
```

▶▶ 6.6.2 高阶函数

考虑如何实现高阶函数 transform,它的功能是对列表中的每个元素进行元函数调用,返回结果作为新的元素。这里的元函数由 lambda 表达而不是模板类,我们可以利用标准库中的 invoke_result[⊖]得到一个函数类型与指定参数类型下的返回类型。

```
using F = decltype([]<typename T>(TypeConst<T>)
                              { return _t<add_pointer_t<T>>; });
using Res = std::invoke_result_t<F, TypeConst<int>>; // Res 为 TypeConst<int* >
```

基于此,我们就像曾经实现模板类元函数 Map 一样实现 transform,代码如下:

```
auto transform_impl = []<typename F, typename...Ts>(TypeList<Ts...>, F)
                     -> TypeList<invoke_result_t<F, Ts>...> { return {}; };
```

对应的测试用例为如下形式:

⊖ 在 1.4.4 节中介绍了它的实现。

```
auto tl = type_list<int, char, double>;
auto res = transform_impl(tl, []<typename T>(TypeConst<T>) {
  return _t<add_pointer_t<T>>; }); // 对每个类型元素进行添加指针操作
static_assert(res == type_list<int*, char*, double*>);
```

再来看看 filter 的实现，它和传统的模板元编程实现一致，不同的是它使用 constexpr 函数为这些模板元函数封装了一层表现层，这样做的好处是在提高总体可读性的同时，不降低编译性能。

```
inline constexpr auto filter = // 为模板元函数 Filter_t 封装一层表现层
        []<typename P, typename...Ts>(TypeList<Ts...>, P)
        -> detail::Filter_t<P, Ts...> { return {}; };
```

这几个高阶函数的实现都体现了类型的重要性，值在其中起到的作用仅是为了传递这些类型，它们的函数体都是简单地返回||值传递类型。

▶▶ 6.6.3　管道操作符

管道操作符是笔者模仿 ranges 标准库所提供的，它简化了函数的组合，将函数的嵌套调用转换成顺序的平铺调用，从而提高可读性与表达力。管道操作符基于如下规则：

```
f(tl, args...) = tl | f(args...) = f(args...)(tl)
```

这要求函数 f 的第一个参数类型为 TypeList，如此就可以利用管道操作符进行组合，在只需要提供剩余参数的情况下，f（args...）将产生一个函数，当它接受一个 TypeList 时将进行求值，如果求值的结果也是一个 TypeList，那么便可以传递给其他函数进一步组合：

```
g(f(tl, args...), args2...) // 嵌套调用
    = g(tl | f(args...), args2...)
    = tl | f(args...) | g(arg2...) // 平铺调用
```

下面考虑提供一个通用的机制来进行组合，将关注点进行分离，在实现元函数时就无须考虑管道操作的机制，笔者使用 PipeAdapter 类将一个普通的元函数转换成拥有管道组合的元函数：

```
template<typename Fn>
struct PipeAdapter : private Fn {
  consteval PipeAdapter(Fn) {}

  template<typename...Args>
  requires(std::invocable<Fn, TypeList<>, Args...>)
  consteval auto operator()(Args...args) const { // 绑定部分参数
    return [=, this](concepts::list auto vl) consteval {
      return static_cast<const Fn &>(* this)(vl, args...); };
```

```
  }
  using Fn::operator();
};

template<concepts::list VL, typename Adapter> // 实现管道操作符
consteval auto operator |(VL vl, Adapter adapter) { return adapter(vl); }
```

它使用私有继承表达组合，用于扩展元函数的行为：在仅供部分参数的情况下，返回一个只接受 TypeList 的元函数。如下代码的作用是为 transform 元函数提供管道组合的能力：

```
inline constexpr auto transform = PipeAdapter(transform_impl);
```

▶▶ 6.6.4 重构 KV 数据表

在 5.4.2 节中笔者介绍了使用模板元编程技术生成一个内存紧凑的 KV 数据表，这里使用本库进行重构，如下是将用户输入的键类型按照大小、对齐方式分组的代码，读者可以对比它与 GroupEntriesTrait 的可读性：

```
consteval static concepts::list auto group_entries(concepts::list auto es) {
  if constexpr (es.empty()) { // 使用 if constexpr 表达分支
    return value_list<>;
  } else {
    constexpr auto e = get_typ<es.head()>{};
    constexpr auto group_result = es // 管道组合
                                  |partition([]<typename Entry>(TypeConst<Entry>)
                                             { return _v<Entry{} == e>; });
      return group_entries(group_result.second) // 对不满足的部分递归地分组
        |prepend(group_result.first);           // 将满足的部分添加到表头
  }
}
constexpr static auto entry_groups = group_entries(entries);
constexpr static auto regions_type =
    entry_groups // 生成 Regions<GenericRegion<...>...>类
    |transform([](concepts::list auto group)
                  { return group |convert_to<GenericRegion>(); })
    |convert_to<Regions>()
    ;
```

从表现形式上来看，它使用 if constexpr 表达分支，而不是通过模板类的特化分支；使用正常的函数表达元函数，而不是模板类；使用管道操作进行函数组合，而不是模板类的嵌套调用。但循环依旧需要使用递归来表达⊖，这是由 TypeList 的模板参数的不可变性质所决定的，

⊖ 某些情况下可以将循环转换成折叠表达式使用，从而避免递归，具体参见本章的综合运用部分。

无论如何，这样看上去更符合函数式编程的风格。

6.7 综合运用之编译时字符串操作

constexpr 的设计初衷是简化程序员在编译时计算的编码难度，尤其是在进行值计算的场合，它比模板元编程要简单直观。本小节将介绍使用 constexpr 特性实现对字符串的各种操作，例如字符串之间的拼接操作，最终的目标代码中将只存在拼接后的结果。

如果要对两个字符串进行拼接操作，只需要使用空格隔开两个字符串即可：

```
auto hello = "hello," "world"; // 字符串拼接,结果为"hello,world"
```

但如果字符串存储于左值中，那么对左值所表达的字符串之间进行拼接，就需要做一些额外的工作。一个字符串字面量的类型为 const char(&)[N+1]⊖，其中的 N 为字符串的长度，使用'\ 0'字符作为终结符。长度为 N 与长度为 M 的字符串拼接后的类型应该为 const char(&)[N+M+1]，由于函数不能返回原生数组，因此这里我们可以令返回类型为 array<char, N+M+1>。

那么给定一个字符串类型，它既可能为 const char(&)[N]，也可能为 array<char, N>，使用变量模板特性与 constexpr 变量不难得出它们的实际长度：

```
template<typename T> constexpr auto strLength = strLength<remove_cvref_t<T>>;
// 分别对 char[N]和 array<char, N>类型进行特化
template<size_t N> constexpr size_t strLength<char[N]> = N - 1;
template<size_t N> constexpr size_t strLength<array<char, N>> = N - 1;

static_assert(strLength<decltype("hello")> == 5); // 测试长度
```

考虑编译时字符串拼接函数为 concat，它的更一般形式是 join，join 能接受一系列字符串与分隔符，然后将字符串拼接起来，并使用分隔符隔开，如果分隔符为空字符串，那么它的行为就是 concat：

```
// 第一个参数分隔符为", ",拼接后的结果为"one, two, three"
constexpr auto one_two_three = join(", ", "one", "two", "three");
```

因此我们只需要将关注点放在如何实现更加泛化的 join 上，因为 concat 的实现可以基于 join 组合而得。给定 N 个字符串，它们的长度分别为 l_0, l_1, $\cdots$, l_{N-1}, 分隔符长度为 d_l, 不难得出最后字符串的长度为 $\sum_{n=0}^{N-1} l_n + (N-1)d_l$。

⊖ 字符串字面量其实是一个左值，因为可以直接对它们取地址：&" hello"。

```
template<typename DelimType, typename...STRs>
consteval auto join(DelimType&& delimiter, STRs&&...strs) {
  constexpr size_t strNum = sizeof...(STRs);
  constexpr size_t len = (strLength<STRs> + ...+ 0) + // 总长度
      (strNum >= 1 ? strNum - 1 : 0) * strLength<DelimType>;
```

　　join 的原型通过使用可变参数模板以接受任意个字符串，这些字符串被存储于参数包中，这样就无法直接使用循环对这些参数包中的字符串进行遍历。有两种方式可以实现，传统的方式是使用递归来表达循环，另一种是使用折叠表达式来处理这个参数包。

　　使用折叠表达式需要定义一个二元操作符，并提供模板参数包以及可选的初始累计值，需要注意折叠表达式迭代的方向，鉴于从左往右迭代符合人类的直觉，这里将使用左折叠的形式。首先定义初始累计类型与二元操作符，代码如下：

```
template<typename DelimType, size_t N>
struct JoinStringFold { // 接受一个分隔符,与最终结果的总长度
  consteval JoinStringFold(DelimType delimiter): delimiter(delimiter) {}
  template<typename STR> // 二元操作符,参数分别为累计值、当前迭代的字符串
  friend decltype(auto) consteval operator+(JoinStringFold&& self, STR&& str) {
    // 先复制当前迭代的字符串到累计值中,并更新迭代指针
    self.pstr = std::copy_n(std::begin(str), strLength<STR>, self.pstr);
    // 判断是否为最后一个字符串,决定是否插入分隔符
    if (self.joinedStr.end() - self.pstr > strLength<DelimType>) {
      self.pstr = copy_n(self.delimiter, strLength<DelimType>, self.pstr);
    }
    return std::forward<JoinStringFold>(self); // 返回累计值
  }
  array<char, N + 1> joinedStr{}; // 存储最终的结果
  DelimType delimiter; // 记录分隔符
  decltype(joinedStr.begin()) pstr = joinedStr.begin(); // 记录迭代指针
};
```

最后实现 join 只需要通过折叠表达式即可：

```
template<typename DelimType, typename...STRs>
consteval auto join(DelimType&& delimiter, STRs&&...strs) {
    // ...
    return (JoinStringFold<DelimType, len>{std::forward<DelimType>(delimiter)}
        + ...+ std::forward<STRs>(strs)).joinedStr;
}
```

而字符串的拼接操作只是简单地对 join 进行组合：

```
template<typename...STRs>
consteval auto concat(STRs&&...strs)
{ return join("", std::forward<STRs>(strs)...); }
```

当使用这些函数对字符串进行操作时，我们可以发现汇编代码中仅存在最终拼接后的字符串。

```
constexpr auto one_two = concat("one", "two");
constexpr auto one_two_three = concat(one_two, "three");
printf("size=%zu %s \n", one_two_three.size(), one_two_three.data());
```

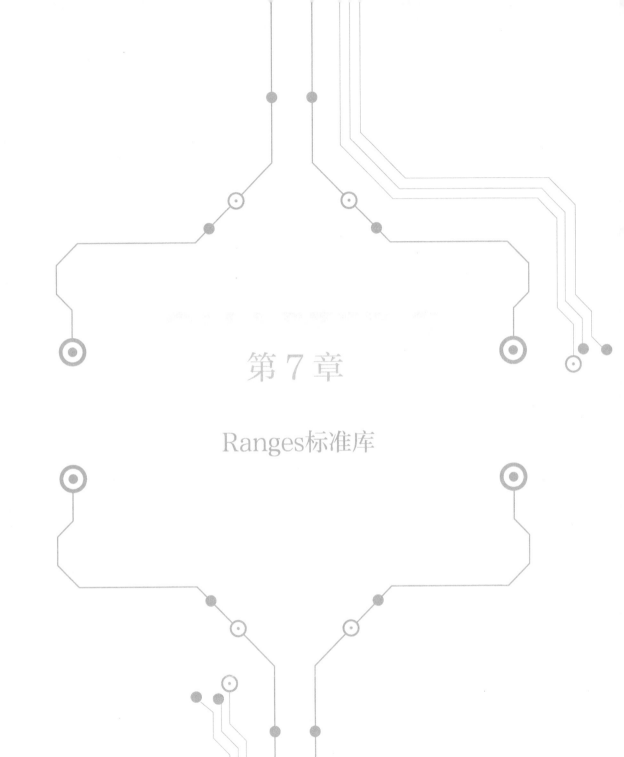

第 7 章

Ranges标准库

ranges 正式成为 C++20 标准库中的一部分，它的出现代表了标准库自 1998 年以来最大的转变。这是重新实现 C++标准库的第一步，在这个标准库中，除了迭代器之外，接口还按照 ranges 指定。除了提供高质量的 ranges 标准库之外，还从语言层面上使用 concept 提供支持，以验证机制的完备性。

顾名思义，range 是对一系列数据的抽象，只要有头有尾⊖，它既可以是一个有界容器，也可以是一个无穷列表。一旦有了这种抽象，就可以进一步构造 range 的适配器，它们能够被管道操作符进行组合，以便对数据灵活地进行处理，而这些处理是延迟计算的⊜。

熟悉 Linux 操作的读者会习惯于在命令行完成各种任务，并且对于解决比较复杂的任务会尝试使用命令并通过管道操作符进行组合。例如，想知道编写此书的 LATEX 源文件有多少字符数⊜，可以在命令行输入如下命令。

```
$ find tex/ -type f -name "* .tex" | xargs wc -m | awk '{if ( $1 > 200) {print $0}}' | sort -n
    228 tex/constexpr-metaprogramming.tex
   1396 tex/foreword.tex 1551 tex/ranges.tex
   3582 tex/template-metaprogramming.tex
  10916 tex/metaprogramming-introduction.tex
  58032 tex/concept-constraint.tex
  58330 tex/compiletime-polymorphism.tex
  64871 tex/type-and-object.tex
 199090 total
```

其中 find 命令罗列出 tex 目录下扩展名为 .tex 的文件列表，并进一步交给命令 xargs 处理，args 会统计列表的每个文件的字符数并使用 wc 命令计算，并且将字符数的计算结果交给 awk 进行过滤处理，过滤的条件为"至少 200 字"，最终将过滤的结果按照字符数进行排序输出。

C++20 的 ranges 标准库提供了类似的功能，考虑求所有小于 10000 的奇平方数的和，使用 ranges 的编程风格，代码将变成如下形式。

```
auto res = views::iota(1) // 生成从 1 开始的无穷数列
    | views::transform ([](auto n) { return n * n; })
    | views::filter ([](auto n) { return n % 2 == 1; })
```

⊖ 对于无穷列表，它的尾部也是无穷的。
⊜ 只有在迭代时才会按需计算。
⊜ 按照 UTF-8 编码的字符数。

```
    |views::take_while([](auto n) { return n < 10000; })
    ;
  std::cout << sum(res) << std::endl; // 166650
```

上述代码的实现过程是通过 iota 创建一个从 1 开始的无穷数列 range，随后与各个适配器进行组合处理，transform 对 range 中的每个数进行求平方操作，对平方的结果通过 filter 进行过滤，过滤条件为奇数，最终的奇数交给 take_while 处理，取所有小于 10000 的奇平方数。构造的 res 对象不会立刻求值，而是直到对它们进行求和打印时才会进行计算。

这种函数式编程风格的第一个特点是延迟计算，在 2.4 节介绍的框架是利用元编程技巧构造表达式模板以达到延迟计算的效果，ranges 标准库出现之后，这一技巧即标准化；其二第二个特点在于行为的灵活组合能力，每一步操作（适配器）都是原子与抽象的可复用、可组合的动作，对每一层的 range 处理不会引入额外的嵌套，利用这些原子动作可以组合出任意程序.；第三个特点是使程序通过消除循环的方式来避免大量的状态操作，程序涉及的状态越少，越容易保证代码的正确性，因此 bug 也越少。

由于 GCC 编译器对 concept 特性以及 ranges 标准库支持得比较好，因此本章使用 GCC 编译器进行演示。编译时需要包含<ranges>头文件，并且使用如下名称空间别名，以简化对标准组件的访问。

```
#include <ranges>
namespace ranges = std::ranges;
namespace views = std::views;
```

7.1 range 访问操作

C++标准库中的容器都可以视作一个 range，除了标准容器之外，普通数组和用户自定义类型也可以对 range 建模。因此需要一个统一的方式去访问这些 range，相比成员函数，更为通用的方式是通过非成员函数进行访问；在标准库中函数对象提供了这些操作。本节介绍一些常用的访问操作。

▶▶ 7.1.1 ranges::begin

考虑对象 r 为一个 range，函数调用 ranges::begin(r)将返回一个起始的迭代器，依次根据以下几种情况获得相应结果。

1）若 r 为右值的临时对象，则编译错误。

2）若 r 为数组，则返回结果为 r+0。

3）若 r 存在成员函数 begin 且返回类型满足输入或输出迭代器的要求，则返回结果为 r. begin( )。

4）若 r 通过参数依赖查找（ADL）方式找到自由函数 begin(r)，且返回类型满足迭代器的要求，同时 begin 不为泛型函数，则结果为 begin(r)。

可以看到，这是一个复杂的决策过程，尤其是第四步通过 ADL 方式需要避免匹配到通用的泛型函数 begin，那么标准库是如何实现这样的决策过程的？

ranges 标准库给出的答案是通过函数对象来实现，这种函数对象也被称为定制点对象（customization point object），它比传统标准库通过函数方式实现该过程更灵活，且能够精细地控制决策过程。

考虑如下经典的例子，用户自定义类型 Foo 并提供了针对 Foo 对象优化的交换函数，实现预期是调用到自定义的交换函数上。

```
namespace ns {
  struct Foo {};
  void swap(Foo&, Foo&) noexcept { puts("custom swap"); }
};
ns::Foo a, b;
std::swap(a, b);
```

如上代码调用的结果总是使用标准库中更为通用的 std::swap 版本，而不是使用用户自定义的交换函数。为避免这个问题，是在泛型代码中，常常使用如下两步模式：

```
using std::swap; // 第一步,引入 std::swap
swap(a, b);      // 第二步,未限定名称查找(ADL)
```

第一步，在当前作用域范围内引入 std::swap；第二步，使用未限定的名称查找，编译器会优先去对象所在的名称空间下进行查找，在这个例子中会优先使用用户自定义的函数 swap（Foo&,Foo&）；若对象所在的名称空间未找到，则使用更为通用的 std::swap 版本。

而使用新一代 ranges 标准库提供的算法，即便使用限定名称查找，也能实现上述效果，代码如下。

```
ranges::swap(a, b); // custom swap
```

ranges::swap 是一个函数对象，它的简要实现如下。

```
namespace _cust_swap {

  // 屏蔽泛型 swap,避免 ADL 匹配到泛型版本上
  template<typename _Tp> void swap(_Tp&, _Tp&) = delete;
  template<typename _Tp, typename _Up>
  concept _adl_swap = /*  ...* /; // 判断 ADL 是否成功
```

```
struct _Swap { // 函数对象
  template<typename _Tp, typename _Up>
  requires _adl_swap<_Tp, _Up> || /* ...* /
  constexpr void operator()(_Tp&& _t, _Up&& _u) const noexcept {
    if constexpr (_adl_swap<_Tp, _Up>) // 若通过 ADL,则进行 ADL 调用
      swap(static_cast<_Tp&&>(_t), static_cast<_Up&&>(_u));
    else { // 否则使用更为通用的实现
      auto _tmp = static_cast<remove_reference_t<_Tp>&&>(_t);
      _t = static_cast<remove_reference_t<_Tp>&&>(_u);
      _u = static_cast<remove_reference_t<_Tp>&&>(_tmp);
    }
  }
};
}
// 自定义点对象
inline constexpr _cust_swap::_Swap swap{};
```

上述代码中函数对象所定义的类位于一个独一无二的名称空间中，并且屏蔽了泛型的版本（诸如 std::swap），接着定义一个概念进行 ADL 判断，若判断通过则进行 ADL 方式调用，否则使用更为通用的实现。ranges 标准库通过这种方式可以实现与传统标准库算法的精准隔离，而不用担心意外的匹配。

值得一提的是，即便使用两步模式，编译器也会优先使用函数对象进行调用，而不是被 ADL 所劫持。

```
using ranges::swap;   // 第一步,引入 ranges::swap
swap(a, b);           // 第二步,总是使用 ranges::swap 进行分发
```

这正是设计模式中模板方法模式的等价版本，它是一种行为设计模式，在一个被称为"模板方法"的方法中定义了算法的流程框架，算法的实现将一些步骤推迟到子类。在不改变算法结构的情况下，通过子类能够重新定义算法的某些步骤。注意这里的模板的使用与 C++ 模板无关。算法正是函数对象 ranges::swap，它允许用户提供自定义的 swap 实现，否则将采取默认的版本，而这也是编译时多态的一种体现。

此外，函数对象就像普通的值一样能够传递，ranges 标准库大量使用了自定义点进行灵活的算法组合。

与 ranges::begin 类似，ranges::cbegin、ranges::rbegin、ranges::crbegin 分别返回一个 range 的常起始迭代器、逆向起始迭代器、常逆向起始迭代器。

▶ 7.1.2　ranges::end

有始必有终，和 ranges::begin 类似，ranges::end 操作用来返回 range 的终止迭代器。终止

迭代器也被称为哨兵（sentinel）对象，有趣的是，不要求起始迭代器和终止迭代器的类型一致，初看可能会觉得意外，毕竟标准库中的容器、算法都要求两端迭代器的类型一样。

```
vector<int> v {1, 2, 3, 4, 5, 6};
for (auto x : v) { cout << x << endl; }
```

在 C++17 之前，基于范围的 for 循环要求容器两端的迭代器类型一致，上述代码的 for 循环将被编译器展开成如下形式。

```
for (auto _begin = v.begin()
        , _end = v.end()
        ; _begin != _end
        ; ++_begin) {
  auto x = * _begin;
  cout << x << endl;
}
```

从循环的终止条件来看，只需要这两个迭代器能够进行相等比较即可，而无关类型，因此到了 C++17 之后，这个约束被放宽了，允许两端的迭代器类型不一致，基于范围的 for 循环将被编译器展开成如下形式。

```
{
  auto _begin = v.begin();
  auto _end = v.end(); // 允许两者类型不一致
  for (; _begin != _end; ++_begin) {
    auto x = * _begin;
    cout << x << endl;
  }
}
```

这种情况是存在且合理的，当对起始迭代器进行遍历时，其拥有的信息足够判断循环是否终止，这时候再要求提供一个终止迭代器是多余的。考虑对字符串中的字符遍历的场景，当前遍历的迭代器只需要判断解引用后的字符是否为'\0'即可得知是否满足终止条件。

标准库中提供了 default_sentinel_t 空类型用于表达这种哨兵迭代器，后文我们会看到自定义可迭代类型时，提供的 end() 接口只需要返回 default_sentinel_t 类型的实例。

与 ranges::end 类似，ranges::cend、ranges::rend、ranges::crend 分别返回一个 range 的常哨兵迭代器、逆向哨兵迭代器、常逆向哨兵迭代器。

▶▶ 7.1.3　ranges::size

ranges::size 返回一个 range 的大小。一般通过如下步骤得到。

1）若为数组类型则返回数组的长度。

2）否则，使用成员函数 r.size( ) 的结果。

3）否则，返回通过 ADL 的非泛型自由函数 size(r) 的结果。

4）否则，使用 ranges∷end(r)-ranges∷begin(r) 的结果。

当使用第四步的结果时，要求起始与哨兵迭代器能够执行相减，且结果为有意义的数值。

▶▶ 7.1.4　ranges∷empty

ranges∷empty 判断一个 range 是否为空。一般通过如下步骤确定。

1）使用 bool(r.empty( )) 的结果。

2）否则，使用 ranges∷size(r) 判断是否为 0。

3）否则，通过表达式 ranges∷begin(r) = = ranges∷end(r) 来判断。

第三步要求 ranges∷begin(r) 的类型至少对前向迭代器建模，否则当用户使用该接口时，输入迭代器便失效，若再次迭代将产生难以预期的结果。

▶▶ 7.1.5　ranges∷data

ranges∷data 获得一个 range 的数据地址。一般通过如下步骤确定。

1）若 r 为右值的临时对象，则编译错误。

2）否则，使用成员函数 r.data( ) 的结果，且返回类型为指针类型。

3）否则，使用 r.begin( ) 的结果，要求返回的迭代器对连续迭代器建模。

C++20 引入的连续迭代器 contiguous_iterator 在随机访问迭代器的基础上进行了改良，它要求迭代的数据在内存上连续。语法上，要求它能够被 std∷to_address 函数所调用。

例如标准库中的容器 vector 的迭代器符合连续迭代器的要求，而 deque 的迭代器只符合随机访问迭代器的要求。

传统标准库中的迭代器最高种类为随机访问迭代器，而"迭代的元素是否连续"这个信息相当有用，现有的算法能够利用这个信息提高效率。连续迭代器可以像指针一样进行有意义的算术运算。

与 ranges∷data 类似，ranges∷cdata 返回一个 range 的常数据地址。

7.2　range 相关概念

通过定义 range 相关的访问操作后，我们可以进一步定义 range 相关概念，以通过技术规范形式来明确地表达这些概念所要满足的约束。

▶▶ 7.2.1 range

range 概念定义了允许迭代其元素的类型，它要求一个可迭代的类型能够返回迭代元素的起始与哨兵迭代器。数组、标准库中的容器都可视作 range。

```
template<typename R>
concept range = requires(R& r) {
  ranges::begin(r);
  ranges::end(r);
};
// 标准库中的容器都可视作 range
static_assert(ranges::range<vector<int>>);
static_assert(ranges::range<string>);
static_assert(ranges::range<int[10]>);
```

从概念的定义上来看，上述代码似乎没有对 begin 和 end 的返回类型进行约束，这是因为它们所要求的迭代器已经被 ranges::begin 和 ranges::end 约束了。

▶▶ 7.2.2 borrowed_range

有了基础的 range 概念之后，我们可以对其进行改良，定义一些更实用的概念。

在 C++中常使用引用语义来降低拷贝一个对象的昂贵代价，"引用"也常被称为"借用"，这表示对引用的对象没有所有权，只有使用权。这里使用左值引用而不是右值引用，因为右值引用常常用来表达移动语义，它可以转移一个对象的所有权。从语义上要求引用的生命周期小于它所引用对象的生命周期，这样避免了悬挂引用从而对其操作就是安全的。

borrowed_range 就是基于此的概念，它表达了对一个 range 的借用，在后续使用 borrowed_range 时可认为不会出现悬挂引用的问题。

```
template<typename R>
inline constexpr bool enable_borrowed_range = false;

template<typename R>
concept borrowed_range = range<R> &&
    (is_lvalue_reference_v<R> ||
     enable_borrowed_range<remove_cvref_t<R>>);
```

从实现上使用左值引用进行约束，否则要求 enable_borrowed_range 所特化的类型为真。

```
template<ranges::borrowed_range R>
void f(R&& r); // 该函数使用引用语义

// f(vector<int>{1,2,3,4}); // 编译错误:一个右值
vector vec{1,2,3,4};
f(vec); // 编译成功,使用左值引用,满足借用 vec 的要求
```

string_view 是 C++17 标准库引入的字符串类，它拥有和 const char * 一样小的传递开销，而又存在一些像 string 类中对字符串友好的操作接口。

```
// f(vector<int>{1,2,3,4}); // 编译错误:一个右值
f(string_view{"1234"}); // 编译成功,一个右值
```

上述两行代码都是临时构造的对象，为何第二个调用能够编译成功呢？原因是 string_view 对变量模板 enable_borrowed_range 进行特化，使得它符合 borrowed_range 概念的要求。

```
namespace std::ranges {
  template<> inline constexpr // string_view 的特化
  bool enable_borrowed_range<string_view> = true;
};
```

从语义上分析，string_view 和它所借用的字符串" 1234" 的生命周期之间其实是没有关系的，因此称它为 borrowed_range。即便它被销毁，被借用的字符串也会一直存在于静态存储区中，后续可以在拥有所有权的对象（该字符串）的生命周期内进行安全的操作。

从这个例子中我们能够看到，一些语义上的要求可以转换成语法上的要求，如果不使用变量模板，仅通过左值引用进行判断，会出现诸如 string_viow 等符合语义要求，但不满足语法要求的情况。只有确保自定义的类型满足 borrowed_range 时，才可以进一步显式地定义 enable_borrowed_range 的值，就像 string_view 一样。

▶▶ 7.2.3　sized_range

sized_range 也是在 range 概念的基础上进行改良的，它要求一个 range 能够通过接口 ranges::size 获得元素的数量，并且语义上要求在常量时间的复杂度范围内完成。

```
template<typename R>
concept sized_range = range<R> &&
                      requires(R& r) { ranges::size(r); };
```

对于语法上满足要求，而语义上不满足 ranges::size 所要求的 O(1)时间复杂度的类型，程序员可进一步特化 disable_sized_range 模板变量的值，这个值进一步被 ranges::size 自定义点所要求。标准库中的容器类型都记录了长度信息，因此没有不满足这个概念的容器。

▶▶ 7.2.4　view

view 是整个 ranges 标准库中相当重要的概念，它在 range 概念的基础上，要求能够在常量时间复杂度内进行移动构造、移动赋值与析构。

```
template<typename R>
concept view = range<R> && movable<R> &&
               default_initializable<R> && enable_view<R>;
```

如果一个 view 支持拷贝操作，则它的拷贝构造、赋值动作同样也要求在常量时间内完成。由于 view 与 range 的差异仅仅是语义上的差别，编译器无法判断它们的时间复杂度，因此需要使用 enable_view 变量模板来显式定义哪些类型为 view。

根据定义，标准库中的容器都只是 range 而不是 view，虽然它们能够在常量时间复杂度内进行移动，但它们也支持拷贝操作，拷贝的线性复杂度为 O(n)。

string_view 类型是一个例外，因为它们的移动与拷贝开销与字符长度无关，所以它是 view。

```
static_assert(! ranges::view<vector<int>>); // vector 不是 view
static_assert(! ranges::view<string>);      // string 不是 view
static_assert(ranges::view<string_view>);   // string_view 是 view
```

C++20 标准库提供了区间类型 std::span 来同时传递指针与长度信息，这个类型也是一个 view：

```
static_assert(ranges::view<std::span<int>>);
static_assert(ranges::view<std::span<double>>);
```

后面我们会看到 ranges 标准库中提供的一些 range，它们的特点是延迟计算的，这也可视作 view，因为只有在进行迭代的过程中，才会按需进行计算并生成迭代的值，它们的移动与拷贝开销都相当小。

▶▶ 7.2.5 其他概念

除了以上介绍的几种常用的概念，标准中还有如下的一些 range。

根据 range 的起始迭代器满足不同迭代器的概念，有输入迭代器的 input_range、输出迭代器的 output_range、前向迭代器的 forward_range、双向迭代器的 bidirectional_range、随机访问迭代器的 random_access_range、连续迭代器的 contiguous_range。

common_range 概念要求 range 的起始与哨兵迭代器的类型一致，因此标准库中的容器都是 common_range。

```
template<class R>
concept common_range = range<R> && same_as<iterator_t<R>, sentinel_t<R>>;
```

viewable_range 概念要求一个 range 能够安全地视作 view 概念，除了 view 本身，引用的 range 也可视作 view，它们都拥有较少的传递开销。

```
template<typename R>
concept viewable_range = range<R> &&
    (borrowed_range<R> || view<remove_cvref_t<R>>);
```

7.3　range 实用组件

除了标准库提供的容器之外，本节将介绍几个实用组件，它们用于呈现与操作相关的 range。

▶ 7.3.1　view_interface

view 拥有比 range 更为廉价的移动、拷贝成本。当程序员想创建自己的 view 时，可以通过 view_interface 实现标准接口。

view_interface 接口使用 2.3 节介绍的奇异递归模板模式的手段，最简单的情况只需要程序员提供 begin 和 end 接口的实现分别用于返回起始与哨兵迭代器，作为基类的 view_interface 将自动提供一些像容器一样（诸如 empty、size、front、back）的接口。

```
template<typename _Derived>
requires /*  ...* /
struct view_interface : view_base {
  constexpr bool empty();
  constexpr auto size();
  constexpr decltype(auto) front();
  constexpr decltype(auto) back();
  // 省略一些其他接口
};
```

只要自定义 view 实现了接口 view_interface，它将在语法上满足 view 概念，因为变量模板 enable_view 对所有通过继承 view_interface 实现的类都为真，无须通过手动特化的方式指明。

```
template<typename V> // 该变量模板默认值为是否派生自类 view_base
inline constexpr bool enable_view = derived_from<V, view_base>;
```

通过这种方式除了能得到静态多态的好处，更多的优势是代码复用，程序员无须每次在自定义 view 时重复地提供类似的接口。

▶ 7.3.2　subrange

模板类 subrange 将起始与哨兵迭代器打包成一个 subrange 对象，同样地，这个类对 views 概念建模。它的实现正是通过奇异递归模板模式实现了接口 view_interface。

```
template<input_or_output_iterator I, sentinel_for<I> S = I,
    subrange_kind K = sized_sentinel_for<S, I>
        ? subrange_kind::sized : subrange_kind::unsized>
class subrange : public view_interface<subrange<I, S, K>>
```

```
    /*  ...* /
};

// 类模板参数推导规则,省略其他的推导规则
template<input_or_output_iterator I, sentinel_for<I> S>
subrange(I, S) -> subrange<I, S>;
```

subrange 有三个模板参数,前两个类型参数分别对应起始与哨兵迭代器的类型,第三个非类型参数 subrange_kind 表达这两个迭代器之间是否有界,进一步决定是否提供 size 接口,如果有界则对概念 sized_range 建模。

对起始迭代器的要求为 input_or_output_iterator,它要求迭代器至少提供解引用的动作,并且能够进行自增运算。

对哨兵迭代器的要求为 sentinel_for<I>,它要求迭代器能够与起始迭代器进行判等操作。

第三个非类型参数 K 的结果是自动计算的,它通过起始与哨兵迭代器是否满足概念 sized_sentinel_for,即两者是否能够进行相减运算。若能相减,则说明迭代器之间的元素是有限的(sized),否则为无限的(unsized)。

subrange 除了对概念 view 建模以外,还对概念 borrowed_range 建模,它通过显式地特化变量模板 enable_borrowed_range 来定义,即它所包裹的迭代器生命周期和它本身无关,只是一个引用关系。

```
template<input_or_output_iterator I, sentinel_for<I> S, subrange_kind K>
inline constexpr bool enable_borrowed_range<subrange<I, S, K>> = true;
```

▶▶ 7.3.3 ref_view

subrange 每次在存储类似于标准库容器时都需要存储一对迭代器,这种做法比较浪费空间,可以考虑使用 ref_view,它只需要一个指针的开销,即可存储被引用的 range。

```
template<range R> requires is_object_v<R>
class ref_view : public view_interface<ref_view<R>> {
  // ...
private:
  R* _M_r = nullptr;
};
template<typename R> ref_view(R&) -> ref_view<R>;
```

7.4 range 工厂

view 为整个 ranges 标准库中最为重要的概念,它是拥有廉价传递开销的 range。标准库中

提供了一些函数和变量模板对象用于创建一些常用的 view，它们位于名称空间 std::views 下充当着工厂的角色。

▶▶ 7.4.1　empty_view

empty_view 是最简单的 view，顾名思义，它用于表达没有任何元素的 view。

```
auto v = ranges::empty_view<int>{};
// auto v = views::empty<int>; // 或使用名称空间 views 下的变量模板来创建对象
static_assert(v.empty());
```

▶▶ 7.4.2　single_view

string_view 用于表达只有一个元素的 view，可以使用 views::single 自定义点来创造这种对象。

```
ranges::single_view v{6};
// auto v = views::single(6); // 或使用名称空间 views 下的自定义点来创建对象
for (auto e : v) std::cout << e; // 6
```

▶▶ 7.4.3　iota_view

iota_view 用于创建一个从初始值开始连续增加的序列，如果指定了边界值，则序列到边界为止[注]；否则为无穷序列。它是延迟计算的 view，被创造后只存储当前值的状态，只有在迭代的时候才进行增加。

iota_view 所要求的初始值类型对 weakly_incrementable 概念建模，并且至少能够进行 operator++ 操作。若指定了边界值，则要求边界类型能够和初始值类型进行判等操作，默认边界为无界的 unreachable_sentinel_t 类型。

需要注意的是，不要将 iota 和 itoa 函数混淆，itoa 是 C 语言中用于将数字转成字符串的非标准接口。iota 是希腊字母表的第九个字母 ι，在传统的标准模板库中提到 iota 这个名字来源于 APL 语言中的函数 ι，用于产生前 n 个整数。

```
for (auto e : ranges::iota_view{0, 5}) std::cout << e <<''; // 0 1 2 3 4
for (auto e : views::iota(0, 5)) std::cout << e <<''; // 0 1 2 3 4
```

▶▶ 7.4.4　istream_view

basic_istream_view 对概念 input_range 建模，它通过 operator>> 连续读取输入流中的元素。

　⊖　不包括边界值，属于左闭右开区间。

istream_view 函数用于创建该对象，创建时需要指明元素的类型并接受一个输入流对象。

```
auto v = ranges::istream_view<int>(std::cin); // 相当于 int e,连续 cin >> e 并打印
for (auto e : v) std::cout << e << " "; // 从键盘输入数字,并回显
```

7.5 range 适配器

本节将是整个 ranges 标准库中最为有趣的部分，range 适配器同样通过函数对象实现，并位于名称空间 std::ranges::views 下。适配器将 range 转换成 view 并包含了自定义的计算。这些适配器可以通过管道操作符串联起来，以便灵活地对 range 完成一系列计算，并且最终的计算会延迟到迭代的时候。

▶▶ 7.5.1 适配器对象

考虑如下代码，将容器中的偶数筛选出来并求平方。

```
vector ints{0, 1, 2, 3, 4, 5};
auto even = [](int i) { return i % 2 == 0; };
auto square = [](int i) { return i * i; };
for (int i : ints | views::filter(even) | views::transform(square))
    cout << i << ''; // 0 4 16
```

代码中的 filter 与 transform 就是一个适配器，如果读者不适应管道组合风格，也可以把它们写成函数调用形式：

```
for (int i : views::transform(views::filter(ints, even), square))
    cout << i << ''; // 0 4 16
```

这不仅仅是表现形式的不一样，更多的是代码的可读性不同。函数风格的数据流处理是从最内到最外，如果涉及比较多的组合，由于嵌套过深，一时难以看出数据的处理过程，而管道风格消除了这种嵌套，数据按照从左到右的方向进行处理。

当然，这两种风格可以混合，以达到可读性的平衡。

```
for (int i : views::filter(ints, even) | views::transform(square))
    cout << i << ''; // 0 4 16
```

仔细分析这几段代码，我们可以推导出一些结论。

无论是管道风格还是函数调用形式，背后的机制都是一样的，只是组合的方式不一样。适配器之间能够组合起来，一定是在某种约束下进行的，最容易想到的是前一个适配器的输出类型是后一个适配器的输入类型，但这样会限制适配器的组合能力。想要突破这个限制，就要将

这个要求放宽，可以利用泛型，并使用统一的接口规范 concept 约束。

因此，适配器至少要接受一个 viewable_range 概念的类型作为第一个参数，并且输出经过适配器处理后的 view。ints 容器是一个 range 而不是 view，经过适配器 filter 的处理后变成了 view，以便作为参数传递给后续的 transform 适配器处理。

当适配器支持至少一个以上的参数时，它可以只提供除了 view 之外的一些参数，这会产生一个新的适配器，新的适配器只接受一个 view 作为输入。适配器的设计意图是支持以管道方式组合。

```
adaptor(range, args...) // 提供所有的参数,返回处理后的 view
adaptor(args...)(range) // 提供部分参数产生适配器,接受 range 返回处理后的 view
range | adaptor(args...) // 通过管道操作符提供 view,便于后续组合
```

如果适配器只接受一个 view，自然地有如下形式。

```
adaptor(range) // 返回处理后的 view
range | adaptor // 通过管道操作符提供 view
```

▶ 7.5.2　all

all 适配器将输入的 range 转换成 view，根据以下几种情况进行输出。

1）若输入的为 view，则直接返回。

2）否则尝试使用 ref_view，这种情况只有一个指针的开销。

3）否则尝试使用 owning_view。

all 能够接受左值和右值对象，对于左值则使用 ref_view，否则交由 owning_view⊖接管。

▶ 7.5.3　filter

filter 适配器接受一个 range 和一个谓词，并且要求返回元素满足谓词的 filter_view。表达式 filter(R,P) 等价于表达式 filter_view{R,P}。

```
vector ints{0, 1, 2, 3, 4, 5, 6};
auto even_view = ints | views::filter([](auto n) { return n % 2 == 0; });
for (auto i : even_view) // even_view 的类型为 filter_view<ref_view, lambda>
  cout << i <<''; // 0 2 4 6
```

▶ 7.5.4　transform

transform 适配器接受一个 range 和一个计算函数，并且返回对每个元素进行函数计算后的

⊖　在 P2415 提案之前，第三种情况为 subrange，并且 all 只接受左值，那么第三种情况几乎不会出现，该提案放开了 all 的约束，并由 owning_view 托管右值。目前 GCC 编译器上暂未实现，Clang 和 MSVC 上已实现。

transform_view，计算函数允许返回与被计算的元素不一样的类型。表达式 transform(R,F) 等价于表达式 transform_view{R,F}。

```
vector ints{0, 1, 2, 3, 4};
auto square_view = ints |views::transform([](auto n) { return n * n; });
for (auto i : square_view/* transform_view * /)
  cout << i <<''; //0 1 4 9 16
```

▶▶ 7.5.5　take

take 适配器接受一个 range 和一个数 N，它返回 range 的前 N 个元素，不足 N 个则取全部的 take_view。

```
vector ints{0, 1, 2, 3, 4, 5, 6, 7, 8, 9};
auto first5 = ints |views::take(5);
for (auto i : first5/* take_view * /)
  cout << i <<''; //0 1 2 3 4
```

▶▶ 7.5.6　take_while

take_while 适配器接受一个 range 和一个谓词，它取所有的元素直到元素不满足谓词的 take_while_view。

```
vector ints{0, 1, 2, 3, 4, 5, 6, 7, 8, 9};
auto take = ints |views::take_while([](auto n) { return n < 3; });
for (auto i : take/* take_while_view * /)
  cout << i <<''; //0 1 2
```

▶▶ 7.5.7　drop

drop 适配器接受一个 range 和一个数 N，它扔掉 range 的前 N 个元素并返回剩余元素⊖的 drop_view。

```
auto ints = views::iota(0) |views::take(10); // 取[0, 10)
auto latter_half = ranges::drop_view{ints, 5}; // 扔掉前 5 个
for (auto i : latter_half/* drop_view * /)
  cout << i <<''; //5 6 7 8 9
```

▶▶ 7.5.8　drop_while

drop_while 适配器接受一个 range 和一个谓词，它扔掉元素直到元素不满足谓词为止，并返

⊖　不足 N 个元素则返回空的 drop_view。

回剩余元素[⊖]的 drop_while_view。

```
constexpr auto source = string_view{" \t \t \t hello there"};
auto is_invisible = [](auto x) { return x == ' ' || x == '\t'; };
auto skip_ws = source | views::drop_while(is_invisible);
for (auto c : skip_ws/* drop_while_view */)
  cout << c; // 去除字符串前面的空白,输出 hello there
```

▶▶ 7.5.9　join

join 适配器接受一个 range 的 range，并将它们平铺展开，得到 join_view。换句话说，是对多维 range 的降维处理。

```
// 二维 range,可以视作 char 的 range 的 range
vector<string_view> ss{"hello", " ", "world", "!"};
auto greeting = ss | views::join;
for (auto ch : greeting/* join_view */)
  cout << ch; // hello world!
```

▶▶ 7.5.10　split

split 适配器接受一个 range 和一个分隔符，按照分隔符划分得到一系列 view 的 split_view。该适配器主要用于对字符串的处理，分隔符可以是字符，也可以是字符串的 view。

```
string_view str{"the quick brown fox"};
auto sentence = str | views::split(' ');
for (auto word : sentence/* split_view */) {
  for (auto ch : word) cout << ch;
  cout << '*'; // the* quick* brown* fox*
}
```

▶▶ 7.5.11　common

common 适配器接受一个 range 并返回同类型的起始与哨兵迭代器的 common_view。它的作用主要是为了适配传统标准库中的算法，这些算法几乎都要求起始与哨兵迭代器的类型一致。

▶▶ 7.5.12　reverse

reverse 适配器接受一个 range 并返回，返回结果是相反迭代顺序的 reverse_view。

⊖　同 drop，结果可能为空。

```
vector ints{0, 1, 2, 3, 4};
auto rv = ints | views::reverse;
for (auto i : rv/* reverse_view */)
  cout << i <<''; // 4 3 2 1 0
```

▶▶ 7.5.13　elements

elements<N>适配器接受一个类似于元组的 range 和一个数 N，返回第 N 个元组元素形成的 elements_view。

这个适配器看上去比较抽象，实际上却比较常用。我们常见的 map 容器可视作 pair 键值序对的 range，而序对又是元组的一种特化，所以使用该适配器可以对键或值进行单独的迭代访问。

```
map<string_view, long> historical_figures {
  {"Lovelace", 1815}, {"Turing", 1912},
  {"Babbage", 1791}, {"Hamilton", 1936}
};
// 访问键
auto names = historical_figures | views::elements<0>;
for (auto&& name : names/* elements_view */)
  cout << name <<''; // Babbage Hamilton Lovelace Turing
// 访问值
auto birth_years = historical_figures | views::elements<1>;
for (auto&& born : birth_years/* elements_view */)
  cout << born <<''; // 1791 1936 1815 1912
```

鉴于这种场景比较常见，ranges 标准库定义了两个适配器 keys 和 values 用来分别代表 elements<0>和 elements<1>。

7.6　其他改善

前文介绍了 ranges 标准库中最为核心的部分，本节将简要介绍一些其他的改善点。

▶▶ 7.6.1　迭代器概念

在 2.2.8 节中曾介绍过迭代器的概念，通过使用元函数 iterator_traits 的 iterator_category 类型成员查询迭代器的种类。考虑到 ranges 标准库需要与传统标准库兼容，所以它提供了新的类型成员 iterator_concept 来获取迭代器的种类。

从 C++98 标准起便支持通过 iterator_category 查询迭代器的种类，按照标准中的定义，倘若一个迭代器解引用后返回一个临时对象，那么它所属的种类就仅局限于输入迭代器；如果返回的是一个引用，则该引用所属的种类至少为前向迭代器，这个要求也是语义上的要求。

对于某些 view 的迭代器而言，其解引用后的结果很可能会返回一个临时对象，例如 transform_view对每个元素进行计算，解引用后的值为计算的结果，显然这个结果是临时的；而 filter_view 仅对元素进行过滤，不涉及元素上的计算，解引用后的值仍然为原来的元素，这个功能可以看成是元素的引用。

```
template<ranges::range V>
using iter_category = typename ranges::iterator_t<V>::iterator_category;

auto doubled = ranges::transform_view{vec, [](auto n) { return n * 2; }};
iter_category<decltype(doubled)>; // input_iterator_tag
auto even = ranges::filter_view{vec, [](auto n) { return n % 2 == 0; }};
iter_category<decltype(even)>; // bidirectional_iterator_tag
```

上述结果反映了历史标准的这一限制，理想中的 transform_view 应该和它所输入的 vector 一样，至少为随机访问迭代器。为了向后兼容，C++20 引入 iterator_concept 来获取真正的迭代器种类，一些相关的概念诸如 input_range 和 forward_range 等优先使用 iterator_concept 来判断。

```
template<ranges::range V>
using iter_concept = typename ranges::iterator_t<V>::iterator_concept;

auto doubled = ranges::transform_view{vec, [](auto n) { return n * 2; }};
iter_concept <decltype(doubled)>; // random_access_iterator_tag
iter_category<decltype(vec)>; // random_access_iterator_tag
iter_concept <decltype(vec)>; // contiguous_iterator_tag
```

上述代码中，经过 transform_view 的处理，它的迭代器种类最高为随机访问迭代器，而不像它的输入一样是连续访问迭代器，不过至少可以支持以数组方式访问这个 view。

从这个例子中不难得出结论，经过对 range 的一系列组合运算，每次组合得到的 view 的迭代器种类都不高于它的输入，直到最终仅为前向迭代器，此时就只支持单向的遍历访问结果，而丧失了高级迭代器的性质。

笔者在使用基于范围的 for 循环时，习惯于编写如下迭代的代码。

```
for (auto&& e : container) { /* ...* / }
```

这是出于对遍历元素使用引用的考虑，以此提高迭代性能。这里使用了转发引用 auto&& 而不是简单的左值引用 auto&，原因是 container 的迭代器解引用后，可能返回不能被左值引用绑定的临时对象，这时候就会编译报错。

```
vector<bool> container;
// cannot bind non-const lvalue reference of type 'std::_Bit_reference&' to
```

```
// an rvalue of type 'std::_Bit_iterator::reference'
for (auto& e : container) { /* ...* / }
```

转发引用 auto&& 既可以绑定左值也可以绑定右值，以统一的形态应对不同的场景，这也是多态的意义，尤其是在泛型编程的环境下，更需要编写一致、通用的代码。

但如果仅用 const auto& 就能满足需求，再改用 auto&& 可能会出现问题，因为实例化后可能导致最高三倍的二进制膨胀，分别对应 Obj&、const Obj&、Obj&& 等版本。

本章大部分代码使用 auto&& 的形式而不是 const auto& 的另一个原因是，笔者定义的一些 view 并没有考虑非 const 的情况，通常而言需要额外提供 const 版本的成员函数，考虑一些泛型函数接受的 range 可能是左值或右值、只读或可写的情况，因此统一使用 auto&&。严格来说转发引用 auto&& 需要结合 std::forward 使用，笔者在此章也未考虑。

▶▶ 7.6.2　算法接口改善

ranges 标准库为传统标准库<algorithm>中的算法提供了简化的 ranges 版本，使用传统的算法需要提供容器配套的起始与哨兵迭代器，而 ranges 的一个改善功能是无须编写这种冗余代码。

```
vector v{1,2,3,4,5};
auto iter = std::find(v.begin(), v.end(), 3);
auto iter2 = ranges::find(v, 3); // 简洁的 ranges 版本
```

另一个改善功能是对悬挂（dangling）迭代器的处理，标准库中提供了 dangling 空标签类来表达。

```
struct dangling { };
```

使用 ranges 提供的算法调用临时变量诸如函数返回的容器，将得到一个悬挂迭代器，若用户进一步使用迭代器将导致编译错误，从而避免了运行时访问悬挂迭代器的可能性。

```
vector<int> f(); // 返回一个容器的函数
auto iter = ranges::find(f(), 3); // 得到悬挂迭代器 dangling,使用它将导致编译错误
```

除此之外，ranges 还新增了对结构体属性的投影（projections）支持。例如对员工容器的 ID 进行排序，或者对年龄进行排序，又或者查找坐标容器中长度为某个值的坐标，处理这类情况使用投影是非常便利的。投影就是一个传递给算法的单参变换函数，在算法对每个元素进行处理之前先进行投影函数的计算。

```
struct Employee {
  unsigned id;
  string name;
  uint8_t age;
```

```
};
vector<Employee> employees { /* ...* / };
// 按照 id 从小到大排序,使用简洁的 ranges 版本
ranges::sort(employees, ranges::less{}, &Employee::id); // &Employee::id 为投影
// 传统标准库的写法
std::sort (employees.begin(), employees.end(),
          [](const auto& lhs, const auto& rhs) { return lhs.id < rhs.id; });
```

ranges 除了支持对成员的投影以外，还支持函数的投影，考虑使用 ranges::find 算法查找容器中某个坐标长度是否为指定值的坐标。

```
struct Point {
  int x; int y;
  double getLength() const {
    return std::sqrt(x * x + y * y);
  }
};
// 查找长度为 5 的坐标
auto it = ranges::find(points, 5, &Point::getLength);
// 传统标准库的写法
auto it = std::find_if(points.begin(), points.end(),
                       [](const auto& point) { return point.getLength() == 5; });
```

而这背后的一切都归功于 C++17 引入的 std::invoke，它以统一的形式支持不同方式的函数调用：

1）若 f 为普通函数，则 std::invoke(f, args...) 等价于 f(args...)。

2）若 f 为成员函数，则 std::invoke(f, obj, args...) 等价于 obj. f(args...)。

3）若 f 为成员数据，则 std::invoke （f, obj） 等价于 obj. f。

7.7 综合运用

本节将通过两个稍微复杂的例子综合运用前面介绍的知识以加深读者的理解。

▶▶ 7.7.1 矩阵乘法

矩阵乘法是一种根据两个矩阵得到第三个矩阵的二元运算，第三个矩阵即前两者的乘积。设 A 是 $n×m$ 的矩阵，B 是 $m×p$ 的矩阵，则它们的矩阵积 AB 是 $n×p$ 的矩阵。A 中每一行的 m 个元素都与 B 中对应列的 m 个元素对应相乘，这些乘积的和就是 AB 中的一个元素，乘积和也被称为数量积。

简而言之，矩阵相乘结果中的每个元素是第一个矩阵的每一行与第二个矩阵的每一列的数量积。

考虑使用二维 range 来表达矩阵，二维 range 中的每一个 range 表达一行元素。为了通过一个个小的原子动作组合成最终的结果，我们需要看到每一个组合的结果，这就需要一个函数将它们打印出来。

```cpp
void print_range(ranges::viewable_range auto&& range,
        bool need_delim = false, size_t depth = 0) {
  std::cout << "[";
  bool first_token = false; for (auto&& v : range) {
    if (first_token && need_delim) std::cout << ", ";
    if constexpr (requires { print_range(v); }) { // 多维 range
      if (first_token) {
        std::cout << "\n";
        for (auto d = 0; d < depth + 1; ++d) std::cout << " ";
      }
      print_range(v, need_delim, depth + 1);
    } else { std::cout << v; } // 单维 range
    first_token = true;
  }
  std::cout << "]";
}
```

虽然矩阵只有两维，但为了实现一个更加通用的打印函数，不应对维数做出任何假设。通过 if constexpr 与 requires 子句判断当前元素是否能够递归地被 print_range 所调用，如果能则说明该元素是个 range 并进一步被递归打印，否则将其当成普通元素打印出来。

```cpp
vector X { // 3 x 4
  vector{3, 1, 1, 4},
  vector{5, -3, 2, 1},
  vector{6, 2, -9, 5},
};
print_range(X, true);
// [[3, 1, 1, 4],
// [5, -3, 2, 1],
// [6, 2, -9, 5]]
```

由于矩阵是以行的方式存储的，而乘法要求第二个矩阵以列的方式存储，以便做数量积。如果能将第二个 range 进行转置，便能轻松实现矩阵乘法。因此，我们接下来的目标是对 range 进行转置。

$n \times p$ 的矩阵转置后的结果为 $p \times n$ 的矩阵，如果将该矩阵通过 views::join 降成一维矩阵，然后每隔 p 个元素取出一个元素便能形成一列。

```cpp
print_range(X | views::join, true);
// [3, 1, 1, 4, 5, -3, 2, 1, 6, 2, -9, 5]
```

```
// 每隔 4 个元素取一个,形成第一列 [3, 5, 6]
// 每隔 4 个元素取一个,形成第二列 [1, -3, 2]
// 每隔 4 个元素取一个,以此类推
```

每间隔 p 个元素取出一个元素的行为在 ranges 标准库中没有，需要我们自己实现。我们将该行为称为 stride，它接受一个 range 与步长 p，并形成 stride_view。

自定义 view 需要实现 view_interface 中的接口，简单起见我们只需要提供 begin 和 end 两个接口，代码如下。

```
template<ranges::input_range Rng>
requires ranges::view<Rng>
struct stride_view : ranges::view_interface<stride_view<Rng>> {
  stride_view() = default;
  stride_view(Rng rng, size_t stride): rng(std::move(rng)), stride(stride) { }
  struct stride_iterator { /* ...* / };

  stride_iterator begin() {
    return {ranges::begin(rng), stride, ranges::end(rng)};
  }
  std::default_sentinel_t end() { return {}; }
  Rng rng;
  size_t stride;
};
```

只需要提供起始迭代器即可，传递给它的信息足够判断是否到达末尾，哨兵迭代器使用空标签 default_sentinel_t。

接下来可以将关注点放在 stride_iterator 迭代器的实现上。该迭代器至少要求为输入迭代器，但我们将其实现为前向迭代器也毫不费力。只需要实现自增运算与解引用操作，并且能够和哨兵迭代器进行判等操作。

```
struct stride_iterator {
  // 以下为输入迭代器要求
  using difference_type = std::ptrdiff_t;
  using value_type = ranges::range_value_t<Rng>;
  stride_iterator& operator++() {
    ranges::advance(cur, stride, last);
    return * this;
  }
  decltype(auto) operator* () const { return * cur; }
  bool operator==(std::default_sentinel_t) const { return cur == last; }

  // 补充前向迭代器要求
  stride_iterator operator++(int) {
```

```
      stride_iterator tmp(* this);
      ++* this;
      return tmp;
    }
  bool operator==(const stride_iterator&) const = default; // C++20

  ranges::iterator_t<Rng> cur{};
  size_t stride{};
  ranges::sentinel_t<Rng> last{};
};
```

这个迭代器拥有三个信息：当前 range 的迭代器 cur、当前步长以及当前 range 的哨兵迭代器 last。核心逻辑在于实现自增运算，每次自增迭代器 cur 将前进指定步长，然后判断是否等于 last 以确认是否结束，而解引用只需要返回 cur 迭代器解引用的结果。

通过静态断言确保我们实现的 stride_view 符合概念 forward_range 的要求。

```
using view_archetype = ranges::empty_view<int>;
static_assert(ranges::forward_range<stride_view<view_archetype>>);
```

有了 stride_view 后，可以尝试着获取矩阵第一列的元素。

```
print_range(stride_view{X | views::join, 4}, true);
// [3, 5, 6]
```

stride_view 无法通过管道运算符与 range 进行组合，这个职责是由 range 适配器完成的。目前，C++20 没有标准的手段让程序员自定义适配器[⊖]，我们仅能自定义 view。

笔者通过查阅 GCC11 标准库的实现，明确了自定义适配器需要实现接口 views::_adaptor::_rangeAdaptor，由于这不是标准的方式，将来很可能失效[⊖]，因此仅供参考。

```
struct Stride : views::_adaptor::_rangeAdaptor<Stride> {
  template<ranges::viewable_range Rng>
  constexpr auto operator()(Rng&& r, size_t n) const {
    return stride_view{std::forward<Rng>(r), n};
  }
  static constexpr int _S_arity = 2; // 适配器接受的参数个数
  using views::_adaptor::_rangeAdaptor<Stride>::operator();
};
inline constexpr Stride stride;
```

第一列元素能够通过 stride 的方式获取，那么如何获取第 n 列元素？只要我们将展开后的

⊖　为解决这个问题 C++23 已经有提案 P2387R0。
⊖　GCC10 与 GCC11 定义适配器的方式就有差异，未来的定义方式可能也有差异。

一维矩阵前 $n-1$ 个元素扔掉，然后再通过 stride 的方式获取即可。扔掉前几个元素的行为在 ranges 标准库中有定义，即 drop_view。

```
print_range(X |views::join |views::drop(1) |stride(4), true); // 第二列元素
//[1, -3, 2]
```

将上述行为依次组合起来，便得到了转置的结果。我们只需要提供 transpose 适配器，通过已有行为，无须再自定义 transpose_view。

```
struct _Transpose : views::_adaptor::_rangeAdaptorClosure {
  template<ranges::viewable_range Rng>
  constexpr auto operator()(Rng&& r) const {
    auto flat = r |views::join;
    auto height = ranges::distance(r);
    auto width = ranges::distance(flat) / height;
    auto inner = [=](auto colIdx) mutable { // 核心逻辑
      return flat |views::drop(colIdx) |stride(width);
    };
    return views::iota(0, width) |views::transform(inner);
  }
};
inline constexpr _Transpose transpose;
```

这里需要注意的是使用 lambda 时的捕获问题，inner 按值捕获保证了安全性，而通过引用捕获会出现悬挂引用的问题。如下为转置后的结果。

```
print_range(X |transpose, true);
//[[3, 5, 6],
// [1, -3, 2],
// [1, 2, -9],
// [4, 1, 5]]
```

最后定义乘法函数，它接受两个矩阵，并输出矩阵相乘后的 view。

```
auto product(ranges::viewable_range auto&& lhs,
             ranges::viewable_range auto&& rhs) {
  return lhs |views::transform([=](auto&& xrow) mutable { // xrow 每一行
    return rhs |transpose |views::transform([=](auto&& wcol) { // wcol 每一列
      // 行与列的数量积: xrow *  wcol
      return std::inner_product(xrow.begin(), xrow.end(), wcol.begin(), 0);
    });
  });
};
```

给定第二个矩阵，打印相乘后的结果。

```cpp
vector W { // 4 x 2
  vector{4, 9}, vector{6, -8},
  vector{9, 7}, vector{7, 6},
};
print_range(product(X, W), true);
// [[55, 50],
// [27, 89],
// [-10, 5]]
```

▶▶ 7.7.2 日历程序

在 UNIX 与 Linux 系统中拥有一个经典的命令 cal，它能够在终端以文字方式输出日历信息。本小节将以这个程序作为综合运用的例子，图 7.1 为使用 ranges 标准库编写的日历程序的输出。

```
      January              February                March                 April
Su Mo Tu We Th Fr Sa  Su Mo Tu We Th Fr Sa  Su Mo Tu We Th Fr Sa  Su Mo Tu We Th Fr Sa
                   1         1  2  3  4  5         1  2  3  4  5                     1  2
 2  3  4  5  6  7  8   6  7  8  9 10 11 12   6  7  8  9 10 11 12   3  4  5  6  7  8  9
 9 10 11 12 13 14 15  13 14 15 16 17 18 19  13 14 15 16 17 18 19  10 11 12 13 14 15 16
16 17 18 19 20 21 22  20 21 22 23 24 25 26  20 21 22 23 24 25 26  17 18 19 20 21 22 23
23 24 25 26 27 28 29  27 28                 27 28 29 30 31        24 25 26 27 28 29 30
30 31
        May                  June                  July                 August
Su Mo Tu We Th Fr Sa  Su Mo Tu We Th Fr Sa  Su Mo Tu We Th Fr Sa  Su Mo Tu We Th Fr Sa
 1  2  3  4  5  6  7            1  2  3  4                  1  2      1  2  3  4  5  6
 8  9 10 11 12 13 14   5  6  7  8  9 10 11   3  4  5  6  7  8  9   7  8  9 10 11 12 13
15 16 17 18 19 20 21  12 13 14 15 16 17 18  10 11 12 13 14 15 16  14 15 16 17 18 19 20
22 23 24 25 26 27 28  19 20 21 22 23 24 25  17 18 19 20 21 22 23  21 22 23 24 25 26 27
29 30 31              26 27 28 29 30        24 25 26 27 28 29 30  28 29 30 31
                                            31
     September              October              November              December
Su Mo Tu We Th Fr Sa  Su Mo Tu We Th Fr Sa  Su Mo Tu We Th Fr Sa  Su Mo Tu We Th Fr Sa
             1  2  3                     1         1  2  3  4  5               1  2  3
 4  5  6  7  8  9 10   2  3  4  5  6  7  8   6  7  8  9 10 11 12   4  5  6  7  8  9 10
11 12 13 14 15 16 17   9 10 11 12 13 14 15  13 14 15 16 17 18 19  11 12 13 14 15 16 17
18 19 20 21 22 23 24  16 17 18 19 20 21 22  20 21 22 23 24 25 26  18 19 20 21 22 23 24
25 26 27 28 29 30     23 24 25 26 27 28 29  27 28 29 30           25 26 27 28 29 30 31
                      30 31
```

● 图 7.1 使用 ranges 标准库编写的日历程序的输出（2022 年）

仔细观察这个程序可以发现，输出的结果为对齐的文本，以年为单位一共 12 个月，每个月最多显示 8 行⊖，并且每周长度固定为 22 个字节⊜，每行显示 4 个月的信息，共 3 行，因此最终的文本大小为 $3×8×4×22 = 2112$ 字节。

⊖ 一个月最多跨越 6 周，加上一行月份标题与一行星期标题。
⊜ 每天固定 3 个字节，额外空一格，一共 $3×7+1 = 22$ 个字节。

Linux 的 cal 命令实现采用面向过程的编程方式，边计算边输出，如何在原地算法○的前提下，使用函数式风格的 ranges 标准库进行编写？

这个问题的输出为四维文本矩阵，只需要通过一系列降维操作，得到 24×88 的二维文本矩阵并输出；输入为一年的 365 或 366 个日期，每个日期以自增一天方式得到，这可以通过 iota_view 来表达。

通过定义类 Date 来表达日期的概念，并提供所需的接口，C++20 标准库<chrono>提供了对日期相关的支持，实现起来较为容易。

与此同时，iota_view 要求它的元素满足 weakly_incrementable 的概念，这可以通过静态断言确保。

```
namespace chrono = std::chrono;
struct Date {
  using difference_type = std::ptrdiff_t;
  Date() = default;
  Date(uint16_t year, uint16_t month, uint16_t day):
    days_{ chrono::year(year) / chrono::month(month) / chrono::day(day) } { }

  bool operator==(const Date&) const = default;
  Date& operator++() { ++days_; return * this; }
  Date operator++(int) { Date tmp(* this); ++* this; return tmp; }
private:
  chrono::sys_days days_;
};

static_assert(std::weakly_incrementable<Date>); // iota_view 需要
```

同样地，我们需要看到每一步原子组合后的结果，进一步为该类提供打印的接口。

```
struct Date {
  uint16_t day() const
  { return static_cast<unsigned>(chrono::year_month_day(days_).day()); }
  uint16_t month() const
  { return static_cast<unsigned>(chrono::year_month_day(days_).month()); }
  uint16_t year() const
  { return static_cast<int>(chrono::year_month_day(days_).year()); }
  friend std::ostream& operator<<(std::ostream& out, const Date& d) {
    out << d.year() << "-" << d.month() << "-" << d.day();
```

○ 原地算法是指基本上不需要借助额外的数据结构就能对输入的数据进行变换的算法。不过，分配少量空间给部分辅助变量是被允许的。

```
      return out;
    }
  };
```

以年为单位，提供接口 dates_between 接受两个年份作为输入，并输出年份之间的日期 iota_view。使用 7.7.1 节提供的泛型 print_range 打印出来观测结果。

```
auto dates_between(uint16_t start, uint16_t stop) {
  return views::iota(Date{start, 1, 1}, Date{stop, 1, 1});
}
print_range(dates_between(2022, 2023), true); // 355/356
// [2022-1-1, 2022-1-2, 2022-1-3, 2022-1-4, ..., 2022-12-30, 2022-12-31]
```

接着需要对这个日期序列进行分组，例如按照同月、同周的形式分组。标准库中没有根据条件对 range 中的元素进行分组的行为，在这里需要自行实现。

我们将该动作称为 group_by，它接受一个 range 和一个二元谓词，根据谓词进行分组形成 group_by_view。

```
template<ranges::input_range Rng, typename Pred>
requires ranges::view<Rng>
struct group_by_view : ranges::view_interface<group_by_view<Rng, Pred>> {
  group_by_view() = default;
  group_by_view(Rng r, Pred p): r(std::move(r)), p(std::move(p)) {}

  struct group_iterator { /* ...* / };
  group_iterator begin() {
    auto beg = ranges::begin(r);
    auto end = ranges::end(r);
    return {p, beg, ranges::find_if_not(ranges::next(beg), end,
                        [&](auto&& elem) { return p(* beg, elem); }), end};
  }
  std::default_sentinel_t end() { return {}; }
  Rng r;
  Pred p;
};
```

同样地，起始迭代器的信息足够判断是否结束，它接受 4 个信息：当前的谓词、range 的起始迭代器、下一个分组点的迭代器、哨兵迭代器。同一组的元素相对于该组的第一个元素通过谓词的结果始终为真，因此只需要通过 find_if_not 找到下一个元素与该组第一个元素的谓词不为真即为分割点。

```
struct group_iterator {
  using difference_type = std::ptrdiff_t;
  using value_type = ranges::subrange<ranges::iterator_t<Rng>>;
```

```
group_iterator& operator++() {
  cur = next_cur;
  if (cur != last) {
    next_cur = ranges::find_if_not(ranges::next(cur), last,
                   [&](auto&& elem) { return p(* cur, elem); });
  }
  return * this;
}
group_iterator operator++(int) { /*  限于篇幅,省略后置自增运算。* / }
value_type operator* () const { return {cur, next_cur}; }

bool operator==(std::default_sentinel_t) const { return cur == last; }
bool operator==(const group_iterator&) const = default; // C++20

Pred p;
ranges::iterator_t<Rng> cur{};
ranges::iterator_t<Rng> next_cur{};
ranges::sentinel_t<Rng> last{};
};
```

group_iterator 的迭代算法也是类似的,解引用返回的是一个 subrange,它的范围正好是同一组内的元素,因此通过 group_by 行为之后将会多得到一维的 range。为方便行为组合,我们需要提供 group_by 适配器,与 stride 类似,限于篇幅不再赘述。

通过按月分组的代码简单地验证一下实现。

```
auto by_month() {
    return group_by([](Date a, Date b) { return a.month() == b.month(); });
}
print_range(dates_between(2022, 2023) | by_month(), true); // 12 x month
// [[2022-1-1, 2022-1-2, ..., 2022-1-31],
// [2022-2-1, 2022-2-2, ..., 2022-2-28],
// ...
// [2022-12-1, 2022-12-2, ..., 2022-12-31]]
```

输出的类型可视作 range<range<Date>>,接下来需要对每个月中的日期按照周分组,将周转换成字符串,并补上月份名称与星期标题,后续只需要针对字符串进行处理。

那么同一周的日期只需要关注日的信息,将日按照 3 字节右对齐的方式得到字符串,并拼接成一周的字符串,补一个空格得到 22 字节的固定长度。如果一周不足 7 天,那么通过补空格的方式得到。同样地,一个月若不足 6 周,可通过补空行的方式得到 6 周。经过处理后的输出类型可视作 range<range<string>>。

标准库<chrono>只提供了某一个日期属于星期几的接口,无法判断任意两个日期是否在同一周。利用周内日期的连续性质,同一周中一个日期的星期数应该小于后一个日期的星期数。

```
struct Date {
  uint16_t dayOfWeek() const { // 得到当前日期星期数,值域[0,7),0 表示星期天
    return chrono::weekday(days_).c_encoding();
  }
  bool weekdaylessThan(const Date& rhs) {
    return dayOfWeek() < rhs.dayOfWeek(); }
  };

auto by_week() {
    return group_by([](Date a, Date b) { return a.weekdaylessThan(b); });
}
```

将日按照 3 字节右对齐、月份标题居中对齐，C++20 标准库<format>提供了字符串格式化接口 std::format，它看上去和 Python 的字符串格式化接口类似。传统的 sprintf 等接口没有类型安全的保障，若存在不匹配的参数类型可能会导致程序崩溃的风险，std::format⊖可以在编译时检查格式串与参数类型的有效性，并且容易使用。

```
std::string month_title(const Date& d) { // 居中对齐,固定长度22 字节
  return std::format("{:^22}", d.monthName());
}
std::string format_day(const Date& d) { // 右对齐,固定长度3 字节
  return std::format("{:>3}", d.day());
}
```

将一个月 range<Date>转换成月份标题、星期标题、该月 6 周字符串，将这三组 string 组合成一个 range<string>的行为，在 ranges 标准库中尚未提供该功能，我们称之为 concat，需要自行实现，限于篇幅，不再赘述，读者可参考本书配套代码。

```
// in: range<range<Date>>
// out: range<std::string>
auto format_weeks() {
  return views::transform([](/* range<Date>* / auto&& week) {
    auto ws = week | views::transform(format_day)
                   | views::join | views::common;
    std::string weeks(ws.begin(), ws.end());
    auto align_size = (* ranges::begin(week)).dayOfWeek() * 3;
    return fmt::format("{}{:<{}}", std::string(align_size,''),
                                   weeks, 22 - align_size);
  });
}
```

⊖ 编写本书时，GCC 编译器尚不支持<format>，因此这里使用 https://github.com/fmtlib/fmt，它是标准库实现的样板。

```
// in: range<range<Date>>
// out: range<range<std::string>>
auto layout_months() {
  return views::transform([](/* range<Date>* / auto&& month) {
    auto week_count = ranges::distance(month | by_week());
    return concat(
      views::single(month_title(* ranges::begin(month))),
      views::single(std::string(" Su Mo Tu We Th Fr Sa ")),
      month | by_week() | format_weeks(),
      repeat_n(std::string(22, ''), 6 - week_count)
    );
  });
}
```

layout_months 中的 repeat_n 行为也是 ranges 标准库中尚未提供的，它接受一个元素和一个次数，并形成对元素重复指定次数的 repeat_n_view，在上述代码中的作用是不足 6 周的情况使用空行补充 6 周信息。

```
// range<range<string>>: 12 x 8 x 22
print_range(dates_between(2022, 2023) | by_month() | layout_months());
//[[[       January       ]
//  [ Su Mo Tu We Th Fr Sa
//                        ]
//  [            1 2       ]
//  ...
//  [ 31                  ]]
//  ...
//[[   December           ]
//  [ Su Mo Tu We Th Fr Sa ]
//  [          1 2 3 4      ]
//  [ 5 6 7 8 9 10 11      ]
//  [ 12 13 14 15 16 17 18 ]
//  [ 19 20 21 22 23 24 25 ]
//  [ 26 27 28 29 30 31    ]
//  [                     ]]]
```

为了能够将这 12 个月以 4×3 的形式打印出来，需要进一步对该序列进行分块动作，每块 4 个月，ranges 标准库未提供该行为，我们将此称为 chunk，它接受一个 range 和一个数，按照每小组指定数量进行分块。分块后的 chunk_view 会比它输入的 range 多出一维信息。

```
// range<range<range<string>>>: 3 x 4 x 8 x 22
print_range(dates_between(2022, 2023) | by_month() | layout_months() | chunk(4));
```

到目前为止得到的 range 维数已经达到了 4 维。其中第 1 维长度为 3，表明以月为单位有多少行；第 2 维长度为 4，表明以月为单位有多少列；第 3 维长度为 8，表明一个月中包括标题、周一共有多少行；第 4 维长度为 22 个字符，表明标题、一周有多少个字符。

仔细观察，如果交换第 2 维和第 3 维得到 3×8×4×22 将会代表什么含义？这样做会将标题、周信息的优先级提前，而以月为单位的列优先级降低了。这可以通过 7.7.1 自定义的转置 transpose 实现。

```cpp
// In: range<range<range<string>>>
// Out: range<range<range<string>>>, 交换第 2 维和第 3 维信息
auto transpose_months() {
  return views::transform([](/* range<range<string>>* / auto&& rng) {
    return rng | transpose;
  });
}
// range<range<range<string>>>: 3 x 8 x 4 x 22
print_range(dates_between(2022, 2023) | by_month() | layout_months()
                                      | chunk(4)    | transpose_months());
```

通过交换维数后，我们发现第 1 维和第 2 维与行有关，第 3 维和第 4 维与列有关。如果将前两维和后两维分别合并，便能降维到 24×88 的文本矩阵，这便是最终所要的结果。可以使用 ranges 标准库提供的 join 行为实现降维。

```cpp
// In: range<range<string>>
// Out: range<join_view<char>>, 合并后两维信息
auto join_months() {
  return views::transform([](/* range<string>* / auto&& rng) {
    return views::join(rng);
  });
}

auto formattedCalendar
    = dates_between(2022, 2023)  // range<Date>: 365
    | by_month()                // range<range<Date>>: 12 x month
    | layout_months()           // range<range<std::string>>: 12 x 8 x 22
    | chunk(4)                  // range<range<range<std::string>>>: 3 x 4 x 8 x 22
    | transpose_months()        // range<range<range<std::string>>>: 3 x 8 x 4 x 22
    | views::join               // range<range<std::string>>: 24 x 4 x 22
    | join_months()             // range<range<char>>: 24 x 88
    ;
print_range(formattedCalendar);
```

以上便是一个完整的日历程序的实现，这种实现相对于面向过程版本而言，没有循环与分支，没有引入多余的迭代状态，没有过深的嵌套层数，没有内存分配的原地算法，经过每一小步的组合，得到最终的结果。

▶▶ 7.7.3 注意事项

通过两个例子的综合运用，我们发现 ranges 标准库在应对稍微复杂的场景时提供的可用行

为相当有限，C++20 中没有标准的方式去定义适配器，需要程序员自行扩展。ranges 标准库的基础是源自于 https：//github.com/ericniebler/range-v3 中的库，该库提供相当丰富的行为，笔者使用 C++20 标准扩展 ranges 的行为时参考了很多该库的内容。

比如将组合后的 view 转存到容器中，在 range-v3 这个库中使用函数 to 来实现。

```
std::string_view str = "This,is,his,face";
auto res = str |views::split(',') |views::join(' ') |to<std::string>();
CHECK(res == "This is his face");
```

range-v3 中还有一个概念是 action，它与 views 中的适配器类似，也是通过管道组合，但能够在容器上进行立即计算，并且通常是可变的⊖。例如通过 action 对容器中的元素进行去重操作。

```
v |= actions::sort |actions::unique;
```

C++23 将继续丰富这些行为，并考虑提供手段让程序员以标准的方式去定义适配器。

通过 ranges 进行组合，最终的 view 类型将嵌套非常深，这也是大量使用 auto 的一个原因，由编译器对类型进行推导，程序员只需关注表达式的构造，并通过注释的形式简要地对 auto 进行描述，以便于阅读。

考虑对 vector 容器进行 transform 与 filter 操作后，它的类型为：

```
ranges::filter_view<ranges::transform_view<
    ranges::ref_view<vector<int>>, main(int, char* * )::<lambda(auto)>>,
    main(int, char* * )::<lambda(auto)>>
```

一旦出现了编译错误，打印出来的类型信息将会占据较大篇幅，这对于排错而言是个干扰，因此不要一步到位，而是通过每一小步的组合。

在自定义 view 时，需要考虑清楚它所要满足的概念约束和迭代器的约束，及时通过静态断言保证其正确，避免将错误延续。

ranges 的出现大大丰富了标准库，它以函数式风格编写代码，少量的状态使程序的正确性更容易推理：将原子行为灵活组合成最终的行为，使得每一步动作都是容易验证的。

这些原子行为也是抽象的，这意味着它们将来可替换，且不改变上层行为，由此编译器将有可能对这些原子动作进行优化，产生更为高效的代码。

掌握另一种思想为解决实际问题又多了一种可能，尤其是在思考如何选择最佳工具以解决问题时，它有可能发挥价值。

⊖ view 通常是不可变的，且是延迟计算的。

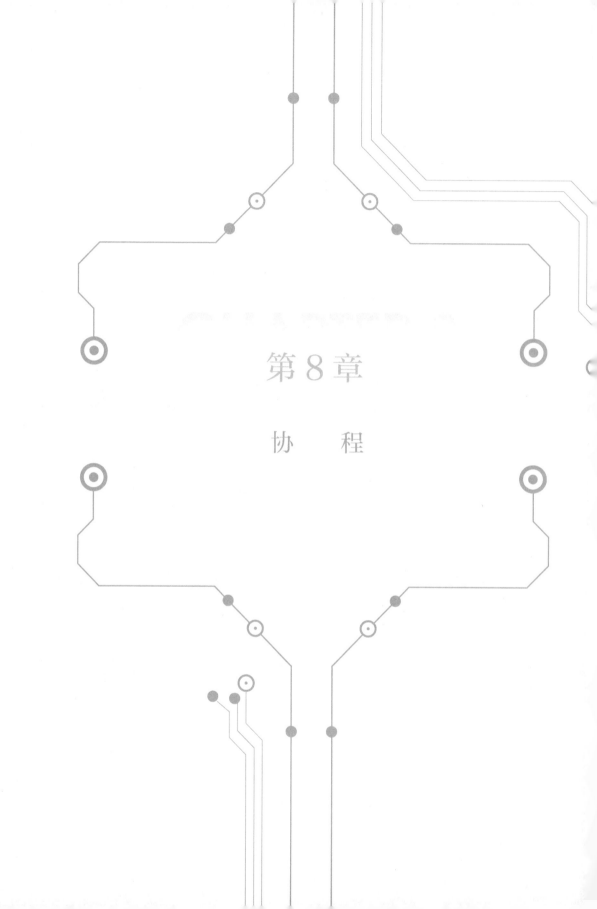

第 8 章

协　程

　　协程提供了一种协作式的多任务模型，在并发计算领域，它通常比多线程或多进程要高效得多。早在 20 世纪 80 年代 C++ 还是一个带类的 C 时，协程曾经是它的一部分，它拥有一个基于协程的任务库，支持以事件驱动的方式编程，与替代方案相比更为高效，甚至可以运行在很小的计算机上，例如在 256 KB 的内存中可以运行 700 多个任务，这在当时相当重要，如果没有提供协程的任务库，那么 C++ 将胎死腹中[10]。然而它比较简陋，并且不容易移植到其他平台上，因此 1989 年后的大多数实现都不支持它。

　　协程的设计空间相当大，所以人们很难在方案上达成一致，经过了近几十年的探索与竞争后，它得以在 C++20 标准中回归。C++20 中的协程仅提供了机制，而没有提供标准库的支持，这可能会在下一个标准 C++23 中提供，本章将主要介绍协程的机制。

8.1 协程的起源

　　时间回到 1960 年，协程的概念可以追溯到解决 COBOL 编程语言编译器的问题，当时它是一门相当高级的数据处理语言，那时的存储介质为磁带与卡片，而为其编写编译器并不是一件简单的事情。第一个提出协程概念的人是 Melvin Conway，利用该技术的编译器仅需要遍历一遍源代码。

　　COBOL 编译器架构大致可分为九个阶段，例如在编译器开始编译代码时，首先将卡片上的代码写到磁带上，下一步是对磁带上的记号进行词法分析并形成符号表等，经过各阶段的处理，最终得到目标程序。

　　从现代编译器的架构来看，这是一种管道过滤模式，将前一阶段的结果作为后一阶段的输入，结果存储于文件或内存中，而在当时由于硬件的限制这个想法不可行。在 Conway 的设计中，第一阶段可视作磁带的写操作，第二阶段为磁带的读操作，如果一开始函数⊖就将卡片上的程序全部写到磁带上，然后调用第二阶段的函数进行读操作，由于耗时过长，人们无法忍受这个速度⊖。

　　Conway 认为函数的抽象程度仍然不够，因此他提出了协程的概念，这是一个比函数更要泛化的概念。函数只有两个行为：调用与返回。一旦函数返回后，它在栈上所拥有的状态将被销毁。协程相比函数多了两个动作：挂起与恢复。当协程主动挂起时，它的控制权将转交给另一个协程，这时它所拥有的状态仍被保留着，另一个协程获取控制权后，在将来某个时间点也可能选择挂起，从而使原协程的控制权得以恢复，一旦协程像函数一样返回，它所拥有的状态将被销毁。

　　在 COBOL 编译器中，磁带的写与磁带的读分别由两个协程完成，每当协程从卡片上写一

⊖　常常被称为子过程，笔者将它视作编程语言中的函数。
⊖　磁带只支持顺序存储，并不像当今的硬盘一样能够随机访问。

些数据后，就主动挂起，由另一个协程读取这些数据并进行操作，当数据处理完后，又挂起协程恢复到写的协程上，以此往复交替进行，整个过程可视作每个阶段都是并发进行的，直到完成编译任务。可以看出正是现实的限制与设计的需求催生出了协程的概念。

8.2 协程初探

本节将生成器的使用作为协程机制的入门，首先让读者对协程拥有一个印象，这有利于后续深刻挖掘其背后的实现细节。仍以求斐波那契数列为例，生成器版本如下：

```
Generator fibo() {
  int a = 1, b = 1;
  while (a < 1000000) {
    co_yield a; // 让出控制权,同时局部变量 a, b 被保留
    std::tie(a, b) = std::make_tuple(b, a + b);
  }
  co_return; // 可省略
}

int main() {
  for (auto f = fibo(); ! f.done(); f.next())
    std::cout << f.current_value() << std::endl;
}
```

fibo 函数即为一个生成器，观察代码可以发现，它的返回类型为 Generator，由 main 函数所调用，并使用一个变量 f 来存储生成器的返回对象，显然它是生成器的控制句柄，它通过 done 接口判断生成器是否结束，以及通过 next 接口恢复生成器的控制流。

在生成器中，使用关键字 co_yield 携带一个值并让出控制流，由 main 函数通过使用 current_value 接口获得并打印，之后使用 next 接口恢复生成器的控制流，以此循环。

这段代码中的 main 是一个普通函数，它充当着协程的调用者或恢复者的角色；而 fibo 是一个协程，它与函数最大的不同在于，使用 co_yield 让出控制流后，它的局部变量会被保留，下一次恢复的时候能够安全地访问这些局部变量，直到整个协程通过 co_return 返回为止。函数只有返回的能力，而没有挂起（让出）与恢复的能力。图 8.1 反映了整个过程。

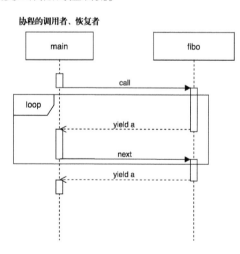

● 图 8.1　斐波那契生成器

8.3　函数与协程理论

C++的协程并没有定义协程的语义，没有定义协程如何将值返回给它的调用者，没有定义协程会在哪个线程上恢复，也没有调度器相关的概念，它要求库开发者实现协程机制所要求的接口规约，编译器为协程生成代码时将会对用户定制的这些接口进行调用。

标准留给库开发者定制它们的语义与行为，使得协程的通用性更强，人们可以挖掘出许多不同种类的协程，而不仅仅将它们用于异步并发编程中。在学习 C++协程特性之前，先理解一下函数调用机制，以便进一步扩展到协程的机制。

一个函数调用时将产生压栈动作，根据系统 ABI 协议，一般地，调用者会将参数压入栈中⊖，紧接着返回地址，然后跳转到被调函数的首地址，如图 8.2 所示。

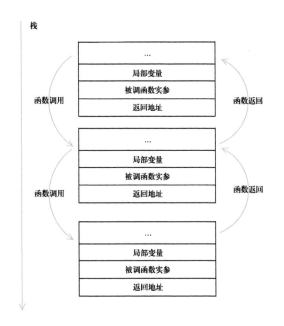

● 图 8.2　函数调用、返回过程

函数的调用与返回过程相当简单，所有的操作都是在栈上完成的，例如局部变量、函数参数的内存申请，仅需要对栈指针寄存器进行减法运算便能分配内存，当函数返回，销毁局部变量后，简单地对栈指针进行加法运算随即便回收了栈内存，即函数的调用与返回开销仅仅是寄存器的加减运算。程序员如果想要保存一些状态供后续访问，那么这些状态通常是位于堆内存上的，并且需要使用智能指针来管理这些内存。

函数所占用的空间也被称为栈帧，例如图 8.2 中的每一组格子便为一个栈帧。

协程是一个可恢复的函数，它比函数多了挂起与恢复两个动作，如果一个协程被挂起，那么它的状态（如局部变量等）必须被保存，以确保后续恢复时这些状态能够正常访问，因此一个协程帧不能简单地使用栈内存来表达，它必须借助其他内存来保存这些状态，例如堆

⊖　Linux x86_64 体系下，少量实参会通过寄存器传递给被调者，这里忽略这个细节。本节讨论的情况是基于 x86_64 体系，栈向低地址扩展。

内存。

图 8.3 是一个普通函数与协程进行交互的场景，图中每一步使用标号标记，它们的含义如下：

1）对一个协程进行调用，这个过程会创建协程的控制块，也被称为 coroutine_handle[−]，它包含了用户自定义的协程数据 promise_type、协程的实参、当前保存的局部变量，以及协程内部的状态如挂起点等，这些数据通常存放于堆内存上，在这个场景中，协程创建完成后便返回给它的调用者。

2）得到协程的句柄后，它可以被传递到其他地方，例如这里产生一个普通的函数调用，并传递给它进行后续协程的恢复动作。

3）协程的恢复过程，恢复者调用协程句柄的 resume( ) 函数，它是一个普通的函数调用，并且控制流会转交给协程。

4）在协程内部，它可以选择挂起或返回动作，通过 C++20 引入三个新的关键字实现：co_await、co_yield 和 co_return[−]。只要函数存在这三个中的任意一个关键字，它便被当成协程处理。

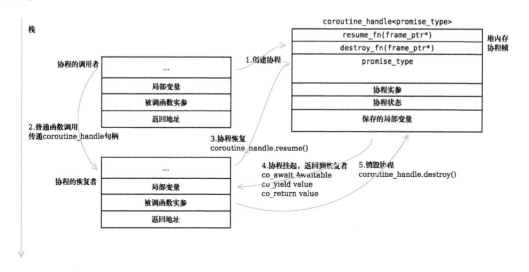

● 图 8.3　协程的调用、挂起、恢复、返回、销毁过程

- co_yield 和 co_await 能够挂起一个协程，并将控制流返回它的调用者（调用协程句柄的 resume( )函数），后续可再次恢复，也可直接通过协程句柄的 destroy( )函数销毁协程。

───────────

⊖　本章后续称它为协程句柄。

⊖　C++标准委员会考虑关键字 await 和 yield 等会破坏已有代码的兼容性，因此加入前缀 co_以减少这种重名可能性。

- co_return 即协程的返回动作，到这里协程的生命周期即将结束，它按照相反顺序销毁局部变量，并将控制流返回它的调用者，后续只能销毁协程。

5）经过前两步的循环，最后调用者通过协程句柄的 destroy( ) 销毁一个协程，并释放它的内存。

这里省略了一些细节，若要理解协程，其中最为重要的两个概念分别为 Promise 和 Awaitable，这两者都是用户自定义类型。

Promise 类型能够让用户定制一个协程的调用、返回行为，以及协程体内的 co_await 与 co_yield 表达式的行为。

Awaitable 类型能够让用户定制 co_await 表达式的语义，co_await 接受一个 Awaitable 对象，该对象能够控制当前协程是否挂起，挂起后需要执行哪些逻辑供将来恢复，以及恢复后如何产生该表达式的值。

C++的协程是无栈协程，它比有栈协程占用的内存更少，拥有更强的性能。无栈协程只能在协程中挂起协程，而不能在普通函数挂起协程⊖，因为无栈协程不会保存协程的调用栈；有栈协程没有这个限制，因为它保存了整个调用栈。

笔者尝试过使用无栈协程编写一个游戏服务端，实际上并没有因为这种限制而带来不便，即便需要调用栈，在父协程中 co_await 子协程时，父协程被挂起时子协程能够获得并存储父协程的句柄以便后续能够恢复父协程，通过协程的层层调用，会形成一个链表结构，对链表进行遍历即可挖掘整个协程的调用栈，当然这中间不会记录普通函数，也没必要记录，因为普通函数相对于协程而言只是一个短暂的瞬间。如果普通函数需要挂起动作，那么它就应该写成协程形式，这种传导特性使得程序员可以很容易区分协程和普通函数。

关于 yield 和 await 语义，其中 yield 的含义为让出控制权，在 C++中 yield 接受一个值，表明它将让出当前控制权，并将值传递给它的调用者⊜，这常用在生成器场景中，例如 8.1 节介绍的 COBOL 编译器中的协程。生成器是一种协程，它负责产生一系列值，通常与普通函数进行协作，调用者每次需要一个值时，便恢复生成器的控制权，生成器产生结果后，通过 yield 让出控制权并返回结果给调用者进行处理，整个过程生成器的状态将一直被保留，控制流不断在普通函数与协程之间进行切换，以完成复杂的计算任务，并提高代码的可读性。

await 更多地用在协程与协程之间的协作上，当父协程 await 子协程时，表明它将让出控制权，交给子协程进行处理，当子协程完成了处理并返回结果后，控制权将返回给父协程继续处理。await 也被称为 asynchronous wait，即异步等待，在等待结果的过程中可以让出当前线程的

⊖　普通函数只能通过协程句柄去恢复或销毁一个协程，而不能挂起一个协程。

⊜　后文可以看到 yield 其实是 await 的语法糖。

控制权，交由其他协程运行，从而提高线程资源的复用率。

8.4 揭秘 co_await 表达式

理解 co_await 表达式的关键在于掌握 Awaitable 概念，用户可以通过 Awaitable 定制该表达式的语义。编译器会对 co_await expr 表达式中的 expr 进行两步转换，以便得到最终的 Awaiter 类型，并依赖它生成一些控制代码。

▶▶ 8.4.1 表达式转换过程

首先是检查协程用户定义的 Promise 对象是否存在成员函数 await_transform，如果存在，则令 Awaitable 对象为 await_transform（expr）；如果不存在，则令 Awaitable 对象为 expr，这一步让协程拥有控制 co_await 表达式行为的能力，伪代码如下。

```
template<typename P, typename T>
decltype(auto) get_awaitable(P& p, T&& expr) {
  if constexpr (requires { p.await_transform(std::forward<T>(expr)); }) {
    return p.await_transform(std::forward<T>(expr));
  } else {
    return std::forward<T>(expr);
  }
}
```

经过上一步得到 Awaitable 对象后，检查该对象是否重载了 operator co_await() 操作符，如果重载则使用该函数调用后的结果作为最终的 Awaiter 对象，否则直接作为 Awaiter 对象，伪代码如下。

```
template<typename Awaitable>
decltype(auto) get_awaiter(Awaitable&& awaitable) {
  if constexpr (has_member_operator_co_await_v<Awaitable&&>) {
    return std::forward<Awaitable>(awaitable).operator co_await();
  } else if constexpr(has_non_member_operator_co_await_v<Awaitable&&>) {
    return operator co_await(std::forward<Awaitable>(awaitable));
  } else {
    return std::forward<Awaitable>(awaitable);
  }
}
```

值得注意的是，上述两步转换过程是编译时多态，而不是由运行时进行决策，最终得到的 Awaiter 对象可能就是最初的 expr。

上述两步转换的目的是，如果用户定义的某种协程想要控制 co_await 的行为，那么他应该

实现协程 Promise 的 await_transform 函数，否则它将原封不动地进入第二个转换，而第二个转换
也是可选的，取决于用户定义的 Awaitable 类型是否重载了 operator co_await( ) 操作符，也就是
说它可以扮演 Awaiter 工厂的角色，这一步将构造出最终的 Awaiter 对象，否则原封不动地当成
Awaiter 对象处理。

在笔者的 asyncio⊖协程库中，通过定制协程 Promise 对象的 await_transform 接口实现了对协
程的调用栈特性的记录，当协程每次执行 co_await 语句时，会首先通过该接口更新当前表达式
的代码行数。

▶▶ 8.4.2 Awaiter 对象

co_await 关联的对象经过两步转换后，得到最后的 Awaiter 对象，它需要用户提供如下三个
接口的实现：

- await_ready 接口，判断当前协程是否需要在此处挂起。
- await_suspend 接口，接受当前协程的句柄 coroutine_handle，用户可以在此处发起一个异
  步动作，在完成异步动作后，对这个 coroutine_handle 执行 resume 函数即可恢复当前协
  程的执行。这个函数拥有 3 个版本，通过不同的返回类型来区分。

① 返回类型为 void，则直接返回给当前协程的调用者或恢复者。

② 返回类型为 bool，如果返回 true，则挂起当前协程并返回给当前协程的调用者或恢复
者，否则直接恢复当前协程。

③ 返回类型为 coroutine_handle，则挂起当前协程并返回给当前协程的调用者或恢复者，随
即恢复它所返回的协程句柄。

- await_resume 接口，当前协程恢复时，其返回值将作为整个 co_await 表达式的值。

目前，标准库中没有提供明确的概念来约束一个 Awaiter 类型，但我们可以利用 concept 特
性来表达这个概念，以便将之用于泛型编程中。

```cpp
template<typename A>
concept Awaitable = requires (GetAwaiter_t<A> awaiter,
                              coroutine_handle<> handle) {
  { awaiter.await_ready() } -> convertible_to<bool>;
  awaiter.await_suspend(handle);
  awaiter.await_resume();
};
```

图 8.4 为编译器对 co_await 表达式进行的处理。

⊖ 笔者利用 C++20 特性实现了一套模仿 Python asyncio 的协程库，它能够以直观的 await 语法编写异步代码，ht-
   tps：//github. com/netcan/asyncio。

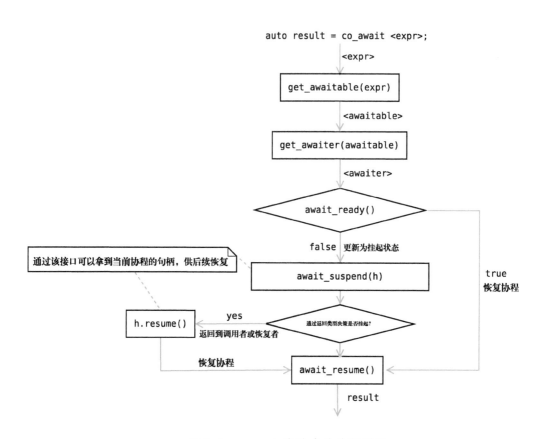

● 图 8.4　co_await 表达式的处理流程

await_ready 接口的返回类型为 bool, 它的语义是当前协程是否需要挂起, 例如这个动作可能是同步的, 或者值已经存在, 这时可以通过返回 true 直接跳到 await_resume( ) 获取整个表达式的返回值。若该接口返回 false, 在进入 await_suspend 接口之前, 将协程的状态更新为挂起状态, 并在协程句柄中记录当前挂起的位置, 以便后续能够从这个位置恢复。

在 await_suspend 之前就将协程的状态标记为挂起, 这么做是为了避免协程挂起与恢复产生竞争关系, 从而引入多余的同步机制: 当用户通过 await_suspend 获得当前协程的句柄后, 便可以发起一个异步请求并在回调函数中对该句柄使用 resume( ) 进行恢复, 这个过程可能与 await_suspend 产生竞争关系, 而这种竞争关系是安全的[○], 无须加锁保护。

协程挂起后通过 await_suspend 执行一些逻辑的能力, 这是许多有栈协程框架做不到的。在有栈协程中挂起一个协程, 并恢复另一个协程, 这个行为被打包成一个上下文切换的原子动

○　对协程自身状态的竞争是安全的, 而用户自定义的协程 Promise 对象状态仍可能产生竞争关系, 若在 await_ suspend 中未访问 Promise 对象则是安全的。

作，这种切换通常没有机会在挂起当前协程后并在恢复另一个协程前执行一段逻辑，这意味着在有栈协程中，需要在挂起前执行一段异步逻辑，甚至可能在挂起前这段异步逻辑就执行完成了，这时候挂起与恢复的动作将产生竞争，而需要额外的同步机制来保护这种竞争关系。

在 await_suspend 中获得当前协程的句柄后，void 返回类型表明它将无条件地挂起并返回给协程的调用者或恢复者，例如在发起异步请求后通过回调来对当前协程的句柄进行恢复。而 bool 返回类型仍然拥有决定是否挂起的能力，例如一个异步请求可以同步完成，当获得结果后直接返回 false 并对协程进行恢复。

如果需要在 await_suspend 后恢复另一个协程，需要通过使用返回类型为 coroutine_handle 的版本。它相对于前两个版本而言更泛化，且同样可以表达条件性挂起，例如返回当前协程句柄，那么就和 bool 版本中返回 false 的效果一样。简而言之，这个版本拥有挂起当前协程并同时恢复另一个协程的能力，控制流能够对称地转移，这可以解决两个协程句柄递归地 resume( ) 对方导致栈溢出的问题，通过这个版本编译器将对 resume( ) 函数进行尾调用优化来解决。

当 await_suspend 抛出了异常，则立刻恢复当前协程并跳过 await_resume，并将异常传播到当前的 co_await 表达式。一旦协程挂起，后续可以通过该协程句柄对其进行恢复或销毁。

恢复协程后将对 await_resume 函数进行调用，这个函数的意图是将返回值作为当前co_await 表达式的值，若抛出了异常，则同样会将异常传播到当前的 co_await 表达式。

▶▶ 8.4.3　标准库中的 Awaiter

C++标准库中提供了两个最基本的 Awaiter，它们分别为：

- suspend_always，挂起当前协程并返回到它的调用者或恢复者。
- suspend_never，不挂起当前协程。

而这两个 Awaiter 只实现了 await_ready 接口，它们分别返回 false 和 true。

```
struct suspend_always {
  constexpr bool await_ready() const noexcept { return false; }
  constexpr void await_suspend(coroutine_handle<>) const noexcept {}
  constexpr void await_resume() const noexcept {}
};

struct suspend_never {
  constexpr bool await_ready() const noexcept { return true; }
  constexpr void await_suspend(coroutine_handle<>) const noexcept {}
  constexpr void await_resume() const noexcept {}
};

static_assert(Awaitable<std::suspend_always>);
static_assert(Awaitable<std::suspend_never>);
```

尽管它们的接口实现使用 constexpr 修饰，但目前协程机制无法在编译时环境中使用。

8.5 揭秘 Promise 概念

在计算机科学中，Promise 概念用于描述一个未知值的对象，生产者可以通过 Promise 对象提供一个值，而消费者通过对应的 Future 来获取将来的值，即形成了如图 8.5 所示的 Promise 与 Future 对。

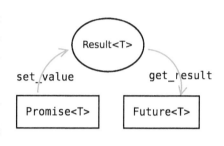

● 图 8.5　Promise 与 Future 对

笔者在全书中借用 Promise 与 Future 的关系来描述 C++的协程机制，尽管标准中没有明确 Future 的概念。这意味着笔者的主要关注点和标准不一样，标准中的 Promise 更多的是控制协程的行为，并且对返回类型没有过多的限制，而笔者主要关注点在于协程与它的调用者、恢复者之间的关系，通过 Promise 提供值，Future 取值，后面读者可以看到，无论是协程应用于并发编程，还是生成器等场合，它们都满足这个概念。

在 C++协程中，也提供了 Promise 概念，用户可以为 Future 类型提供对应的 Promise 类，后者除了能够存储待提供的值外，还能定制协程的调用、返回值的行为，以及 co_await 和 co_yield 行为。

由于协程是一个可恢复的函数，除了它的函数体至少需要出现三个关键字 co_return、co_await、co_yield 中的一个以外，它的返回类型 Future[一]还要求提供对应的 Promise 类型。

以生成器 fibo 为例，它的返回类型 Generator 就是一个 Future，恢复者可以使用 current_value 接口[二]获取当前的值，利用协程句柄恢复生成器的执行，生成器的 Promise 通过实现 co_yield 接口来提供下一个值，然后挂起并返回给它的恢复者，以此类推。

▶▶ 8.5.1　协程句柄

在介绍 Promise 概念之前，需要了解协程句柄的结构，因为它存储于协程句柄中。

图 8.6 为协程帧的大致结构，它存储了协程恢复、销毁两个函数指针，以及协程实参、内部状态，还有保存的局部变量，其中 promise_type 需要用户实现，它需要满足 Promise 概念。coroutine_handle 是标准库提供的模板类，它封装了协程帧的指针，并提供恢复协程、销毁协

⊖　笔者将协程的返回类型视作 Future。
⊖　该接口非标准，它从 Promise 中获取值。

程，以及获取协程的 Promise 类型等接口。

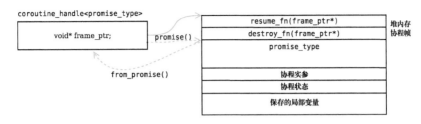

● 图 8.6　协 程 句 柄

```
template <typename Promise = void>
struct coroutine_handle;

template <> // 特化 void 版本
struct coroutine_handle<void> {
  // 省略一些构造函数、赋值函数...
  constexpr void*  address() const noexcept; // 获取协程帧地址
  // 从协程帧地址构造
  constexpr static coroutine_handle from_address(void* ) noexcept;
  constexpr explicit operator bool() const noexcept;    // 判断协程是否结束
  bool done() const noexcept;                           // 判断协程是否结束
  void operator()() const;                              // 恢复协程
  void resume() const;                                  // 恢复协程
  void destroy() const;                                 // 销毁协程
private:
  void*  frame_ptr;                                     // 存放协程帧指针
};

template <typename Promise>                             // 特化 Promise 版本
struct coroutine_handle {
  // 省略 coroutine_handle<void>中的接口
  static coroutine_handle from_promise(Promise&);       // 从 Promise 对象构造
  Promise& promise() const;                             // 获取 Promise 对象
private:
  void*  frame_ptr;                                     // 存放协程帧指针
};
```

coroutine_handle<> 为类型擦除版本，当用户不关心它所存放的 Promise 而只关心协程的恢复、销毁以及句柄的传递时，那么可以使用该版本。

coroutine_handle<promise_type>携带了 Promise 的类型信息，通过句柄的 promise 接口拿到 Promise 对象，相反如果通过 from_promise 构造协程句柄，它可以通过类型转换操作符隐式地被擦除成 coroutine_handle<>。

恢复者通过 resume 接口可对一个挂起后的协程进行恢复，直到该协程被再次挂起，resume 接口得以返回。当协程结束后，不能再通过该接口进行恢复，此时可通过 destroy 接口对协程进行销毁。done 接口可查询协程是否处于结束状态。

先有鸡还是先有蛋的问题来了，协程的句柄从哪来？假设句柄是从 Promise 对象构造而得，那么和图 8.6 所示的结构相悖，但如果没有 Promise，那么由谁来构造协程的句柄？

答案是 C++编译器会对协程的代码进行变换，例如插入分配协程帧的代码，这也是协程与普通函数所不同的地方。

在调用协程之时，首先对协程帧进行动态内存分配，默认会使用 operator new 进行分配，大小为编译时确定的协程帧所需要的空间，包括实参的个数与大小、Promise 对象的大小、保存局部变量所需要的大小，以及协程内部状态的大小。

用户可以为 Promise 类实现 operator new 操作符来代替全局的内存分配器。当内存分配失败时，默认行为是抛出一个 std::bad_alloc 异常，在嵌入式开发中，通常不允许使用异常，如果用户为 Promise 类实现静态成员函数 get_return_object_on_allocation_failure，内存分配失败将使用 nullptr 来代替异常，并且使用该静态成员函数的返回结果作为协程的 Future 返回类型。

理论上，编译器有可能对内存分配进行省略优化，当协程帧的生命周期严格嵌套于调用者的生命周期，并且能在调用者得到协程帧的大小时，编译器便能够复用调用者的帧空间，从而降低内存分配的频率。但实际上，目前笔者尝试的 GCC 编译器还没有做这种优化。

在为协程帧分配内存后，接着将调用者传递给协程的实参拷贝到协程帧中，以便后续协程挂起后仍能访问这些实参。如果协程的实参是按值传递的，那么它们会通过移动构造传递到协程帧中；如果协程的实参是以引用的方式传递的，那么它们仅将传递引用到协程帧中。

需要注意的是，以引用的方式传递实参，尤其是右值引用，尽管调用者能够确保传递实参的生命周期，但无法保证临时变量的生命周期，临时的实参被绑定到右值并被引用后，在协程后续恢复访问这些引用时将会导致非法内存访问。例如：

```
Generator coro(TestObj&& obj) {
  // 访问右值引用的 obj 非常危险!
  co_return;
};
void caller() {
  auto f = coro(TestObj{}); // 这条语句结束后,临时对象 TestObj 将被释放
  f.resume(); // 恢复协程,危险!
}
```

除了要注意直接使用右值引用外，更需要注意的是在泛型编程中的完美转发，这种情况下这些右值可能会出现问题。笔者想到一个比较完美的解决方案，详见 10.2 节。

如果在拷贝实参过程中抛出了异常，那么已经拷贝过的实参将依次析构，并释放协程帧内

存，将异常抛回给它的调用者。

一旦完成了实参的拷贝过程，接下来要做的就是构造 Promise 对象。如果用户定义了 Promise 类的构造函数，并且构造函数参数与协程的参数类型、个数都一致，那么将会调用此构造函数，否则将调用默认的构造函数。换句话说，用户有机会在 Promise 构造函数中查看传递给协程的实参，从而控制协程的一些行为。

如果在构造 Promise 对象的过程中发生了异常，同样地将依次析构实参，然后释放协程帧的内存并抛回给它的调用者。

Promise 对象构造完成后，需要利用 Promise 来构造协程的返回类型 Future 对象，以便将这个对象返回给它的调用者。

▶▶ 8.5.2　Promise 概念

C++标准中的协程并没有明确地提出 Future 概念，前文提到生成器 fibo 的返回类型 Generator 即为 Future 概念，那么本章反复提到的 Promise 到底是指哪个类呢？

1. coroutine_traits 元函数

C++标准库通过 coroutine_traits 元函数来查找一个与协程对应的 Promise 类型时，通常以协程的返回类型 Future 为准。

```
template<typename, typename...>
struct coroutine_traits {};

template<typename R, typename...Args> // 输入协程的返回类型、形参类型
requires requires { typename R::promise_type; }
struct coroutine_traits<R, Args...> {
  using promise_type = typename R::promise_type;
};
```

默认情况下，编译器会查找 Future 的类型成员 promise_type 作为 Promise，若 promise_type 不存在则会编译报错。如果程序员无法为已存在的类型添加类型成员，可以通过为该元函数提供的特化版本来扩展其 promise_type。

因此对于生成器 fibo 而言，编译器将以 Generator::promise_type 作为 Promise 类型。

2. 构造 Promise 与 Future 对象

在构造 Promise 对象时，如果协程的形参与 Promise 构造函数一致，那么将会使用重载形参后的构造函数，否则使用默认的构造函数。需要特别注意的是，当协程作为一个 Class 类的成员函数○时，Promise 重载构造函数的第一个类型要求与 Class 类一致；如果协程作为 lambda 使

○　协程是一个可恢复的函数，这里的成员函数指的是成员协程。

用，重载的构造函数的第一个类型为该 lambda 的类型。换句话说，当协程作为成员函数或函数对象被调用时，Promise 有机会查看该对象、函数对象，这完全合情合理，因为成员函数、lambda 的调用都隐含了一个 this 参数。如果不注意这点的话，库开发者可能会因为协程作为成员函数、lambda 使用时没匹配到签名一致的构造函数而感到意外。

```
struct Future {
  struct promise_type {
    template<typename Obj>
    promise_type(Obj&&, int v) // 匹配成员函数、lambda 的情况
    { std::cout << "member or lambda coroutine, v = " << v << std::endl; }
    promise_type(int v) // 匹配自由函数
    { std::cout << "free coroutine, v = " << v << std::endl; }
    promise_type() { std::cout << "default ctor" << std::endl; }
    // ...
  }
}
```

上述代码定义了一种 Future 类型，它的 promise_type 类型成员作为 Promise，后者定义了三个构造函数，前两个函数可以用来查看用户传递给协程的 int 参数，后一个函数默认什么也不做。考虑如下几个协程：

```
struct Class {
  Future member_coro(int) { co_return; }
};
Future free_coro(int) { co_return; }
Future free_coro2(std::string) { co_return; }
auto lambda_coro = [](int) -> Future { co_return; };

int main() {
  Class obj;
  obj.member_coro(0); // member or lambda coroutine, v = 0

  lambda_coro(1); // member or lambda coroutine, v = 1
  free_coro(2); // free coroutine, v = 2
  free_coro2("hello"); // default ctor
}
```

程序的输出反映了这点，而 free_coro2 的调用将导致 Promise 使用默认构造函数，因为 free_coro2 的形参签名与提供的构造函数不匹配⊖。

⊖ 这个例子中的 Promise 模板构造函数其实是有问题的，因为第一个模板参数可以匹配任意类型，也就是说它可以匹配形参类型为（T, int）的自由函数，这违背了作为成员函数、lambda 使用的语义。但对于解释 Promise 的构造过程而言，可以忽略。

Promise 对象构造完成后，通过用户提供的 Promise::get_return_object 接口来构造 Future 对象[⊖]，也就是协程的返回对象，该对象将在第一次挂起后返回给协程的调用者。

一般的地，Future 对象存储了协程句柄，可以通过 coroutine_handle 的 from_promise 来获取该协程句柄，一个典型的实现如下：

```
struct Generator {
  struct promise_type;
  using handle = std::coroutine_handle<promise_type>;
  struct promise_type {
    Generator get_return_object() { return {handle::from_promise(* this)}; }
  };
private:
  Generator(handle h): coro_handle_(h) {}
  handle coro_handle_;
};
```

在协程场景中，Future 不仅需要作为消费者获取值，还需要管理协程的生命周期，它是一个典型的 RAII 类，通过析构函数对协程句柄进行释放。最简单的 Future 只需要提供移动语义来保证协程句柄的安全传递。

```
struct Generator {
  Generator(Generator&& rhs) noexcept:
    coro_handle_(std::exchange(rhs.coro_handle_, {})) {}
  ~Generator() { if (coro_handle_) coro_handle_.destroy(); }
};
```

图 8.7 阐述了协程调用过程中 Promise 与 Future 对象的创建过程，在编译时元函数 coroutine_traits 会根据协程的返回类型 Future 得到对应的 Promise 类型，而在运行时这个过程正好相反，在构造 Promise 对象后接着构造 Future。

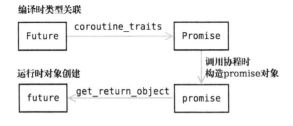

● 图 8.7　Promise 与 Future 对象的创建

⊖　get_return_object 的返回对象不必是 Future，只要 Future 的某个构造函数能够接受这个对象并进行构造即可。

3. 协程的代码变换

前文提到编译器会对协程进行代码变换，这里仍以生成器 fibo 为例，经过变换后的代码如下[一]：

```
Generator fibo() {
  // 这里插入协程帧分配、实参拷贝、promise、Generator 对象构造代码
  try {
    co_await promise.initial_suspend();
    int a = 1, b = 1;
    while (a < 1000000) {
      co_await promise.yield_value(a); // co_yield a;
      std::tie(a, b) = std::make_tuple(b, a + b);
    }
    promise.return_void(); // co_return;
  } catch (...) {
    if (! initial-await-resume-called) throw;
    promise.unhandled_exception();
  }
final-suspend:
  co_await promise.final_suspend();
}
```

从生成的代码来看，Promise 对象提供了一些可定制的点，例如，在执行协程体之前的第一个挂起点 initial_suspend、协程返回前的最后一个挂起点 final_suspend 等。

4. initial_suspend 挂起点

initial_suspend 接口允许用户自定义在执行协程的第一行代码之前是否需要挂起协程，它相关的状态 initial-await-resume-called 此时为假。如果选择在这里挂起，那么后续可通过协程句柄[二]对其进行恢复，并开始执行第一行代码，或者对其进行销毁。

当从这个挂起点恢复时，它相关的状态 initial-await-resume-called 被置为真。其 Awaiter 的返回值 await_resume 将被扔掉，因此简单地定义 void 返回类型即可。

需要注意的是如果在这个挂起点抛出了异常，那么协程会被销毁，并释放协程帧内存，将异常抛回给它的调用者。由于协程的 Future 通常是个 RAII 类，所以将在调用者处析构这个 Future，这时会出现双重释放的问题，因此最好不要在这个挂起点抛异常。

对于大多类协程而言，一般这个接口会简单地返回 suspend_always 或 suspend_never，它们

[一] 这里没有对 co_await 表达式进行展开，实际上编译器也会对这部分代码进行变换，生成对 Awaiter 的接口调用代码。

[二] 当前协程的句柄通过 Awaiter 的 await_suspend 接口得到。

都是 noexcept 的，通常不会有什么问题。

5. yield_value 接口

协程同样可以定制 co_yield 关键字的行为，通过给 Promise 类实现 yield_value 接口。它仅仅是 co_await 的语法糖，在协程的代码变换中，co_yield a 将会被变换成 co_await promise.yield_value（a）调用。

一般生成器通过这个接口产生一个值，并将控制权返回给它的调用者或恢复者。

```
struct Generator {
  struct promise_type {
    auto yield_value(int value) {
      current_value_ = value;
      return std::suspend_always{};
    }
    int current_value_;
  };
};
```

6. await_transform 接口

Promise 类有机会对协程体内的 co_await 表达式进行定制，通过实现 await_transform 接口，co_await 表达式会首先通过这个接口来得到 Awaitable 对象。详情请查阅 8.4 节。

7. return_void 与 return_value 接口

当协程体通过 co_return 语句返回时，编译器会将该语句转换成对 Promise 对象的 return_void 或 return_value 接口进行调用，用户最多只能实现这两个接口中的一个。该语句有以下几种情况。

- co_return；简单地转换成 promise.return_void( )调用。
- co_return expr；
  - expr；promise.return_void( )；若 expr 的类型为 void；
  - promise.return_value(expr)；若 expr 的类型不为 void。

如果库开发者实现了 return_void 接口，而用户在协程最后没有通过 co_return 返回，那么实现的效果和使用 co_return 返回是一样的，否则将是一个未定义行为。因此，笔者建议库开发者为 Promise 实现这两个接口中的一个。

出现 co_return 语句表明这个协程即将结束它的生命周期，在进入 final_suspend 挂起点之前，它会逆序地析构协程体内的局部变量，注意这时候并不会析构协程的实参。

8. unhandled_exception 接口与异常处理

若在协程体内发生了异常，都会交由 unhandled_exception 接口对异常进行处理，一般会通过调用 std::current_exception() 来获取异常的副本并存储，以便后续当用户从 Future 取值时重抛。

9. final_suspend 挂起点

initial_suspend 接口允许用户在协程结束前挂起，当协程体内抛出异常或者通过 co_return 返回时都将到达这个挂起点。用户可以通过实现这个接口来执行一些额外的逻辑，例如将最终的返回结果传递给调用它的协程○，并恢复调用它的协程，从而对这个结果进行后续的操作。

当用户选择在这个点挂起时，后续只能通过协程句柄去手动销毁它，若恢复该协程则是一个未定义行为；如果不在这个点挂起，则将自动地销毁该协程，后续若再通过句柄销毁则会出现双重释放的问题。

最好的方法是在这个点对协程进行挂起，交由程序员手动销毁，因为协程的 Future 是个 RAII 类，可由它析构时通过协程的句柄进行销毁，这样不容易出错。

该接口不能抛出异常，所以实现时必须被修饰为 noexcept。另外在这个点挂起后，协程句柄的 done() 接口为真。

10. 销毁过程

当协程被销毁时，将涉及如下几个过程：

1）析构 Promise 对象。

2）析构协程的实参。

3）释放协程帧内存。

4）返回给协程的调用者、恢复者。

11. 使用 concept 表达 Promise 概念

综上所述，我们可以尝试利用 C++提供的 concept 特性来表达 Promise 概念，代码如下：

```cpp
template<typename P>
concept Promise = requires (P p) {
  { p.get_return_object() } -> Future;          // 构造 Future 对象
  { p.initial_suspend() } -> Awaitable;         // 第一个挂起点
  { p.final_suspend() } noexcept -> Awaitable;  // 最后一个挂起点
  p.unhandled_exception();                      // 异常处理
  requires (requires(int v) { p.return_value(v); } ||  // co_return 语句处理
            requires { p.return_void(); });
};
```

○ 这其实是一个协程 co_await 另一个协程的典型场景。

8.6　综合运用

▶▶ 8.6.1　生成器

贯穿本章的生成器是理解协程机制的关键。我们将生成器的 Future 命名为 Generator，并按照惯例提供 promise_type 类型成员作为 Promise。

首先是 Promise 的实现：

```
struct promise_type {
  Generator get_return_object()  { return {handle::from_promise(* this)};
                                                                        }
  auto initial_suspend() noexcept{ return std::suspend_never{};         }
  auto final_suspend() noexcept  { return std::suspend_always{};        }
  void unhandled_exception()     { std::terminate();                    }
  void return_void() {}
  auto yield_value(int value) {
    current_value_ = value;
    return std::suspend_always{};
  }

  int current_value_;
};
```

它存储了待提供的值，当生成器通过 co_yield 关键字提供值时，将被 yield_value 接口更新值并返回控制权给它的调用者或恢复者。

接下来是 Future 的实现：

```
struct Generator {
  struct promise_type;
  using handle = std::coroutine_handle<promise_type>;
  void next() { return coro_handle_.resume(); }
  bool done() { return coro_handle_.done(); }
  int current_value() { return coro_handle_.promise().current_value_; }

  Generator(Generator&& rhs) noexcept:
    coro_handle_(std::exchange(rhs.coro_handle_, {})) {}
  ~Generator() { if(coro_handle_) coro_handle_.destroy(); }
private:
  Generator(handle h): coro_handle_(h) {}
  handle coro_handle_;
};
```

Future 作为一个 RAII 类通过协程的句柄来管理生成器的生命周期，并提供接口 next 恢复生成器，current_value 接口获取当前值。

▶▶ 8.6.2 为已有类型非侵入式扩展协程接口

C++的协程设计是非侵入式的，它可以为已有类型扩展协程接口，而无须修改代码，这符合开闭原则。本小节将扩展 C++11 标准库的 std::async 接口，并为其提供协程接口，为方便理解，举例说明一个容器并行求和的用户代码如下：

```
template<std::random_access_iterator RandIt>
std::future<int> parallel_sum(RandIt beg, RandIt end) {
  auto len = end - beg;
  if (len == 0) { co_return 0; }
  RandIt mid = beg + len/2;
  auto rest_task = std::async([](RandIt b, RandIt e) {
    return std::accumulate(b, e, 0);
  }, mid, end);
  auto first_task = parallel_sum(beg, mid);

  auto first = co_await std::move(first_task); // 协程挂起点
  auto rest = co_await std::move(rest_task); // 协程挂起点
  co_return first + rest;
}

int main() {
  vector v(100000000, 1);
  cout << "The sum is " << parallel_sum(v.begin(), v.end()).get() <<'\n';
}
```

std::async 接口将一个函数异步运行在另一个线程上[⊖]，并提供 std::future 返回类型来同步获取结果。这段代码首先异步地对后半部分进行求和，同时递归地对前半部分求和，接着使用 co_await 表达式挂起整个协程，直到两部分都计算出结果后，再返回最终的求和结果。

虽然表达并行计算的原语通常为 when_all 或 fork，但请读者将关注点放在如何为已有类型扩展协程接口。

标准库提供了 std::promise 与 std::future 对，我们只需要在这两个类型上进行扩展，并提供协程所需要实现的接口。协程的 Future 返回类型为 std::future，我们需要特化 coroutine_traits 元函数，让编译器能够找到协程的 Promise。

⊖ 另一个线程取决于实现，可能是线程池，但通常是临时创建的系统线程。

```
template<typename T, typename...Args>
struct std::coroutine_traits<std::future<T>, Args...> {
  struct promise_type: std::promise<T> {
    // 扩展...
  };
};
```

上述代码不符合 C++标准，因为标准要求当用户在 std 名称空间特化模板类时，特化的模板参数中需要提供至少一个自定义的类型，而上述代码只针对标准的 std::future 类型进行特化⊖。因此我们需要定义一个额外的类型，例如一个空标签即可：

```
struct AsCoroutine {}; // 自定义空标签
AsCoroutine inline constexpr AsCoroutine as_coroutine;

template<typename T, typename...Args>
struct std::coroutine_traits<std::future<T>, AsCoroutine, Args...> {
  // ...
};
```

这就要求用户需要额外传递这个标签类。最初的并行求和算法 parallel_sum 需要第一个参数类型为 AsCoroutine，所以需要代码如下：

```
template<std::random_access_iterator RandIt>
std::future<int> parallel_sum(AsCoroutine, RandIt beg, RandIt end);
// 调用处
cout << "The sum is " << parallel_sum(as_coroutine, v.begin(), v.end()).get();
```

这里没有对 std::future<void>的情况进行特化，读者可尝试将它作为一个练习。在特化元函数后，编译器能够正确地找到协程的 Promise 类型，接着按部就班地实现一些必要的接口。

```
struct promise_type: std::promise<T> {
  std::future<T> get_return_object()  { return this->get_future(); }
  auto initial_suspend() noexcept      { return std::suspend_never{}; }
  auto final_suspend() noexcept        { return std::suspend_never{}; }
  void unhandled_exception()           { this->set_exception(std::current_exception()); }
  template<typename U>
  void return_value(U&& value) { this->set_value(std::forward<U>(value)); }
};
```

值得注意的是，这里在 final_suspend 挂起点中选择不挂起，因为我们不打算将 std::future 作为协程的 RAII 类，所以当协程结束后，将自动释放内存。

⊖ 这是正当的做法，如果一个程序用到了两个库，它可能以相互矛盾的方式去"扩展"标准库行为。目前编译器未拦截这种行为，需要程序员自己遵守。

另一个问题是，std::future 类型无法被直接用于 co_await 表达式中，因为它目前不符合 Awaitable 概念。co_await 表达式将会进行两步转换过程，第一步是通过 Promise 的 await_transform 得到 Awaitable 类型，第二步是利用 operator co_await 操作符重载得到 Awaiter，我们要做的就是将 std::future 转换成 Awaiter，笔者选择实现 await_transform 接口。

```
struct promise_type: std::promise<T> {
  // ...
  Awaiter await_transform(std::future<T> fut) {
    return { std::move(fut) };
  }
};
```

最后将关注点放在 Awaiter，同样按部就班地实现它所需要的三个接口。

```
struct Awaiter {
  bool await_ready() {
    return fut_.wait_for(std::chrono::seconds(0)) == std::future_status::ready;
  }
  void await_suspend(std::coroutine_handle<> handle) {
    std::thread([=, this]{
      fut_.wait();
      handle.resume();
    }).detach();
  }
  decltype(auto) await_resume() { return fut_.get(); }

  std::future<T> fut_;
};
```

首先是 await_ready 接口，它判断 std::future 是否已经有执行结果，从而避免多余的挂起动作。如果没有结果，则被挂起，在 await_suspend 接口实现的过程中，通过创建一个新的线程来等待 std::future 的结果，然后恢复协程的执行，最后通过 await_resume 将结果返回给协程的 co_await 表达式。

虽然这里为 std::future 封装了一层协程表现层，但并不会改变该类的已有行为，也就是说依旧可以按照原来的方式使用。此外，函数的返回类型为 std::future 并不意味着它是一个协程，例如，这里的 std::async 函数依旧是个普通函数。判断一个函数是否为协程不仅由返回类型决定，更重要的是函数体内是否出现了 co_await、co_yield 或 co_return 等关键字。

通过额外传递标签 AsCoroutine，使得读者能够通过函数的签名来判断它是否为一个协程，而无须进一步检视函数体。当然也无须担心引入额外的类导致多余的开销，该类仅供编译时使用，运行时已不复存在。

▶▶ 8.6.3　利用协程机制简化错误处理

协程机制为错误处理提供了一种可能，对于一个相对稳定的程序而言，它的代码通常需要对错误情况进行处理，这就意味着调用每一个接口，都需要判断接口的返回情况，如果不处理则直接返回错误码。这就导致一段正常代码被错误处理代码弄得支离破碎，参考如下程序，要求用户依次输入两个整数，正常情况下返回两个整数之和，而遇到错误的输入则直接返回无。

```
// 如果输入的是整数,返回该数,否则返回 std::nullopt
std::optional<int> read_int();
std::optional<int> compute() {
  int x, y;
  if (auto v = read_int()) {
    x = v.value();
  } else { // 错误处理
    return std::nullopt;
  }

  if (auto v = read_int()) {
    y = v.value();
  } else { // 错误处理
    return std::nullopt;
  }
  return x + y;
}
```

上述代码如果使用协程进行封装，等价的代码如下：

```
maybe<int> read_int(); // maybe 扩展自标准库的 optional
maybe<int> compute() {
  int x = co_yield read_int();
  int y = co_yield read_int();
  co_return x + y;
}
```

从可读性的角度来看，上述代码直接表达了该计算应有的逻辑，使用 co_yield 对返回值进行判断，如果存在一个值则直接将该值作为该表达式的结果，否则结束该协程的控制流，整个协程返回 std::nullopt。

该协程的 Future 返回类型为 maybe 自定义类，它扩展自标准库的 optional，这么做就无须传递额外的标签类：

```
template<typename T> // 简单地扩展自标准库的 optional
struct maybe: public std::optional<T> {
  using Base = std::optional<T>;
```

```
    using Base::Base;
};
```

接着让编译器能够找到 Promise：

```
template<typename T, typename...Args>
struct std::coroutine_traits<maybe<T>, Args...> {
  struct promise_type {
    // 扩展...
  };
};
```

按部就班地实现 Promise 所需要的接口：

```
struct promise_type {
  auto initial_suspend() noexcept { return std::suspend_never{}; }
  auto final_suspend() noexcept { return std::suspend_never{}; }
  void unhandled_exception() { }
  maybe<T> get_return_object() { return maybe<T>{res_}; }
  template<typename U> // 传递最后的结果给 maybe
  void return_value(U&& value) { res_->emplace(std::forward<U>(value)); }
private:
  maybe<T>* res_ {};
};
```

同样地，在协程的 final_suspend 挂起点选择不挂起，当协程结束时将自动释放内存。get_return_object 接口将构造一个 maybe<T>对象，并由成员 res_关联这个对象：

```
template<typename T>
struct maybe: public std::optional<T> {
  maybe(maybe* & p) { p = this; } // 构造对象时关联到 Promise 的 res_成员
};
```

接着看看 co_yield 的行为，它需要实现 yield_value 接口，并返回一个 Awaiter，交由 Awaiter 来判断给定的 std::optional，如果存在一个值则不挂起，则将值作为表达式的结果，否则挂起后销毁该协程，并将控制流直接返回到调用者。

```
struct promise_type {
  // ...
  auto yield_value(maybe<T> opt) {
    struct Awaiter {
      // 存在值,不挂起,直接返回
      bool await_ready() { return opt_.has_value(); }
      decltype(auto) await_resume() { return * opt_; }
      // 否则,挂起后销毁该协程,并将控制流返回给调用者
      void await_suspend(std::coroutine_handle<> handle)
```

```
        { handle.destroy(); }
        maybe<T> opt_;
    };
    return Awaiter { std::move(opt) };
  }
};
```

std::optional 只能表达是否存在的概念，如果需要表达一个值不存在的原因，那么可以考虑使用 std::variant<T, Err>类型。同样地，可以为其封装协程接口，这种情况下，co_yield 的行为就是，如果值存在则直接作为该表达式的结果，否则将结束控制流，并把错误原因原封不动地返回给它的调用者。由于扩展协程接口并不会改变原来类型的行为，因此如果需要处理错误情况，那么依旧可以选择不使用 co_yield，而是直接取出错误原因并处理。

除此之外，协程的这种特性使得它能够很好地为一些组合子来封装协程接口，典型的有解析器组合子。解析器组合子的应用场景是对字符串进行解析，它的函数签名为：

```
template<typename T>
using parser_t = maybe<pair<T, string_view>>;
template<typename T>
auto parser(string_view) -> parser_t<T>;
```

前文中的 read_int 就可视作一个解析器，只不过它是从标准输入中解析字符串，如果解析成功则返回一个整数，否则返回 nullopt。而解析器一般从传递给它的字符串中进行解析，解析失败则返回 nullopt⊖，解析成功后则返回解析的结果与剩余的字符串，这些剩余的字符串可以经过另一个解析器进行组合，从而完成复杂的解析任务。

一个解析 IPV4 地址的程序如下：

```
maybe<int> parse_ip_number() {
  int n = co_yield read_int();
  if(n > 255) co_return std::nullopt;
  co_return n;
}

maybe<ipv4_address> parse_ip_address() {
  ipv4_address result;
  result.n[0] = co_yield parse_ip_number();
  for (int i = 1; i < 4; ++i) {
    co_yield match_char('.');
    result.n[i] = co_yield parse_ip_number();
  }
  co_return result;
}
```

⊖　实际上需要考虑解析失败的原因与位置，简单起见，此处忽略这个细节。

▶▶ 8.6.4 注意事项

虽然每次协程的调用都需要一次内存分配动作，但目前已有理论可以实现减少这种内存分配的次数。经笔者测试，协程的调用、恢复、挂起、返回操作都是纳秒级的，而协程的主流应用场景在于并发编程中，通常耗时点在于 IO 操作，即 IO 密集型，它们耗时的量级为微秒甚至毫秒，相对而言协程的开销可以忽略不计。

用户无法仅从函数的签名中判断它是否为一个协程，协程除了对返回类型提出了要求外，更重要的是协程体内还存在相关的关键字，但也可以通过传递额外的标签类（如 AsCoroutine）做出判断。

在并发编程中，协程通常可以代替异步的回调接口，每一个回调点都有可能转换成 co_await 表达式。之所以传统的异步编程需要回调，是因为回调可以节省线程资源，但回调带来的后果是，代码难以阅读，因为处理一个异步调用点的结果时，该结果将被割裂在另一个回调函数中，而回调函数有可能发起另一个异步处理，从而形成"回调地狱"，这种代码没有同步编程的层次感，类似于汇编编程时，由于没有结构化的概念，而需要大量使用 goto 进行跳转一样。

而协程带来的好处是，以同步的方式编写异步代码，每一个后续处理都位于 co_await 表达式之后，通过 co_await 发起一个异步操作，这个异步操作结束后恢复此协程的执行，如此从 co_await 表达式得到结果，从而进行后续的处理，整个过程中代码完全是结构化的。协程在异步编程中提供了更高阶的抽象，而不是类似于 goto 那种非结构化的代码。

关于内存分配，其实协程的内存分配频率有可能会比回调模式更低。在回调模式中，每一个异步操作都需要程序员保证相关对象的生命周期，这就需要使用大量的智能指针来管理，从而保证回调代码中对象的有效性；而协程无须这种额外的内存分配，因为这些相关的对象可以复用协程帧内存，从每一次挂起动作到恢复后续处理，这期间的对象会自动地存放于帧内存上，而无须智能指针构造对象，同时还能够享受值语义带来的好处。

从宏观角度来看，编译器会计算每一个协程生命周期内所需要的所有内存，因此只需要在调用时进行一次内存分配，后续的 co_await 异步操作都无须再使用智能指针来创建对象，而是直接使用"栈"上对象，从而减少内存分配的频率，以及缓解智能指针滥用的情况。从协程帧的角度来看，它就是一个自动的对象内存池，池里的对象分配就和函数栈机制一样，通过简单的加减计算便能分配出协程中所有对象的内存。

关于异常处理，协程从设计上就可以在禁用异常特性的情况下使用，那就需要程序员使用替代手段（诸如错误码等错误处理机制）。但异常处理代码的可读性要比错误码模式高很多，它使得正常流程与异常流程关注点分离，令代码非常清晰。

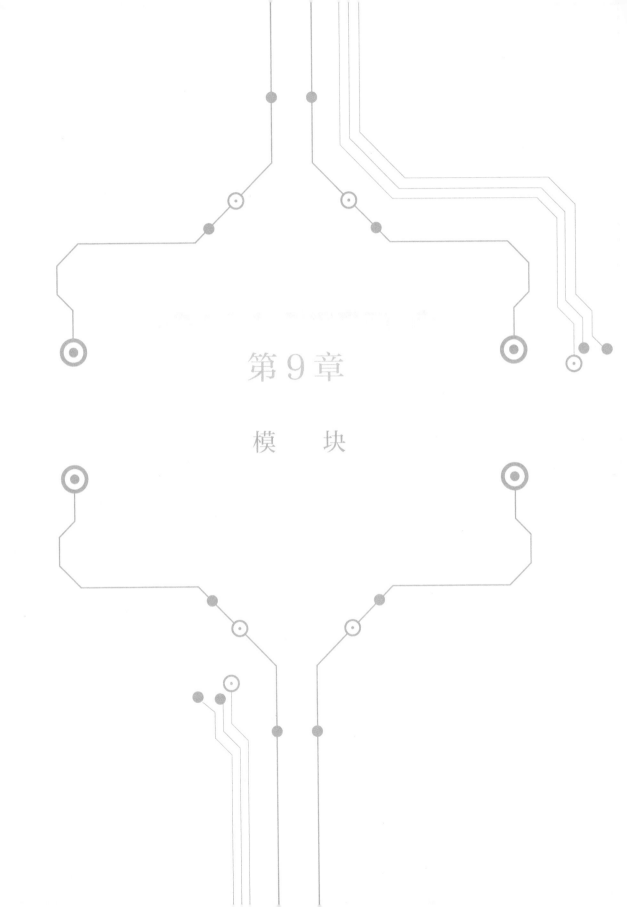

第 9 章

模　　块

C++语言从一开始便继承了 C 语言的 include 头文件机制，通过包含头文件的方式来引用其他组件的代码，这些头文件通常包含了该组件相关的接口声明。但使用头文件通常伴有如下问题：

- 不够清晰，一个头文件可能会影响源文件⊖中包含的另一个语义，甚至要求源文件依赖头文件的包含顺序，例如宏，这样也会导致头文件难以组合。
- 解析次数过多，通常一个标准库头文件 iostream 展开后拥有数万行的代码，使得反复编译同一个接口相当慢。
- 同名符号覆盖问题，多份头文件可能定义了同一个符号，由于符号强弱的关系并不一定能够被最终的链接器所察觉，所以会出现符号覆盖问题。

随着 C++的演进，头文件被植入了更多能，除了类、结构体的定义外，它还可以定义一些 inline 函数与变量、constexpr 函数与常量，以及一些必须定义在头文件的语言构造如模板函数、模板类。目前，C++社区比较流行的做法是将库设计成纯头文件形式，通常需要用户在一个单独的 .cpp 文件中定义相关宏并包含该头文件，如此便能在其他源文件中方便地引用该库。

Catch2 是一个比较流行的多范式 C++测试框架，它通过单头文件的形式分发，用户通过 #include <catch.hpp>便能轻松地为项目编写测试用例，并且无须额外的依赖。

这种方式虽然能够让用户很容易地将框架集成到项目中，但它也带来了额外的缺点：将所有功能都放进头文件会显著地增加编译时间以 Catch2 为例，用户编译用例所需要的大部分时间可能都用在解析该头文件上。

Catch2 演进到 v3 版本后，回到了传统的 C++编译模型，将头文件按照职责分割成一系列子头文件，用户按需包含头文件，并将大部分代码以 .cpp 源文件的形式重构，使用静态库作为链接选项。通过重构编译模型后，显著地减少了编译时间，包含该库所需的编译时间减少了 80%，除此之外还提高了可维护性。

从上述案例可以看出，纯头文件模型有它容易集成的优势，但缺点是影响了编译速度；而传统的静态库、动态库模型的优劣势则正好相反。有什么办法能提高编译速度，同时保证库的独立性与易用性呢？

C++20 提供了模块特性，一个将库与软件组件化的现代解决方案，它能够像头文件一样在源代码间共享符号，与头文件不同的地方在于，模块并不会泄露宏的定义以及一些私有的实现细节。模块容易被组合，它们能够实现精确的控制按需将接口暴露给导入它们的源文件，并且不会因为导入顺序、宏定义等改变一个模块的语义。

模块提供了头文件无法做到的额外的安全保证，编译器与链接器一起协作来避免一些潜在

⊖ 笔者习惯用头文件指代 .h 文件，而用源文件指代 .cpp 文件，即编译单元。

的名称冲突问题，并且能够保证一处定义原则（ODR）。

　　模块由一系列源文件所组成，它们能够被独立导入该模块的源文件编译。模块只需要编译一次，它编译的结果就会被存储到一个二进制文件中，该文件里记录了所有导出的符号，例如函数与模板。当某个源文件导入该模块时，这个二进制文件会被读取，读取二进制文件要比解析头文件快，并且能够在项目的每一个导入该模块的源文件中复用。

　　由于历史原因，已部署的 C++代码可能达到了数千亿行，并且头文件也不会在一夜之间消失，也许这种情况还会持续几十年，于是 C++提供了一种过渡机制，允许模块与头文件共存，并能提供头文件与模块间的接口。在某些场景下，自包含的头文件可被当作模块导入，而不是使用预处理机制的#include。

9.1　Hello World 模块

　　C++20 的标准库目前还没有进行模块化，而微软的编译器却对标准库进行了模块化，通过使用 import 关键字导入一个模块。

```
import std.core; // 导入标准库模块
int main() {
  std::cout << "Hello world" << std::endl;
}
```

　　上述代码通过 import std. core 导入标准库的一些输入输出流的模块⊖，MSVC 提出了如下几种标准模块：

- std. regex 提供了正则表达式相关的支持。
- std. filesystem 提供了文件系统相关的支持。
- std. memory 提供了智能指针等模块支持。
- std. threading 提供了并行相关的支持。
- std. core 提供剩余标准库的支持。

　　考虑到对已有头文件的兼容，也可以通过导入头文件的方式来得到模块支持。C++标准表明，除了 C 标准库之外的标准库头文件都可当作模块导入，如下为等价代码：

```
import <iostream>; // 导入头文件
int main() {
  std::cout << "Hello world" << std::endl;
}
```

⊖　注意这些模块名并没有标准化。

9.2 定义一个模块

使用 import 语句可以导入一个已有的模块，并使用那个模块中导出的接口。定义一个模块也相当简单，通常一个模块由一个接口文件和零到数个源文件组成，如果程序员在一个接口文件中声明并实现所有接口，那么也可以不再提供源文件。

标准中并没有定义接口文件的扩展名，在 MSVC 编译器中默认使用 .ixx 作为接口文件的扩展名，社区通常习惯于使用 .mxx、.mpp 扩展名表示模块接口，对于实现部分通常依旧使用 .cpp 扩展名。

创建一个数学模块，它通过 math.mpp 提供接口文件，内容如下：

```
export module math; // 使用 export module 表达对外模块名,同时表明这是一个接口文件

export template<typename T> // 导出的一个接口
T square(T x) { return x * x; }
```

通过在接口文件中使用"export module 模块名;"来声明一个模块，这个模块名就是后续可以被用户导入的名字。模块名允许包含句点，例如"std.core"，句点没有额外的含义，它可以作为模块结构的组织。

接着该模块声明并定义了一个可以计算平方的模板函数 square，同时使用 export 关键字修饰，当用户导入该模块时，便能够使用该函数。如果不使用 export 修饰，则该函数对用户不可见，它仅对模块内的源文件在实现中可见，尽管该例子没有实现文件。

更进一步，如果需要对 square 的模板参数进行约束，例如使用标准库<concept>中的 integral 概念来约束时只能接受整数类型的参数，此时需要如何做？在模块的接口文件或源文件中提供了全局模块片段（global module fragment），它是专门在这个片段中处理头文件的预处理包含指令，这部分内容并不归模块所有，也不会导出，因此头文件仅仅是实现细节所需。

```
module; // 全局模块片段
#include <concepts> // 仅在此片段包含头文件

export module math; // 对外模块名
export template<std::integral T> // 引用头文件中的实体
T square(T x) { return x * x; }
```

在模块的接口或实现文件中，仍然可以导入其他模块，以便实现所需要的行为。例如，使用 import 导入标准库头文件，而不是通过预处理指令：

```
export module math; // 对外模块名
import <concepts>; // 使用 import 导入模块
```

```
export template<std::integral T> // 引用头文件中的实体
T square(T x) { return x *  x; }
```

如果程序员不想在接口文件中实现所有接口，那么可以考虑将它们挪到源文件中，从而保证接口文件的清晰性。

export 关键字的最初含义为允许将模板的声明与定义进行分离，后来这被各大编译器证明是难以实现的，因此模板的这一导出特性在 C++11 中将被废除，然而这一标识符被保留多年，时至今日它以新的目的出现在模块中，但这并不意味着模板能够被分离到源文件中去，它们仍然需要在同一个文件中声明并定义[⊖]。

因此这里将以普通函数为例，将实现从接口文件中拆分到源文件中，代码如下。

```
// 接口文件 math.mpp
export module math;
export int square(int x);

// 实现文件 math.cpp
module math;
int square(int x) { return x *  x; }
```

在实现文件中，首先用 module 声明它所属的模块。接着 square 函数无须使用 export 进行修饰，export 只能位于接口文件中。

9.3 模块分区

模块的接口文件也被称为主接口模块单元，如果一个模块的接口过大，可以进一步考虑将它们分解成一个个小的模块分区，这些模块分区拥有自己的接口文件，然后在主接口模块单元进行组合并导出它们。模块分区名在模块名后通过冒号（:）指明。

考虑一个 shape 模块，矩形由两个点组成，并且提供接口求矩形的长、宽以及面积。为了展示模块分区，将点和长方形作为两个独立的模块分区，分别被命名为 shape：point 以及 shape：rectangle。

如下是点模块分区的接口文件 point. mpp：

```
// 依旧使用 export module 表明该文件是个接口文件
// 模块名中的":"表明是个模块分区
export module shape:point;
// 导出的结构体
```

⊖　除非在源文件中显式地实例化模板函数。

```
export struct Point {
  int x, y;
};
```

模块分区的接口文件就和主接口文件一样，通过使用 export module 表明，唯一的区别在于模块名中的 ":"，它分割了模块名与分区名。模块分区只能被同一个模块下的其他文件所导入，例如后续需要使用该模块分区的矩阵模块分区。

接着是矩阵模块分区的接口文件 rectangle.mpp：

```
// 模块分区接口 shape:rectangle
export module shape:rectangle;
import :point;

export struct Rectangle {
  Point topLeft, bottomRight;
  int width();
  int height();
  int area();
};
```

同样地，该接口文件最开始通过使用 export module 表明它是 shape 模块的 rectangle 分区，接着通过 import 导入该模块下的 point 分区，这里无须使用完整的名字 shape：point，因为该分区接口最初已经表明了它所属的模块。

紧接着导出结构体 Rectangle，它由 2 个 Point 组成，并且提供 3 个成员函数作为接口。值得一提的是，结构体的成员函数的可见性依旧需要使用 public、protected、private 控制。

在模块分区接口中声明的所有实体都对本模块下的所有文件可见⊖，模块分区中的 export 仅控制这些实体是否对最终导入该模块的代码可见。

主接口模块文件 shape.mpp 的职责是直接或间接地导出它所有的分区：

```
// 主接口模块 shape
export module shape;
export import :point;
export import :rectangle;
```

export import 的语义为：首先导入模块然后导出，这使得导入该模块的代码能够使用模块分区所提供的实体。模块分区只能被模块内的文件所导入，同样地只需要为其指明分区名，它就能够找到模块名。

模块实现文件 rectangle.cpp，通过它实现矩形所提供的接口：

⊖ 仍然需要导入对应的模块分区才可见，例如，rectangle 分区接口中需要通过 import ：point 才能使用 Point。

```
module; // 全局模块片段,在这里包含头文件
#include <cmath>

module shape; // shape 模块实现部分
int Rectangle::width()  { return abs(bottomRight.x - topLeft.x); }
int Rectangle::height() { return abs(bottomRight.y - topLeft.y); }
int Rectangle::area()   { return width() * height(); }
```

由于需要使用标准库实现，所以在全局模块片段中包含头文件。接着 module shape 表明该文件是个实现文件，后面的代码为实现部分。编译器会自动地将主模块接口中声明的实体导入到该实现文件中，以便能够访问到这些结构体的定义。

最后通过 main. cpp 对该模块进行测试，代码如下：

```
import <iostream>;
import shape;
int main() {
  Rectangle r{{1, 2}, {3, 4}};
  std::cout << "area: " << r.area() << '\n';       // 4
  std::cout << "width: " << r.width() << '\n';     // 2
  std::cout << "height: " << r.height() << '\n';   // 2
}
```

9.4　私有片段

模块分区名以冒号（:）分割，而"：private"拥有额外的语义，它表达了模块的私有片段。顾名思义，当程序员不想提供额外的实现文件时，这些实现部分可以放到接口文件的私有片段中。当使用私有片段时，则无法再对模块进行分区，换句话说私有片段只能在模块主接口文件中使用，这个模块仅仅由这一个文件组成。

仍然以泛型的 square 模板函数为例，在保证接口文件纯净的前提下提供实现。

```
export module math; // 对外模块名
import <concepts>;

export template<std::integral T>
T square(T x); // 仅提供声明

module :private; // 私有片段
template<std::integral T>
T square(T x); { return x *  x; }
```

9.5 模块样板文件

以上便是 C++模块特性的所有内容，本小节总结一下模块由哪些部分组成，以及它们固定的样板内容。

模块的主接口文件，样板如下：

```
module; // 可选,全局模块片段
// 在这个片段中导入需要的头文件,它们仅为了实现所需,并不属于模块的一部分
// 它们对模块的其他文件也不可见

export module 模块名; // 必要的,表达模块接口部分
// 模块名可以包含句点．,通常可以表达组织关系、子模块等
// 这部分可以通过 import 导入其他所需的模块,这些被导入的实体对该模块的所有文件可见
// 如果使用分区,需要在主接口文件中直接或间接地导出所有分区
// 可以使用 export 修饰需要导出的函数、类等实体
// 未使用 export 修饰的实体同样对该模块的所有文件可见

module :private; // 可选,私有片段
// 如果使用私有片段,则模块仅由该接口文件组成,这部分为接口文件的实现部分
```

模块的分区接口文件，样板如下：

```
module; // 可选,全局模块片段

export module 模块名:分区名; // 必要的,表达模块分区接口部分
// 若要使用其他分区的实体,需要在里显式地导入
```

最后是模块的实现文件，样板如下：

```
module; // 可选,全局模块片段

module 模块名; // 必要的,表达模块的实现部分
// 进行实现,它对应的模块接口所声明的实体将隐式地导入
```

9.6 注意事项

在编写本书的时候，主流编译器对模块的支持程度都不高，即便是宣称对模块支持比较完善的微软 MSVC 编译器，经过笔者的测试仍存在很多问题。

目前，GCC 的模块在导入标准库头文件时，可能会存在编译问题，但它对分区支持比较好；Clang 不支持分区特性，并且对私有片段的处理能力有限；MSVC 在使用模块分区特性时会出现链接错误，并且它的实现不完全符合 C++标准。因此本章对 C++模块的介绍比较局限，没有深入其中的细节，因为它们暂时还无法被验证。

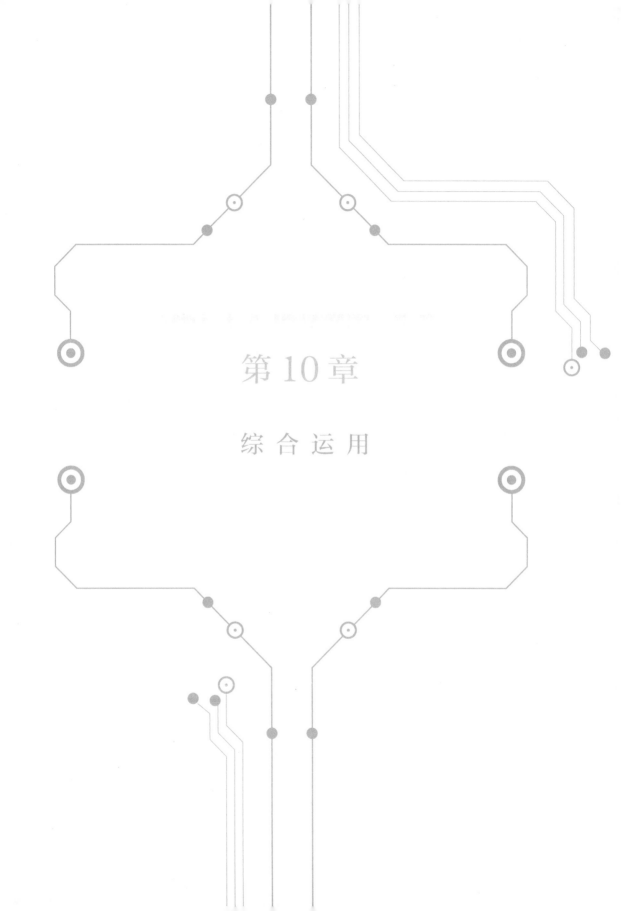

第10章

综合运用

本章将分享笔者自己编写的两个工程项目，它们分别为配置文件反序列化框架与 AsyncIO 协程库，通过对它们的学习可以帮助读者对全书的知识进行融会贯通，它们都重度依赖现代 C++提供的特性，尤其是在协程库中。

10.1 配置文件反序列化框架

▶ 10.1.1 背景介绍

这两个项目大量使用配置文件进行配置，而这些解析配置文件的代码都需要人工手写，考虑如下数据结构 Point：

```
struct Point {
  double x;
  double y;
};
```

即便是如此简单的数据结构，为其编写解析代码也并不简单，因为有许多细节需要考虑：

- 配置文件可能不存在。
- 配置文件存在，但格式非法。
- 配置文件格式正确，但缺少字段。
- 配置文件字段存在，但数据类型不对。

考虑使用 XML 作为配置文件的格式，它的内容如下：

```
<? xml version="1.0" encoding="UTF-8"? >
<point>
  <x>1.2</x>
  <y>3.4</y>
</point>
```

使用 tinyxml2 库进行解析，若遇到错误则直接返回空，对应的解析代码如下：

```
std::optional<Point> load_point(std::string_view xml_path) {
  using namespace tinyxml2;
  XMLDocument doc;
  if (doc.LoadFile(xml_path.data()) != XML_SUCCESS) {
    return std::nullopt; // 文件不存在,或者格式不对,直接返回空
  }

  auto root = doc.FirstChildElement("point");
  if (! root) { return std::nullopt; } // 不存在
```

```
    Point res{};
    if (auto x = root->FirstChildElement("x"); // 若不存在字段 x,或者类型不对
      x == nullptr || x->QueryDoubleText(&res.x) != XML_SUCCESS) {
      return std::nullopt;
    }

    if (auto y = root->FirstChildElement("y"); // 若不存在字段 y,或者类型不对
      y == nullptr || y->QueryDoubleText(&res.y) != XML_SUCCESS) {
      return std::nullopt;
    }

    return res;
}
```

　　编写这种解析代码无疑是无趣且容易出错的,因为每增加一个数据结构,都需要为该数据结构编写一套解析代码,程序员不应该重复做这种事情。好在通过 C++ 元编程可以解决这类问题,因此笔者开始着手编写这种框架,该框架的项目地址为 https://github.com/netcan/config-loader,它拥有如下特点:

- 简单的接口,用户可以定义数据结构 Schema 并提供对应的配置文件以及框架,利用元编程技术生成解析接口。
- 设计符合开闭原则,扩展数据结构、配置文件格式无须修改框架。
- 目前支持 XML、JSON、YAML 格式的配置文件。
- 轻量级,容易集成,核心代码不超过 1000 行。
- 支持树、图、嵌套数据结构,STL 容器。
- 测试用例完备。
- 通过 CMake 选项来使能支持的格式。

于是上述代码中的问题,可以简单地通过定义数据结构 Schema 解决:

```
DEFINE_SCHEMA(Point,
              (double) x,
              (double) y);

Point point;
REQUIRE(loadXML2Obj(point, "point.xml") == Result::SUCCESS);
REQUIRE(point.x == 1.2);
REQUIRE(point.y == 3.4);
```

loadXML2Obj 为一个模板函数,由它可以生成解析 Point 数据结构的代码。

若要解析其他格式的数据结构,可以使用 loadJSON2Obj 解析 JSON 格式的配置文件或使用

loadYAML2Obj 解析 YAML 格式的配置文件。

▶▶ 10.1.2 标准的缺失，静态反射机制

C++20 目前没有提供反射机制的标准，这项功能要到 C++26 版本才能实现。简而言之，反射是指一个程序拥有查询、修改结构体、函数的能力。它通常用于序列化与反序列化，例如网络通信中常常使用 TLV 报文来进行编解码⊖等。

在本节的场景下，需要反射机制提供查询数据结构的能力，例如这个数据结构有哪些字段？每个字段的类型是什么？如果类型也是一个数据结构，那么应该能够进一步查询。有了这些信息，我们就可以通过深度优先遍历数据结构的字段，并生成解析每个字段的代码。

这个遍历的过程应该是静态的，也就是说仅发生于编译时，这样它生成的代码不但不容易出错，并且性能和手写的代码相当，符合零成本抽象原则。与之对应的是动态反射，它在运行时遍历数据结构，并在遍历的过程中依次解析字段，这样会带来一定程度的性能损失，在解析配置文件的场景下，不应这么做。

无论是动态反射还是静态反射，它们都需要解决数据结构的信息从哪来的问题。我们将这些额外的信息称为元数据，业界通常有如下两种做法来提供元数据。

第一种是利用外部工具，当用户定义数据结构时，同时利用属性进行标注，并编写编译器插件、脚本等对数据结构进行代码生成，以便产生额外的元数据文件。这种方案常常用于动态反射，鉴于编写插件、脚本的成本过高，且不利于集成，笔者不建议使用这种方案。

第二种是利用宏机制，这种做法最为常见，尤其是用于静态反射中。它大体可为两种，非侵入式宏与侵入式宏。前者需要用户定义数据结构后，利用非侵入式宏对数据结构的每个字段进行重复地描述，常用于那些数据结构无法修改的场景，但如果在用户定义了数据结构后还需要描述一遍，这无疑是一种重复劳动，并且维护两个信息容易出错；而侵入式宏会在用户定义数据结构时自动提供额外的元信息。

不管哪种方案，都有适用的场景，本质上都是为了得到数据结构的元信息。经过分析，笔者在此采用侵入式宏的方案：

```
DEFINE_SCHEMA(Point,
              (double) x,
              (double) y);
```

上述代码在定义数据结构 Point 的同时，保存了额外的元信息，这份元信息仅用于编译时遍历，并不会占用额外的程序空间。笔者也相当期待 C++标准本身能够提供非侵入式的静态反

⊖ 数据通信领域中，TLV 三元组：Tag-Length-Value。T、L 字段的长度往往是固定（通常为 1 到 4 字节），V 字段的长度可变。顾名思义，T 字段表示报文类型，L 字段表示报文长度，V 字段往往用来存放报文的内容。

射机制，这样就能够避免语法上的噪声。

▶ 10.1.3 元数据设计

如何保存字段信息，以便能够友好地被编译时计算访问？元函数是个不错的选择，它能做到输入结构体类型与字段编号，输出一些查询接口：

```
template <typename T, size_t idx>
struct FIELD; // 提供访问接口
```

以 Point 数据结构为例，它有两个字段，我们可以依次特化上述元函数提供的这些信息，DEFINE_SCHEMA 宏展开后生成如下代码：

```
struct Point {
  template<typename, size_t> struct FIELD;
  static constexpr size_t _field_count_ = 2; // 字段个数
  double x; // x 字段声明
  template<typename T>
  struct FIELD<T, 0> { // 第 0 个字段的信息
    T &obj; // T = Point
    // 返回对应字段的引用，通过返回类型得到字段的类型
    auto value() -> decltype(auto) { return (obj.x); }
    static constexpr const char * name() { return "x"; } // 获取字段的名字
  };
  double y; // y 字段声明
  template<typename T>
  struct FIELD<T, 1> { // 第 1 个字段的信息
    T &obj;
    auto value() -> decltype(auto) { return (obj.y); }
    static constexpr const char * name() { return "y"; }
  };
};
```

FIELD 元函数提供了两个查询接口 value 和 name，前者返回字段的引用，它在遍历生成解析字段代码时直接用写引用的方式写值，后者通过字段的名字对配置文件进行匹配查找。最后通过 Point::FIELD 的方式访问到这些信息⊖。

⊖ 为何 FIELD 还需要一份冗余的类型模板参数？因为 C++标准早期不允许在结构体中对结构体内声明的主模板进行（全）特化，GCC 遵循这一标准，但通过提供多余的模板参数便能够在结构体中进行偏特化。后来 C++标准认为这是一个缺陷，不应该限制特化的位置，于是放开这一约束。换句话说最新标准可以省略那个多余的类型参数，只不过 GCC 目前仍没有修复这个问题，具体请参见 https://gcc.gnu.org/bugzilla/show_bug.cgi?id=85282。

▶▶ 10.1.4 REPEAT 宏

C++模板机制无法解决片段代码生成的问题，因此我们不得不使用宏机制。

在 DEFINE_SCHEMA 宏展开后的代码中，我们可以发现_field_count_记录了字段的个数，它准确地反映出了用户输入的宏参数的个数，也就是说宏是有计算能力的。那么它是如何得知宏参数的个数的？定义可变参数宏 GET_ARG_COUNT，它接受任意数量的参数，并返回参数个数○代码如下：

```
#define GET_NTH_ARG(_1, _2, _3, _4, _5, _6, _7, _8, n, ...) n
#define GET_ARG_COUNT(...) GET_NTH_ARG(_VA_ARGS_, 8, 7, 6, 5, 4, 3, 2, 1)
```

宏 GET_ARG_COUNT（a, b, c）展开步骤如下：

```
GET_ARG_COUNT(a, b, c) => GET_NTH_ARG( a,  b,  c,  8,  7,  6,  5,  4,  3, 2, 1)
                                       ^   ^   ^   ^   ^   ^   ^   ^   ^
                       => GET_NTH_ARG(_1, _2, _3, _4, _5, _6, _7, _8, n, ...) n
                       => 3
```

通过上述步骤可以计算出最终的宏个数为 3，这个过程类似于利用量筒测量液体的体积，最后液体所在的刻度即为它的体积，其中液体就是用户传递的参数，量筒就是 GET_NTH_ARG，刻度就是个数 n。

目前解决了_field_count_的计算，还需要为每个字段生成对应的 FIELD 元函数，这通过 REPEAT宏的帮助。REPEAT 指的是对可变参数进行迭代的重复过程，它接受一个元宏，对元宏执行一定次数，例如，REPEAT_1 执行一次，REPEAT_2 执行两次，以此类推，实现如下：

```
#define REPEAT_1(f, i, arg) f(i, arg)
#define REPEAT_2(f, i, arg, ...) f(i, arg) REPEAT_1(f, i + 1, _VA_ARGS_)
#define REPEAT_3(f, i, arg, ...) f(i, arg) REPEAT_2(f, i + 1, _VA_ARGS_)
#define REPEAT_4(f, i, arg, ...) f(i, arg) REPEAT_3(f, i + 1, _VA_ARGS_)
#define REPEAT_5(f, i, arg, ...) f(i, arg) REPEAT_4(f, i + 1, _VA_ARGS_)
#define REPEAT_6(f, i, arg, ...) f(i, arg) REPEAT_5(f, i + 1, _VA_ARGS_)
#define REPEAT_7(f, i, arg, ...) f(i, arg) REPEAT_6(f, i + 1, _VA_ARGS_)
#define REPEAT_8(f, i, arg, ...) f(i, arg) REPEAT_7(f, i + 1, _VA_ARGS_)
```

元宏 f 接受两个参数，第一个参数是当前重复的次数 i，第二个参数是当前迭代的可变参数。以生成三条 puts 函数为例，它的用法如下：

```
// 定义一个元宏,其中_i 是迭代的次数,arg 是当前可变参数
#define hello_f(_i, arg) puts(arg);
REPEAT_3(hello_f, 0, "hello", "world", "!");
// 上述代码展开后生成 puts("hello"); puts("world"); puts("!");
```

○ 简单起见，这个实现没有考虑参数为空的情况，也没有对各个编译器的宏做兼容性处理，并且限于篇幅，参数个数限制为 8 个，但它足够揭示原理，后同。

最后 DEFINE_SCHEMA 宏的实现如下：

```
// 定义 FIELD_EACH 元宏,对每个字段生成代码
#define FIELD_EACH(i, arg)                                              \
  PAIR(arg);                                                            \
  template <typename T>                                                 \
  struct FIELD<T, i> {                                                  \
    T& obj;                                                             \
    auto value() -> decltype(auto) { return (obj.STRIP(arg)); }        \
    static constexpr const char* name() { return STRING(STRIP(arg)); } \
  };                                                                    \
#define DEFINE_SCHEMA(st, ...)                                          \
  struct st {                                                           \
    template <typename, size_t> struct FIELD;                          \
    static constexpr size_t _field_count_ = GET_ARG_COUNT(_VA_ARGS_);  \
    PASTE(REPEAT_, GET_ARG_COUNT(_VA_ARGS_)) (FIELD_EACH, 0, _VA_ARGS_) \
  }
```

PAIR 的实现比较巧妙，它能够将用户输入的（double）x 变换成 double x：

```
#define PARE(...) _VA_ARGS_
#define PAIR(x) PARE x // PAIR((double) x) => PARE(double) x => double x
```

STRIP 是为了将用户输入的（double）x 提取得到 x：

```
#define EAT(...)
#define STRIP(x) EAT x // STRIP((double) x) => EAT(double) x => x
```

因为受限于宏的表达力，DEFINE_SCHEMA 定义数据结构时需要将结构体类型用圆括号括起来。

PASTE 宏需要拼接两个符号，以便得到真实的宏调用，例如，PASTE（REPEAT_，2）的结果为 REPEAT_2 宏调用[一]：

```
#define PASTE(x, y) CONCATE(x, y)
#define CONCATE(x, y) x ## y
```

▶ 10.1.5 结构体遍历

接下来回到 C++的世界，如何判断一个数据结构提供了额外信息？答案是通过检查该数据结构是否存在静态成员_field_count_。当字段大于 0 的时候，要求存在 FIELD 元函数，使用概

⊖ PASTE 宏通过间接调用 CONCATE 宏的原因是，对于一些场景需要展开两遍才能正常工作，例如
    CONCATE（REPEAT_，GET_ARG_COUNT（_VA_ARGS_））的结果将为 REPEAT_GET_ARG_COUNT
    （_VA_ARGS_），这时 GET_ARG_COUNT 宏将无法展开，因此需要借助于 PASTE 宏。

念进行表达：

```cpp
template<typename T>
concept Reflected = requires(T obj) {
  { obj._field_count_ } -> std::convertible_to<size_t>;
  requires (obj._field_count_ == 0) ||
      (obj._field_count_ > 0 && requires {
        typename std::decay_t<T>::template FIELD<T, 0>;
      });
};
```

如果一个类型是 Reflected 的，我们可以认为它是通过 DEFINE_SCHEMA 宏定义的，并携带所需要的元信息。有了元信息，便能定义 forEachField 高阶元函数实现对结构体的遍历，它通过 Visitor 设计模式提供接口，接受一个结构体对象与一个函数，该函数在遍历过程中可以得到对象与对应的 FIELD 信息。

```cpp
namespace detail {
struct DummyFieldInfo {
  int& value();
  const char* name();
};

template<concepts::Reflected T, std::invocable<detail::DummyFieldInfo> F,
         size_t...Is>
constexpr auto forEachFieldImpl(T&& obj, F&& f, std::index_sequence<Is...>) {
  using TDECAY = std::decay_t<T>;
  // 判断用户传递的 f 是否拥有返回值
  if constexpr (same_as<decltype(f(declval<DummyFieldInfo>())), Result>) {
    Result res{Result::SUCCESS};
    // 要求每一次迭代过程中,返回结果都为 SUCCESS,否则返回错误
    ( ( (res = f(typename TDECAY::template FIELD<T, Is>
        (std::forward<T>(obj)))) == Result::SUCCESS) && ...);
    return res;
  } else { // 无返回值版本
    (f(typename TDECAY::template FIELD<T, Is>(std::forward<T>(obj))), ...);
  }
}
}
template<concepts::Reflected T, std::invocable<detail::DummyFieldInfo> F>
constexpr auto forEachField(T&& obj, F&& f) {
  return detail::forEachFieldImpl(std::forward<T>(obj), std::forward<F>(f),
            std::make_index_sequence<std::decay_t<T>::_field_count_>{});
}
```

通过声明 DummyFieldInfo 来对传入的函数 f 进行约束，接着判断函数的返回类型是否为

Result，并利用折叠表达式展开生成代码，函数 f 在每次迭代过程中通过访问元信息进行处理。

例如打印一个 DEFINE_SCHEMA 结构体中的所有字段名，该接口的使用方式如下：

```
Point point;
forEachField(point, [](auto& fieldInfo) {
  std::cout << "field: " << fieldInfo.name() << std::endl;
});
```

对结构体进行遍历是整个框架的关键，后续的功能都是基于此进行扩展的。

▶▶ 10.1.6　编译时多态

前文提到，本框架支持多种格式的配置文件，如何兼容这些配置文件格式上的差异？答案是多态，通过统一的形态，方能基于此进行不同方向的扩展，符合开闭原则。而使用哪种配置文件，用户可以在编译时进行决策。例如，通过 loadXML2Obj 表明使用 XML 配置文件，因此使用编译时多态再合适不过。

使用概念约束特性对这些不同格式的解析器进行约束，经过抽象之后如图 10.1 所示。

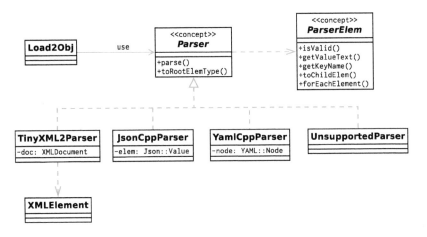

● 图 10.1　解析器多态

```
template <typename ElemType>
concept ParserElem = requires(const ElemType elem) {
  { elem.isValid()       } -> std::convertible_to<bool>;
  { elem.getValueText()  } -> std::same_as<std::optional<std::string>>;
  { elem.getKeyName()    } -> std::same_as<const char* >;
  { elem.toChildElem("") } -> std::same_as<ElemType>;
  requires requires (Result (&f)(ElemType)) {
    elem.forEachElement(f);
  };
```

```
};

template<typename P>
inline constexpr bool enable_parser = false;

template <typename P>
concept Parser = enable_parser<P> || requires(P p, std::string_view content) {
  requires std::default_initializable<P>;
  typename P::ElemType;
  requires ParserElem<typename P::ElemType>;
  { p.parse(content)      } -> std::same_as<Result>;
  { p.toRootElemType()    } -> std::same_as<typename P::ElemType>;
};
```

配置文件本质上是一棵结构化的树，树上的节点充当值、数组、字典等对象。

Parser 的 parse 接口可以检查格式是否合法，toRootElemType 接口获取树的根节点。ParserElem 充当配置文件节点，它提供 forEachElement 接口对数组、字典等容器进行遍历，toChildElem接口根据名字获取子节点（若存在），其他的接口则用于查询节点的状态以及值。

对结构体中的每个字段以及配置文件的数组、字典节点进行迭代，可以抽象出一个forEach 的方法，这样做能隐藏每种结构背后的细节，使得代码的泛化程度最大化，这也是使用 Visitor 设计模式所带来的优势。

图 10.1 中存在一种特殊的解析器 UnsupportedParser，考虑一个项目中可能不会同时使用多种配置文件，因此用户可自行选择他所需要的，而不需要的配置文件解析器将被赋予成 Unsup-portedParser[⊖]。

那么该如何实现 UnsupportedParser，同时又满足 Parser 概念所提出的要求？谓词 enable_parser 默认结果为假，如果它被某个类型特化为真，根据定义，该类型就满足 Parser 概念：

```
struct UnsupportedParser { };
template<> inline constexpr bool enable_parser<UnsupportedParser> = true;
static_assert(Parser<UnsupportedParser>); // 满足 Parser 的要求
```

一旦对不同格式的解析器进行抽象之后，具体类型将不再重要，它们可以被参数化，将来新增 Parser 而无须修改已有代码：

```
template<concepts::Parser P>
struct Load2Obj { // 参数化 Parser,仅依赖接口规约
  template<typename T, std::invocable GET_CONTENT>
  Result operator()(T& obj, GET_CONTENT&& loader) const { // 从函数对象获取内容
    std::string content(loader()); // 通过 loader()取得配置文件内容
```

⊖ 这部分通过条件宏实现。

```
    if (content.empty()) { return Result::ERR_EMPTY_CONTENT; }

    P parser; // 创建某种 Parser
    CFL_EXPECT_SUCC(parser.parse(content.data())); // 判断配置文件格式是否合法

    auto rootElem = parser.toRootElemType(); // 获取配置树的根节点
    if (! rootElem.isValid()) { return Result::ERR_MISSING_FIELD; }
    return CompoundDeserializeTraits<T>::deserialize(obj, rootElem); // 深度优先遍历
  }
  template<typename T>
  Result operator()(T& obj, std::string_view path) const { // 从路径获取内容
    return (* this)(obj, [&path]{ return getFileContent(path.data()); });
  }
};

template<concepts::Parser P> // 函数对象,简化调用
inline constexpr Load2Obj<P> load2obj;
```

通过函数对象 Load2Obj 类实现的原因是，它是个普通的类，能够被特化，且提供了两个版本的接口。第一个版本通过函数对象获取配置文件的内容，目的是与具体获取方式解耦，例如在测试用例中无须使用打桩机制进行测试：

```
REQUIRE(loadXML2obj(obj, []{
  return "<TestBool><m1>true</m1></TestBool>";
}) == Result::SUCCESS);
```

一般情况下，配置文件来源于文件系统，第二个版本只需要用户提供路径即可，它的实现是通过前一个版本扩展而得。

对于 UnsupportedParser 只需要提供特化的版本：

```
template<>
struct Load2Obj<UnsupportedParser> {
  template<typename T, typename LOADER>
  Result operator()(T&, LOADER&&) const
  { return Result::ERR_UNSUPPORTED_PARSER; }
};
```

Load2Obj 的主要逻辑是使用 Parser 校验配置文件内容是否合法，接着进一步获取配置的根节点，通过 CompoundDeserializeTraits 类进行深度优先遍历并生成最终的代码。

最后提供几个具体的函数，便于用户使用：

```
template<typename T, typename Content>
Result loadXML2obj(T& obj, Content content)
{ return detail::load2obj<TinyXML2Parser>(obj, content); }
```

```
template<typename T, typename Content>
Result loadJSON2Obj(T& obj, Content content)
{ return detail::load2Obj<JsonCppParser>(obj, content); }

template<typename T, typename Content>
Result loadYAML2Obj(T& obj, Content content)
{ return detail::load2Obj<YamlCppParser>(obj, content); }
```

▶▶ 10.1.7 反序列化数据类型

在 Load2Obj 的实现中，最终交由 CompoundDeserializeTraits 进行遍历与代码生成。

```
template<typename T>
struct CompoundDeserializeTraits;
```

它根据具体的数据结构，产生不同的实现。

- 基础类型，例如字符串、布尔、整数、浮点数类型。
- 结构体，由 DEFINE_SCHEMA 定义的数据结构。
- std::variant/std::optional 类型，数据结构的类型不确定的情况，例如配置文件中的动物字段，可能是猫也可能是狗；又或者允许某个字段不存在的情况。
- 树、图类型由智能指针所表达，通常用于配置文件表达树、图的情况。
- 标准库容器类型，例如数组、字典、链表等。
- 嵌套类型，上述所有类型的组合。

本小节将依次讨论上述各种情况的实现。对于基础类型，可以进一步细分成字符串、布尔、整数、浮点数类型，因此最好将它们交由更内聚的 PrimitiveDeserializeTraits 元函数来实现：

```
template<typename T>
struct PrimitiveDeserializeTraits;

template<concepts::Arithmetic Number>
struct PrimitiveDeserializeTraits<Number> { // 对于整数、浮点数类型
  static Result deserialize(Number &num, optional<string> valueText) {
    if (! valueText.has_value()) { return Result::ERR_EXTRACTING_FIELD; }
    // 对 int8_t、uint8_t 特殊处理,避免当成 char 类型
    if constexpr(is_same_v<Number, int8_t> || is_same_v<Number, uint8_t>) {
      num = stol(* valueText, nullptr, isHex(* valueText) ? 16 : 10);
      return Result::SUCCESS;
    } else {
```

```
    std::stringstream ss;
    ss << * valueText;
    if (isHex(* valueText)) { ss << std::hex; }
    ss >> num;
    return ss.fail() ? Result::ERR_EXTRACTING_FIELD : Result::SUCCESS;
  }
 }
};


template<>
struct PrimitiveDeserializeTraits<bool> { // 对于布尔类型
  static Result deserialize(bool &value, optional<string> valueText) {
    if (! valueText.has_value()) { return Result::ERR_EXTRACTING_FIELD; }
    if (valueText == "true" || valueText == "True") {
      value = true;
      return Result::SUCCESS;
    }
    if (valueText == "false" || valueText == "False") {
      value = false;
      return Result::SUCCESS;
    }
    return Result::ERR_EXTRACTING_FIELD;
  }
};


template<>
struct PrimitiveDeserializeTraits<std::string> { // 对于字符串类型
  static Result deserialize(string &str, optional<string> valueText) {
    if (! valueText.has_value()) { return Result::ERR_EXTRACTING_FIELD; }
    str = std::move(* valueText);
    return Result::SUCCESS;
  }
};
```

上述实现相当朴素，若需要扩展基础数据类型，仅需通过特化实现即可，最后由 CompoundDescrializeTraits 来统一处理基础类型：

```
template<concepts::Primitive T>
struct CompoundDeserializeTraits<T> { // 对于基础数据类型
  static Result deserialize(T& obj, concepts::ParserElem auto node) {
    if (! node.isValid()) { return Result::ERR_MISSING_FIELD; }
    return PrimitiveDeserializeTraits<T>::deserialize(obj,node.getValueText());
  }
};
```

对于由 DEFINE_SCHEMA 所定义的数据结构，使用 forEachField 对数据结构进行遍历，与此同时根据字段名匹配配置文件中的字段：

```cpp
template<concepts::Reflected T>
struct CompoundDeserializeTraits<T> { // 对于 DEFINE_SCHEMA 定义的数据结构
  static Result deserialize(T& obj, concepts::ParserElem auto node) {
    if (! node.isValid()) { return Result::ERR_MISSING_FIELD; }
    return forEachField(obj, [&node](auto& fieldInfo) {
      decltype(auto) fieldName = fieldInfo.name();      // 当前字段的名字
      decltype(auto) value = fieldInfo.value();         // 当前字段的类型
      return CompoundDeserializeTraits<remove_cvref_t<decltype(value)>>
          ::deserialize(value, node.toChildElem(fieldName)); // 递归遍历

    });
  }
};
```

倘若字段类型为基础数据类型，那么它将由 PrimitiveDeserializeTraits 进一步处理。如果为其他类型，如标准容器、DEFINE_SCHEMA 数据结构等，我们不可能知道是哪种数据类型，只需要通过 CompoundDeserializeTraits 进一步递归分解。

考虑最简单的 std::optional，它允许配置文件中的字段不存在，此时将被赋予 std::nullopt。

```cpp
DEFINE_SCHEMA (Rect,
               (Point) p1, (Point) p2,
               (std::optional<uint32_t>) color); // 允许配置文件中不存在该字段

template<typename T>
struct CompoundDeserializeTraits<optional<T>> { // 对于 optional 类型
  static Result deserialize(optional<T>& obj, concepts::ParserElem auto node) {
    // 如果不存在,默认为 std::nullopt
    if (! node.isValid()) { return Result::SUCCESS; }
    T value; // 否则尝试递归地解析该值
    CFL_EXPECT_SUCC(CompoundDeserializeTraits<T>::deserialize(value, node));
    obj.emplace(std::move(value));
    return Result::SUCCESS;
  }
};
```

通过节点的 isValid 接口判断存在性，若存在则尝试解析，同样地，我们不知道具体类型为何，递归地交给 CompoundDeserializeTraits 进一步处理，最后将结果移动到 optional 中。

对于 variant 类型，它允许动态确定配置文件中的字段类型，考虑如下场景：

```cpp
DEFINE_SCHEMA (TestVariant, // sumType 的字段类型可能为 Point/int/string
               (std::variant<Point, int, std::string>) sumType);
```

处理这种类型的方法是依次遍历 variant 中的类型去尝试构造，直到第一个构造的类型成功：

```
template<typename ...Ts>
struct CompoundDeserializeTraits<variant<Ts...>> { // 对于 variant 类型
  static Result deserialize(variant<Ts...>& obj,
                            concepts::ParserElem auto node) {
    if (! node.isValid()) { return Result::ERR_MISSING_FIELD; }
    auto buildVariant = [&obj, &node]<typename T>(T&& value) {
      auto res = CompoundDeserializeTraits<T>::deserialize(value, node);
      if (res == Result::SUCCESS)
      { obj.template emplace<T>(std::move(value)); }
      return res;
    };
    bool success {false};
    (void) ((success = (buildVariant(Ts{}) == Result::SUCCESS)) ||...);
    return success ? Result::SUCCESS : Result::ERR_TYPE;
  }
};
```

buildVariant 为泛型 lambda，它尝试递归使用 CompoundDeserializeTraits 去解析类型，并返回解析的结果。最后通过折叠表达式根据类型去尝试依次构造，直到构造成功为止。它使用临时构造的 Ts 对象并通过右值的方式传递给 lambda 的转发引用，以便于 lambda 的代码生成。我们再次看到折叠表达式在代码生成方面的强大能力。

对于树、图等数据结构，它们通常使用智能指针来表达：

```
DEFINE_SCHEMA (TestTree,
               (std::string) name,
               (std::vector<std::unique_ptr<TestTree>>) children);
```

使用智能指针管理树、图的子节点内存，这减轻了程序员内存管理的心智负担。同样地，我们只需要为智能指针实现 CompoundDeserializeTraits 即可：

```
template<typename SP>
struct SmartPointDeserialize { // 对于智能指针如 shared_ptr/unique_ptr 等
  static Result deserialize(SP& sp, concepts::ParserElem auto node) {
    if (! node.isValid()) { return Result::SUCCESS; }
    using SPElemType = typename SP::element_type;
    SPElemType value;
    CFL_EXPECT_SUCC(CompoundDeserializeTraits<SPElemType>
                    ::deserialize(value, node));
```

```
        sp.reset(new SPElemType(std::move(value)));
        return Result::SUCCESS;
    }
};
```

这次没有直接通过特化 shared_ptr<T>、unique_ptr<T>的方式实现，因为它们的实现代码一模一样，唯一差异就是智能指针的类型，因此这里选择将它们参数化，并在最后通过继承的方式对代码进行复用：

```
template<typename T> // 代码复用,对于 shared_ptr 类型
struct CompoundDeserializeTraits<shared_ptr<T>>
        : SmartPointDeserialize<shared_ptr<T>> {};

template<typename T> // 代码复用,对于 unique_ptr 类型
struct CompoundDeserializeTraits<unique_ptr<T>>
        : SmartPointDeserialize<unique_ptr<T>> {};
```

用户可以自由地选择使用标准库中的容器或链表进行组合，就如上述树 children 字段的容器类型。

```
template<typename SEQ>
struct SeqContainerDeserialize { // 对于序列容器,如数组、链表等
  static Result deserialize(SEQ& container, concepts::ParserElem auto node) {
    if (! node.isValid()) { return Result::SUCCESS; }
    using ValueType = typename SEQ::value_type;
    return node.forEachElement([&container](concepts::ParserElem auto item) {
      ValueType value;
      CFL_EXPECT_SUCC(CompoundDeserializeTraits<ValueType>
                        ::deserialize(value, item));
      container.emplace_back(std::move(value));
      return Result::SUCCESS;
    });
  }
};
```

同样地使用继承特性进行代码复用：

```
template<typename T> // 对于数组类型
struct CompoundDeserializeTraits<vector<T>>
        : SeqContainerDeserialize<vector<T>> { };

template<typename T> // 对于链表类型
struct CompoundDeserializeTraits<list<T>>
        : SeqContainerDeserialize<list<T>> { };
```

如果字段的类型都一样，那么它们可以考虑被关联容器如 map、unordered_map 所存储，它

们的实现大同小异，限于篇幅不再赘述。

最后，我们似乎还没有实现以上所有类型组合的情况，但实际上已经完成了这个步骤，因为针对每一种类型，它们都递归地被 CompoundDeserializeTraits 进一步解析直到得到最后的基础数据类型，最终便完成了整个嵌套组合类型的解析过程。

10.2 AsyncIO 协程库

▶▶ 10.2.1 背景介绍

笔者曾为编程竞赛编写对抗游戏的服务器端，参赛者通过编写客户端与服务器端进行通信，通信格式使用 JSON 报文，从而解耦参赛者对编程语言的选择。

Python 3.7 起正式对协程提供支持，笔者使用标准库提供的 AsyncIO 协程库进行服务器端开发。这一比赛吸引了上百只参赛队参赛，在单机服务器上每小时实时运行上千场比赛，为参赛者提供了良好的体验。

笔者通过这次经历验证了无栈协程的高性能[⊖]，以及它在编码上的易用性与可读性。C++20提供了协程特性的支持，于是笔者有了为 C++ 编写协程库的想法，它的名字也叫 AsyncIO，项目地址为 https://github.com/netcan/asyncio，从用户的角度而言，它的表现和 Python 基本一样。

本节将介绍如何一步步地实现这个 AsyncIO 协程库，希望借此让读者能够熟练运用C++所提供的协程机制。

▶▶ 10.2.2 性能测试

很多人关注 C++协程的性能表现，经笔者持续测试[⊖]，创建、挂起、恢复一个协程，平均需要 19.2ns；若创建后通过持续恢复、挂起一个协程，那么所需的开销平均为 5ns，而一个非内联函数的调用开销是 1.2ns。从指令数的角度来看，恢复和挂起一个协程需要 23 条指令，而非内联的函数调用需要 3 条指令[⊜]。

操作系统上下文切换开销通常是微秒的量级，如果使用协程做异步编程，那么这部分开销几乎可以忽略不计，因为 IO 非常耗时，量级通常是微秒甚至毫秒的。

⊖　相对于传统的多线程方式，该测试为每个客户端起一个线程。

⊖　测试系统为 Debian Linux 5.15.0-2-amd64，CPU 为 AMD 2600X。

⊜　使用 https://github.com/martinus/nanobench 工具做性能测试。

笔者通过使用本小节的协程库和 Python 的 asyncio 标准库、C 的 epoll 系统调用、libevent、libuv 事件驱动库进行性能测试，使用它们编写一个单线程的 echo 服务器端，每当客户端连接服务器端后，发送一条消息并立即收到一条发送过的消息。本协程库的代码如下[○]:

```cpp
Task<> handle_echo(Stream stream) {
  while (true) {
    auto data = co_await stream.read(200);
    if (data.empty()) { break; }
    co_await stream.write(data);
  }
  stream.close();
}

Task<> echo_server() {
  auto server = co_await asyncio::start_server(handle_echo, "127.0.0.1", 8888);
  co_await server.serve_forever();
}

int main() {
  asyncio::run(echo_server());
}
```

如果使用 libuv 库进行编程，代码的回调模式如下[○]:

```cpp
void echo_write(uv_write_t * req, int status) { free(req); } // 回调
void echo_read(uv_stream_t * client, ssize_t nread, const uv_buf_t * buf) { // 回调
  if (nread < 0) {
    if (nread != UV_EOF) {
      uv_close((uv_handle_t* ) client, NULL);
    }
  } else if (nread > 0) {
    uv_write_t * req = (uv_write_t * ) malloc(sizeof(uv_write_t));
    uv_buf_t wrbuf = uv_buf_init(buf->base, nread);
    uv_write(req, client, &wrbuf, 1, echo_write);
  }
}
void on_new_connection(uv_stream_t * server, int status) { // 回调
  uv_tcp_t * client = (uv_tcp_t* )malloc(sizeof(uv_tcp_t));
  uv_tcp_init(loop, client);
  if (uv_accept(server, (uv_stream_t* ) client) == 0) {
    uv_read_start((uv_stream_t* )client, alloc_buffer, echo_read);
  } else {
```

○ 其他语言的测试代码详见本协程库的主页 https://github.com/netcan/asyncio。
○ 代码精简掉了异常处理的能力。

```
    uv_close((uv_handle_t* ) client, NULL); }
  }
int main() {
  loop = uv_default_loop();
  uv_tcp_t server;
  uv_tcp_init(loop, &server);
  uv_ip4_addr("127.0.0.1", 8888, &addr);
  uv_tcp_bind(&server, (const struct sockaddr* )&addr, 0);
  uv_listen((uv_stream_t* )&server, 128, on_new_connection);
  return uv_run(loop, UV_RUN_DEFAULT);
}
```

使用 ApacheBench 进行压力测试，消息数为 100 万条，每条消息的大小为 106Byte，并发连接数量为 1000，保持长连接测试。由于笔者没有多余的机器，因此使用本地回环测试，并且使用 C 语言版本作为基线对比。测试结果如表 10.1 所示。

表 10.1　各大 IO 库的性能测试

IO 库	QPS［#/ sec］（mean）	编 程 语 言	用 户 界 面
Python asyncio	47393.59	Python	协程
本协程库	164457.63	C++20	协程
epoll	153147.79	C	事件驱动
libevent	136996.46	C	回调
libuv	159937.73	C	回调

从表 10.1 可以看出，C++构造的协程库性能是 Python 协程库的 3 倍多，当然测试也有波动性，QPS（Queries Per Second）误差在 5000 左右，所以除 Python 外，C++和其他语言性能相当，就 C 语言版本而言，协程的可读性要比回调模式好很多，而又不会带来性能上的损耗。

▶▶ 10.2.3　事件驱动模型

事件驱动模型的应用非常广泛，例如，整个 JavaScript 语言便是建立在事件驱动模型之上。它以单线程的调度器为根基，在循环里监听各种事件，并在收到事件后对相应任务进行调度执行。

传统的事件驱动模型大量依赖回调模式，用户需要将它所关心的事件注册到这个调度器中，当发生这个事件时，调度器将调用用户注册的那个回调，以完成对事件的处理。

虽然 AsyncIO 的功能基于事件驱动模型，但它无须用户使用回调机制，考虑如下代码：

```
Task<> tcp_echo_client(std::string_view message) {
  auto stream = co_await asyncio::open_connection("127.0.0.1", 8888);

  fmt::print("Send: '{}'\n", message);
  co_await stream.write(Stream::Buffer(message.begin(), message.end()));

  auto data = co_await stream.read(100);
  fmt::print("Received: '{}'\n", data.data());

  fmt::print("Close the connection \n");
}
```

上述代码发送一条消息给 tcp://127.0.0.1：8888，同时它又是一个协程，因为函数体内出现了 co_await 关键字。它使用了 3 个 co_await，表明它关心这 3 个事件。

以 open_connection 为例，它也是一个协程，同时又是 Awaitable 的，因此能够被 co_await 操作符组合。它将"等待连接"这个事件注册到调度器中，并挂起整个协程。将来某个时刻，发生了"连接成功"的事件，调度器将恢复该协程的执行。

如果使用传统的事件驱动模型库，如 libevent、libuv 等，上述代码将通过回调的形式完成：on_connection、on_read 等，它们完整的逻辑不得不被割裂到各个回调代码中。而协程能够很好地消除回调模式，并以同步的方式编写异步代码。

本节提到的事件驱动循环、调度器，通常指的是同一个意思。

▶▶ 10.2.4 Handle 类设计

调度器的职责相当简单，就是监听事件并分发给事件处理者。调度器不关心它调度的是协程，还是其他函数，所以将协程与调度器解耦是有必要的，这样能够提高调度器的普适性，以及将来替换它时不影响协程部分。这可以通过定义抽象接口 Handle 做到，代码如下：

```
using HandleId = uint64_t;

struct Handle { // EventLoop 所关心的
  enum State: uint8_t {
    UNSCHEDULED, // 未被调度器调度
    SUSPEND, // 已挂起
    SCHEDULED, // 已被调度
  };
  Handle() noexcept: handle_id_(handle_id_generation_++) {}
  virtual void run() = 0;
  void set_state(State state) { state_ = state; }
  HandleId get_handle_id() { return handle_id_; }
  virtual ~Handle() = default;
```

```
private:
  HandleId handle_id_;
  static HandleId handle_id_generation_;
protected:
  State state_ {Handle::UNSCHEDULED};
};
```

调度器通过 run 接口执行 Handle，通过 set_state 设置它的状态，这些状态之间的关系后文会进行介绍。

每个 Handle 都有一个独一无二的 id，当它被取消时能够通过这个 id 查找。笔者曾经使用 Handle 的地址作为 id，有趣的是，Handle 被取消释放后，新的 Handle 的地址有可能与旧的相同，这种情况下它将被再次取消。因此任何时候，不需要考虑使用地址作为动态创建对象的标识。

如果要被调度器调度，只需要实现这个 Handle 接口并注册，对于协程而言同样如此。除此之外，AsyncIO 的协程还拥有其他特性，可通过如下接口体现：

```
struct CoroHandle : Handle {
  std::string frame_name() const {
    const auto& frame_info = get_frame_info();
    return fmt::format("{} at {}:{}", frame_info.function_name(),
            frame_info.file_name(), frame_info.line());
  }
  virtual void dump_backtrace(size_t depth = 0) const {};
  void schedule();
  void cancel();
private:
  virtual const std::source_location& get_frame_info() const;
};
```

CoroHandle 扩展了 Handle 接口，这样符合接口隔离原则，对于调度器而言仅需要关心 Handle 所需要的接口，而不必关心扩展部分。

dump_backtrace 接口用于打印协程的调用栈。source_location 是 C++20 标准库提供的小工具，它提供了代码的一些信息，如文件名、行号、列号、函数名等。在这之前通常使用_LINE_和_FILE_等宏来记录当前代码的信息，我们常常用于调测的日志系统中，这些宏的缺点是无法被有效地传递，例如被调的函数想要获取调用者的函数名、行号等信息以便确定它是被谁调用的，这种场景宏很难做到，而 source_location 为这一场景提供了支持，笔者充分利用这个特性来记录协程的调用链：

```
1  Task<int> factorial(int n) {
2    if (n <= 1) {
3      co_await dump_callstack(); // 打印协程的调用栈信息
4      co_return 1;
```

```
5     }
6     co_return (co_await factorial(n - 1)) * n;
7   }
8   int main() {
9     fmt::print("run result: {}\n", asyncio::run(factorial(5)));
10  }
```

上述代码将输出如下信息：

```
[0]void factorial(factorial(int)::_Z9factoriali.Frame* ) at factorial.cpp:3
[1]void factorial(factorial(int)::_Z9factoriali.Frame* ) at factorial.cpp:6
[2]void factorial(factorial(int)::_Z9factoriali.Frame* ) at factorial.cpp:6
[3]void factorial(factorial(int)::_Z9factoriali.Frame* ) at factorial.cpp:6
[4]void factorial(factorial(int)::_Z9factoriali.Frame* ) at factorial.cpp:6
run result: 120
```

至于 schedule、cancel 接口，它们分别是将该 Handle 交给调度器调度，以及取消调度，因为调度器是已知的，所以没必要把它们设计成抽象接口。

▶▶ 10.2.5 调度器设计

事件循环调度器是个典型的 Observer 设计模式，它们的关系如图 10.2 所示。

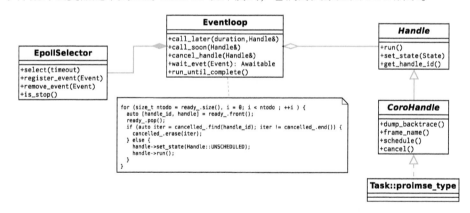

● 图 10.2 事件循环调度器

调度器由两个队列组成，分别为 ready 队列和 schedule 队列。call_soon 接口将 Handle 注册到 ready 队列，在调度器的每次循环中都可以执行；而 call_later 接口需要间隔时间 duration 以及 Handle，以便将它们注册到 schedule 队列中，待间隔时间后，调度器循环会将它们移到 ready 队列中。

调度器目前使用 Linux 下的 epoll 系统调用⊖来监听 IO 事件，它通过 wait_event 将文件描述符、关心的 IO 事件以及 Handle 注册到 epoll 的队列中：

```
struct HandleInfo {
  HandleId id; // 额外记录 id 的原因在后文中分析
  Handle* handle;
};
struct Event {
  int fd;
  uint32_t events;
  HandleInfo handle_info;
};
```

一旦注册了事件以及对应的 Handle 后，在调度器的循环中将会使用系统调用 epoll_wait 来监听事件，当事件发生后，它所对应的 Handle 将会移到 ready 队列中。

cancel_handle 接口将待取消的 Handle 存放到调度器的 cancelled 集合中，在事件循环执行 ready 队列的过程中将首先检查它们是否被取消了。

run_until_complete 接口将启动调度器的执行，直到调度器队列为空时停止。

综上所述，EventLoop 类的初步定义如下：

```
class EventLoop : private NonCopyable {
  // ..
private:
  MSDuration start_time_; // 构造时间
  Selector selector_; // epoll 的封装
  std::queue<HandleInfo> ready_; // 队列
  using TimerHandle = std::pair<MSDuration, HandleInfo>;
  std::vector<TimerHandle> schedule_; // 时间间隔的最小堆
  std::unordered_set<HandleId> cancelled_; // 取消集合
};
```

call_soon 接口将 Handle 的状态从 UNSCHEDULED 置为 SCHEDULED，并添加到 ready 队列中，实现如下：

```
void call_soon(Handle& handle) {
  handle.set_state(Handle::SCHEDULED);
  ready_.push({handle.get_handle_id(), &handle});
}
```

schedule 队列采用最小堆，当使用 call_later 接口时，它们会按照时间从小到大的顺序插入到该队列中，实现如下：

⊖ 目前只支持 Linux 平台。

```cpp
template<typename Rep, typename Period>
void call_later(chrono::duration<Rep, Period> delay, Handle& callback) {
    call_at(time() + duration_cast<MSDuration>(delay), callback);
}
template<typename Rep, typename Period>
void call_at(chrono::duration<Rep, Period> when, Handle& callback) {
    callback.set_state(Handle::SCHEDULED);
    schedule_.emplace_back(duration_cast<MSDuration>(when),
                           HandleInfo{callback.get_handle_id(), &callback});
    ranges::push_heap(schedule_, ranges::greater{}, &TimerHandle::first);
}
```

time()接口用来获取调度器从创建到目前为止所经过的时间，它的实现使用了标准库提供的 steady_clock 时钟，注意不能使用 system_clock 时钟，因为前者是单调的，而后者会受到系统时钟调整的影响：如果用户调快了时间，则调度队列等待的时间可能会变短；如果用户调慢了时间，则调度队列等待的时间会变长。

Handle 与它的 id 被 HandleInfo 数据结构所记录，它需要在注册的阶段前记录这个 id。这个 id 的作用是安全地取消 Handle，而在注册阶段 Handle 很可能不存在了，再通过 get_handle_id 接口去获取就有风险。

cancel_handle 接口的作用并不是立刻取消 Handle，或将它从两个队列中查找并删除，而是先将它的 id 记录到 cancelled 集合中，将来执行的时候通过该集合验证它是否被取消了：

```cpp
void cancel_handle(Handle& handle) {
    handle.set_state(Handle::UNSCHEDULED);
    cancelled_.insert(handle.get_handle_id());
}
```

cancel_handle 之后，Handle 可以被安全地析构掉，而不用担心将来会被异常访问。

通过上述几个接口可以看到，调度器并不拥有 Handle 的所有权，也不管理 Handle 的生命周期，它仅负责 Handle 的执行，run_until_complete 的实现如下：

```cpp
void run_until_complete() {
    while (!is_stop()) run_once();
}
bool is_stop() {
    return schedule_.empty() && ready_.empty() && selector_.is_stop();
}
```

考虑到 wait_event 的实现与 Awaitable 有关，我们暂且放到后边小节中讨论。

接下来将关注点放在 run_once 上，它的实现代码较长，我们一步步分解。除了 ready 和 schedule 队列外，epoll 本身也存在队列监听事件，因此对这 3 个队列的处理存在优先级。

　　显然，ready 的优先级应该是最高的，因为它在循环中最早被执行，其次是 schedule 和 epoll 的队列。当 ready 为空时，说明没有要立刻执行的 Handle，下一个待执行的 Handle 要么需要一定的时间间隔并位于 schedule 队列中，要么等待某个 IO 事件的发生并位于 epoll 队列中，决策过程如下：

```
void run_once() {
  std::optional<MSDuration> timeout;
  if (! ready_.empty()) {
    timeout.emplace(0);
  } else if (! schedule_.empty()) {
    auto [when, _] = schedule_[0];
    timeout = std::max(when - time(), MSDuration(0));
  }
}
```

　　timeout 表达了一次循环所需要等待的时间，如果 ready 队列为空则表明需要等待 schedule 队列中最短间隔的 Handle，如果 schedule 队列也为空，则等待时间将不确定（nullopt），最后将等待时间交给 epoll_wait 系统调用：

```
// epoll_wait 系统调用的封装
auto event_lists = selector_.select(timeout.has_value() ?
                                     timeout->count() : -1);
for (const auto& event : event_lists) { // 将 IO 事件的 Handle 移到 ready 队列中处理
  ready_.push(event.handle_info);
}
```

　　由于 epoll_wait 等待了一段时间，当前 schedule 队列中的 Handle 将有机会被执行，检查这些队列中可被执行的 Handle 并移到 ready 队列中：

```
auto end_time = time();
while (! schedule_.empty()) {
  auto [when, handle_info] = schedule_[0];
  if (when >= end_time) break;
  ready_.push(handle_info);
  ranges::pop_heap(schedule_, ranges::greater{}, &TimerHandle::first);
  schedule_.pop_back();
}
```

　　最后阶段是对 ready 队列中的 Handle 依次执行：

```
for (size_t ntodo = ready_.size(), i = 0; i < ntodo; ++i) {
  auto [handle_id, handle] = ready_.front(); ready_.pop();
  if (auto iter = cancelled_.find(handle_id); iter != cancelled_.end()) {
    cancelled_.erase(iter);
  } else {
```

```
    handle->set_state(Handle::UNSCHEDULED);
    handle->run();
  }
}
```

在执行 Handle 的 run 接口之前先置位它的状态为 UNSCHEDULED，这是因为在 Handle 执行过程中它的状态可能发生变化，例如这期间会被调度成 SCHEDULED 状态，如果在执行 Handle 的 run 接口之后再置位，它的状态将会覆盖执行过程中的状态。

以上便是调度器的原理与实现。

EpollSelector 类是对 epoll 系统调用的封装，is_stop 接口用来判断当前 epoll 是否存在等待的事件；register_event 和 remove_event 分别是注册与解注册事件，它们都是对 epoll_ctl 系统调用的封装；select 是对 epoll_wait 系统调用的封装，并返回当前发生的事件列表，其中包含了事件对应的 Handle。

将调度器作为单例模式并提供 get_event_loop 接口给上层调用：

```
EventLoop& get_event_loop() {
  static EventLoop loop;
  return loop;
}
```

最后，CoroHandle 的 schedule、cancel 接口实现如下：

```
void CoroHandle::schedule() {
  if (state_ == Handle::UNSCHEDULED){
    get_event_loop().call_soon(* this);
  }
}
```

```
void CoroHandle::cancel() {
  if (state_ == Handle::SCHEDULED){
    get_event_loop().cancel_handle(* this);
  }
}
```

▶▶ 10.2.6 Task 协程设计

前面提到，如果需要为这种事件驱动模型提供协程的支持，只需要实现调度器的 Handle 抽象接口即可。C++协程机制需要开发者实现两个类，它们分别是 Promise 和 Future。考虑如下协程：

```
Task<std::string_view> hello() { co_return "hello"; }
Task<std::string_view> world() { co_return "world"; }
```

```
Task<std::string> hello_world() {
  co_return fmt::format("{} {}",
      co_await hello(), co_await world());
}
```

通过观察代码我们可以得出如下结论：

- 函数体内出现了 co_await、co_return 等关键字，表明它是个协程；
- 返回类型与普通函数不一样，它通常是个 Future 类型，表达了协程在将来某个时候才能得到结果；
- Future 类型通常是 Awaitable 的，因为它们可以被 co_await 关键字所组合，并能得到将来的结果。

上述代码虽然没必要使用协程，通过调用普通函数也能做到，但可以加深读者的印象。

再来看看稍微复杂一点的协程：

```
auto factorial = [](std::string_view name, int number) -> Task<int> {
  int r = 1;
  for (int i = 2; i <= number; ++i) {
    fmt::print("Task {}: Compute factorial({}), i={}...\n", name, number, i);
    co_await asyncio::sleep(0.1s);
    r * i;
  }
  fmt::print("Task {}: factorial({}) = {}\n", name, number, r);
  co_return r;
};
auto [a, b, c] = co_await asyncio::gather(factorial("A", 2),
                                          factorial("B", 3),
                                          factorial("C", 4));
REQUIRE(a == 2); REQUIRE(b == 6); REQUIRE(c == 24);
```

factorial 协程的任务是计算阶乘，并且它可以是个 lambda，最后通过 gather 函数并发调用 3 个计算任务。我们知道事件驱动循环是单线程的，但它可以充分利用单线程的资源并发调度这 3 个协程，原因是 factorial 在每次迭代过程中通过 sleep 协程主动让出控制权，调度器进而能够调度并恢复其他协程。倘若 factorial 协程不使用 sleep 等协程让出控制权，上述过程将完全是串行的，这会导致运行效率的低下。

最后的输出结果如下，可以看到各个计算任务并发交替地执行，并且通过 gather 同步地汇总结果：

```
Task C: Compute factorial(4), i=2...
Task B: Compute factorial(3), i=2...
Task A: Compute factorial(2), i=2...
```

```
Task C: Compute factorial(4), i=3...
Task B: Compute factorial(3), i=3...
Task A: factorial(2) = 2
Task C: Compute factorial(4), i=4...
Task B: factorial(3) = 6
Task C: factorial(4) = 24
```

　　线程是操作系统资源，它被操作系统所控制，一般是抢占式的，程序员通常无须使用关键字让出控制权，通常在获取锁、等待 IO 事件、时间片用尽等情况下被操作系统所切换，这往往涉及比较昂贵的上下文切换开销。而 C++无栈协程能够在线程之上屏蔽线程这个概念，它要求程序员使用 co_await 等协程去主动让出控制权，例如等待 IO 事件，否则在单线程调度器下其他协程将没有机会被执行，整个协程调度过程所需要的资源开销远比操作系统层面低得多。线程的切换点是不确定的，无栈协程的切换点是明确的。

　　接下来我们将关注点放在协程的 Future 返回类型 Task 上，尽管没有直接体现 Promise 概念，但它被 coroutine_traits 元函数所查找，默认为 Task::promise_type 类。

```
template<typename Fut>
concept Future = Awaitable<Fut> && requires(Fut fut) {
  // 必须通过 Promise 构造而不是默认构造,并且能被移动构造
  requires ! std::default_initializable<Fut>;
  requires std::move_constructible<Fut>;
  typename std::remove_cvref_t<Fut>::promise_type;
  fut.get_result();
};
```

　　与此同时 Task 也是个 RAII 类，它管理协程的生命周期，并且只能移动协程的所有权，而不能复制：

```
template<typename R = void>
struct Task : private NonCopyable {
  struct promise_type; // 对于的 Promise 类
  using coro_handle = std::coroutine_handle<promise_type>;

  explicit Task(coro_handle h) noexcept: handle_(h) {}
  Task(Task&& t) noexcept // 仅可移动构造
      : handle_(std::exchange(t.handle_, {})) {}

  ~Task() { destroy(); }

  struct promise_type : CoroHandle, Result<R> { // 实现 Handle 抽象接口
    // ...
  };
```

```
private:
  void destroy() {
    if (auto handle = std::exchange(handle_, nullptr)) {
      handle.promise().cancel();
      handle.destroy();
    }
  }

private:
  coro_handle handle_; // 协程句柄
};
```

在 Task 的析构函数中，通过协程句柄取消并销毁协程。因为协程的 Promise 也承担了协程控制块的职责，所以通过它可以很容易实现 Handle 所需的接口：

```
struct promise_type : CoroHandle, Result<R> { // 实现 Handle 接口,组合 Result<R>
  // ...
  void run() final { // run 正是调度器所关注的接口,简单地恢复协程的执行
    coro_handle::from_promise(* this).resume();
  }
};
```

除了实现 Handle 所需的接口外，还需要实现协程机制所要求的接口：

```
template<typename P>
concept Promise = requires (P p) {
  { p.get_return_object() } -> Future;          // 构造 Future 对象
  { p.initial_suspend() } -> Awaitable;          // 第一个挂起点
  { p.final_suspend() } noexcept -> Awaitable;   // 最后一个挂起点
  p.unhandled_exception();                        // 异常处理
  requires (requires(int v) { p.return_value(v); } ||   // co_return 语句处理
          requires       { p.return_void(); });
};
```

对于协程结束后的返回值处理，考虑 Task 与它的 Promise 是泛型类，对于 void 类型需要实现 return_void 接口，而对于 void 类型则需要实现 return_value 接口，针对这种差异，目前无法同时提供这两个接口，也不能用 requires 表达式使能满足其中一种，因此笔者将这种差异分离到 Result<R>泛型类中去处理，最后通过继承的方式白盒组合到 Promise 类中：

```
template<typename T>
struct Result { // 对于非 void 类型
  template<typename R>
  void return_value(R&& value) noexcept
  { result_.template emplace<T>(std::forward<R>(value)); }
```

```
  void unhandled_exception() noexcept { result_ = std::current_exception(); }
  // ...
private:
  std::variant<std::monostate, T, std::exception_ptr> result_;
};
template<> struct Result<void> { // 对于 void 类型
  void return_void() noexcept { }
  void unhandled_exception() noexcept { result_ = std::current_exception(); }
  // ...
private:
  std::optional<std::exception_ptr> result_;
};
```

考虑到协程要么以 co_return 返回值的形式结束，要么以异常的形式结束，它们可以很好地被 variant、optional 类型所存储。

协程通过 Promise 获取它的返回类型 Future，这个过程需要实现 get_return_object 接口：

```
struct promise_type : CoroHandle, Result<R> {
  Task get_return_object() noexcept
  { return Task{coro_handle::from_promise(* this)}; }
  // ...
};
```

目前还有 initial_suspend 和 final_suspend 两个接口待实现，它们比之前的接口要复杂一些，我们依次讨论。这两个接口的返回类型都要求是 Awaitable 的，各需要实现 3 个接口：

```
template<typename A>
concept Awaitable = requires (GetAwaiter_t<A> awaiter,
                              coroutine_handle<> handle) {
  { awaiter.await_ready() } -> convertible_to<bool>;
  awaiter.await_suspend(handle);
  awaiter.await_resume();
};
```

initial_suspend 用来控制协程在执行第一条代码之前是否挂起，通常可以选择挂起或者不挂起，它们可以简单地返回 suspend_always 或 suspend_never。有什么办法可以让协程根据条件自行选择要不要在这个阶段挂起？答案是通过 Promise 的构造函数实现，因为它有机会在构造时查看传递给协程的实参，通过定义标签类控制这一行为：

```
struct NoWaitAtInitialSuspend {}; // 标签类
inline constexpr NoWaitAtInitialSuspend no_wait_at_initial_suspend;

struct promise_type : CoroHandle, Result<R> {
  // ...
```

```
promise_type() = default;
template<typename...Args> // 对于自由函数
promise_type(NoWaitAtInitialSuspend, Args&&...):
  wait_at_initial_suspend_{false} { }

template<typename Obj, typename...Args> // 对于 lambda、成员函数
promise_type(Obj&&, NoWaitAtInitialSuspend, Args&&...):
  wait_at_initial_suspend_{false} { }

const bool wait_at_initial_suspend_ {true};
};
```

如果协程的第一个形参类型为 NoWaitAtInitialSuspend，那么 Promise 的 const 成员 wait_at_initial_suspend_ 将被置为 false，这表明它不需要在执行第一条代码之前挂起。于是 initial_suspend 的接口实现如下：

```
auto initial_suspend() noexcept {
  struct InitialSuspendAwaiter {
    bool await_ready() const noexcept { return ! wait_at_initial_suspend_; }
    void await_suspend(std::coroutine_handle<>) const noexcept {}
    void await_resume() const noexcept {}
    const bool wait_at_initial_suspend{true};
  };
  return InitialSuspendAwaiter {wait_at_initial_suspend_};
}
```

对于 final_suspend 接口，它是协程的最后阶段，在这个阶段应该恢复 co_await 的协程的执行：

```
Task<std::string> hello_world() {
  co_return fmt::format("{} {}",
      co_await hello(), co_await world());
}
```

在某个协程 await 另一个协程的情况中，笔者将能够主动 await 的协程称为父协程，被 await 的协程称为子协程，上述代码中 hello_world 是父协程，hello 和 world 是子协程。父协程和子协程是相对的，一个父协程可能是另一个协程的子协程。

以 hello 协程为例，在它执行结束并有结果后，它应该将 hello_world 父协程恢复。co_await 表达式会将 hello_world 协程的 CoroHandle 保存到 hello 协程的 Promise 对象中，这样才有机会在最终环节恢复它的父协程：

```
struct promise_type : CoroHandle, Result<R> {
  // ...
  struct FinalAwaiter {
```

```
bool await_ready() const noexcept { return false; }
template<typename Promise>
void await_suspend(std::coroutine_handle<Promise> h) const noexcept {
  // h是子协程的句柄,它的continuation_记录了父协程的Handle,并交由调度器调度
  if (auto cont = h.promise().continuation_) {
    get_event_loop().call_soon(* cont);
  }
}
void await_resume() const noexcept {}
};
auto final_suspend() noexcept { return FinalAwaiter {}; }

// 存储父协程的 Handle
CoroHandle* continuation_ {};
};
```

Continuation 通常指的是对后续结果的处理,在上述代码中简单地延续了这个概念。在协程之前存在着通过串联 Continuation 进行并发编程的方式,而协程能够简化这一过程。

最后还有个问题,Promise 的 continuation_记录了父协程的 Handle,那么它是在哪记录的呢? 答案是 Task 类,因为 co_await 作用的对象正是协程的返回类型 Task,它是 Awaitable 的。例如协程 hello() 的返回类型为 Task<string_view>,而 co_await hello() 的返回类型则是 co_await Task<string_view>{},因此我们需要将 Task 实现 Awaitable 概念,这通过实现 operator co_await 操作符来达成,代码如下:

```
template<typename R = void>
struct Task : private NonCopyable {
  auto operator co_await() const noexcept {
    struct Awaiter {
      bool await_ready() {
        if (self_coro_) { return self_coro_.done(); }
        return true;
      }
      template<typename P>
      void await_suspend(std::coroutine_handle<P> awaiting) const noexcept {
      assert(! self_coro_.promise().continuation_);
      // 设置父协程 awaiting 状态为 SUSPEND,并记录它的 Handle
      awaiting.promise().set_state(Handle::SUSPEND);
      self_coro_.promise().continuation_ = &awaiting.promise();

      // 将该(子)协程交给调度器执行恢复
      self_coro_.promise().schedule();
      }
      decltype(auto) await_resume() const {
        if (! self_coro_) { throw InvalidFuture{}; }
```

```
      return self_coro_.promise().result();
    }
    coro_handle self_coro_ {};
  };
  return Awaiter {handle_};
  }
private:
  coro_handle handle_;
};
```

Awaiter 的 await_suspend 接口⊖可以得到当前父协程的协程句柄，接着它会将父协程的状态设置为 SUSPEND，并将它存储到子协程 Promise 的 continuation_成员，最后将子协程交给调度器执行恢复。

同样是 await_suspend 接口，Task 的 Awaiter 和 FinalAwaiter 接受的协程句柄对象却不一样。前者接受的协程句柄是父协程，后者接受的协程句柄是它本身，这是因为编译器在每个协程最后插入了 co_await p. final_suspend( )代码，此时主动 co_await 的那一方正是它自己。

正是通过将 Task 实现 Awaitable 概念，当 A 协程 co_await 另一个协程 B 时，B 将记录 A 的句柄，并将 B 交给调度器执行后，挂起 A；在 B 执行结束后，它在 final_suspend 阶段将曾经记录过的 A 的句柄交给调度器执行，调度器恢复 A 后通过 await_resume 接口得到 B 的返回值，最后 B 的 Task 对象得以析构并销毁协程。上述过程用伪代码描述如下：

```
Task<Res> B() {
  // 执行一些任务...
  co_return res;
final-suspend:
  将 B 的 continuation_交给调度器恢复执行
}

Task<> A() {
    // auto res = co_await B();
    auto res = {
      auto B_task = B();
      auto B_awaiter = B_task.operator co_await();
      if (! B_awaiter.await_ready()) {
        // 将 A 的协程句柄交给 B 的 Task 记录,然后将 B 交给调度器,A 被挂起
        B_awaiter.await_suspend(A_handle);
        // 控制权返回到调度器
```

⊖ await_suspend 是一个模板函数，因而能够得到具体的协程句柄。需要注意的是，不能在函数中定义模板函数，上述代码的 Awaiter 类需要移动到 operator co_await 函数之外再进行定义。

```
   }
      // B 的 final-suspend 阶段将 A 的句柄交给调度器,调度器在这个位置恢复 A
      return B_awaiter.await_resume();
   }; // RAII 析构 B_task,销毁 B 协程的内存
 }
```

简而言之,Task 协程的 co_await 做了两件事: 第一是设置父协程的状态并记录它的 Handle 以便子协程结束时能够被恢复, 第二是调度子协程并挂起父协程。

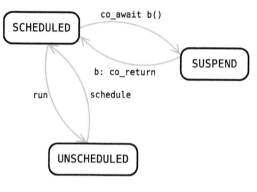

到此为止, Task 协程的所有 Handle 状态已经浮现在我们眼前, 它们之间的关系如图 10.3 所示。

目前 Task 与 Promise 的实现基本完成, 从上我们可以知道, 每个协程的 Promise 都可能记录了父协程的 Handle, 这个过程将形成一个

● 图 10.3 Task 的 Handle 状态

链式结构, 对于任意一个协程, 都可以通过它的 continuation_ 字段找到它的父协程, 以及父协程的父协程, 直到根协程, 通过这个遍历过程可以获取整个协程的调用链信息, 我们需要设法存储这些信息。

父子协程的关系是通过 co_await 关键字体现的, 只需要记录 co_await 的代码位置信息即可, 可以通过实现协程 Promise 的 await_transform 接口来记录每一个 await 点的代码信息:

```cpp
struct promise_type : CoroHandle, Result<R> {
  // ...
  template<concepts::Awaitable A>
  decltype(auto) await_transform(A&& awaiter, // 记录 co_await 点的代码位置信息
                  source_location loc = source_location::current()) {
    frame_info_ = loc;
    return std::forward<A>(awaiter);
  }

  source_location frame_info_{};
};
```

实现 CoroHandle 的 dump_backtrace 抽象接口所需要的遍历过程:

```cpp
const std::source_location& get_frame_info() const final
{ return frame_info_; }
void dump_backtrace(size_t depth = 0) const final {
  fmt::print("[{}]{}\n", depth, frame_name());
  if (continuation_) { continuation_->dump_backtrace(depth + 1); }
```

```
    else { fmt::print("\n"); }
  }
```

Promise 通过使用 final 关键字实现 dump_backtrace 接口，这表达了它的子类不能重写该函数。使用 final 修饰使得编译器有机会在看到具体 Promise 类型时能大胆优化掉该虚函数的调用，而无须担心存在其他类继承并重写它的实现接口。但如果它的类型被擦除成 Handle，接口调用仍会存在虚函数调用的开销。

最后通过静态断言确保实现的 Task 以及 Promise 符合要求：

```
static_assert(concepts::Future<Task<>>);
static_assert(concepts::Promise<Task<>::promise_type>);
```

▶ 10.2.7 实现一些协程

协程机制已就绪，本小节将扩展一些实用协程。

有些场景可能需要在协程中并发一些"后台"协程，而不是直接通过 co_await 挂起当前协程并交由子协程处理。值得注意的是，直接调用协程并不会将它交由调度器调度，目前需要通过 co_await 的方式调度，考虑提供一个 schedule_task 函数来并发地启动一个"后台"协程：

```
template<typename Delay>
Task<void> say_after(Delay delay, std::string_view what) {
  co_await asyncio::sleep(delay);
  fmt::print("{}\n", what);
}

Task<void> async_main() {
  auto task1 = schedule_task(say_after(1s, "hello"));
  auto task2 = schedule_task(say_after(2s, "world"));
  // 并发处理其他事情...

  co_await task1;
  co_await task2;
}
```

上述整个过程耗时 2s，两个 say_after 协程如预期地被并发调度。协程 say_after 的调用将会构造一个临时的 Task<>对象，接着传递给 schedule_task 接口，它将返回一个 ScheduledTask 对象并交由调度器调度，该对象额外提供了 cancel 接口用于取消一个调度过的协程：

```
Task<void> async_main() {
  auto task1 = schedule_task(say_after(1s, "hello"));
  auto task2 = schedule_task(say_after(2s, "world"));
```

```
// 并发处理其他事情...

co_await task1;
task2.cancel(); // 取消 task2 协程
}
```

schedule_task 接口的初步定义如下:

```
template<concepts::Future Fut>
ScheduledTask<Fut> schedule_task(Fut&& fut);
```

现在需要考虑对象生命周期的问题,前边提到 say_after() 调用会构造一个临时的 Task<>对象,如果选择传递引用的话,就会面临着在 schedule_task 语句之后,临时对象因生命周期结束而被析构的问题,那么协程将不能被正确地调度。但 schedule_task 接口也不能简单地选择传值方式,因为 Task 对象不能被拷贝构造,它将无法接受一个左值的 Task 对象。考虑如下代码:

```
auto task1 = schedule_task(say_after(1s, "hello")); // #1 右值传递

auto t2 = say_after(2s, "world"); // 左值
auto task2 = schedule_task(t2); // #2 左值传递

auto t3 = say_after(3s, "!"); // 左值
auto task3 = schedule_task(std::move(t3)); // #3 将亡值传递
```

对于以右值、将亡值的方式传递,schedule_task 模板函数实例化后的代码如下:

```
ScheduledTask<Task<>> schedule_task(Task<>&& fut); // Fut = Task<>
```

对于以左值的方式传递,schedule_task 模板函数实例化后的代码如下:

```
ScheduledTask<Task<>&> schedule_task(Task<>& fut); // Fut = Task<>&
```

转发引用在针对左值、右值、将亡值的不同情况能够正确地匹配。对于左值,Fut 的类型为 Task<>&;对于右值、将亡值,Fut 的类型为 Task<>。ScheduledTask 则是在左值的情况下引用 Fut,而在右值、将亡值的情况下移动 Fut 以延长生命周期,这样就能够解决上述问题:

```
template<concepts::Future Task>
struct ScheduledTask : private NonCopyable {
  template<concepts::Future Fut> // 如果是左值则引用,右值、将亡值则移动
  explicit ScheduledTask(Fut&& fut): task_(std::forward<Fut>(fut)) {
    if (task_.valid() && ! task_.done()) {
      task_.handle_.promise().schedule();
    }
  }
  // ...
private:
```

```
    Task task_;
};
```

ScheduledTask 构造函数⊖的模板参数与类模板参数并不是同一个，它需要补充类模板参数推导规则才能正确地省略类模板参数：

```
template<concepts::Future Fut>
ScheduledTask(Fut&&) -> ScheduledTask<Fut>;
```

当传递的是左值 Task 对象，则 ScheduledTask 的 task_ 成员类型为 Task&，构造函数的 std::forward<Fut>将被推导成 Task&；当传递的是右值、将亡值 Task 对象，则 ScheduledTask 的 task_ 成员类型为 Task，构造函数中的 std::forward<Fut>将被推导成 Task&&，这将触发移动构造。

C++的左值与右值概念在库开发中相当重要，尽管它们从 C++11 起便已引入，但想要正确并合理使用，需要程序员不断地思考与应用。接着为 ScheduledTask 类补充成员函数：

```
template<concepts::Future Task>
struct ScheduledTask : private NonCopyable {
  // ...
  void cancel() { task_.destroy(); } // 取消协程,通过销毁 task 实现
  decltype(auto) operator co_await() const noexcept
  { return task_.operator co_await(); }

  decltype(auto) get_result() { return task_.get_result(); }

  bool valid() const { return task_.valid(); }
  bool done() const { return task_.done(); }
};
```

在 cancel 函数中调用 Task 的 destroy（）接口，这会取消并销毁协程，它将释放协程的 Promise 对象以及协程体内的局部变量等，以及递归地取消并销毁它的子协程，整个过程不可逆。

schedule_task 的实现如下：

```
template<concepts::Future Fut>
ScheduledTask<Fut> schedule_task(Fut&& fut) {
  return ScheduledTask { std::forward<Fut>(fut) };
}
```

如果用户使用 schedule_task 而没有接受其返回值，这将面临返回的 ScheduledTask 对象被析构的问题，对于右值的情况下就是协程未被调度：

⊖ 需要在 Task 类中将它声明为友元。

```
Task<void> async_main() {
  schedule_task(say_after(1s, "hello")); // 该协程将被销毁
  auto task2 = schedule_task(say_after(2s, "world"));
  // 并发处理其他事情...

  co_await task2;
}
```

上述代码只会打印"world"字符串，程序不会按预期地并发调度第一个协程，这就给用户的使用带来了一定程度上的负担，因为这个问题在编译时没有提示，用户不得不在运行时去发现。好在C++可以通过属性的机制对第一个用法进行告警：

```
template<concepts::Future Fut>
[[nodiscard("丢弃返回的对象将可能未正确地调度协程")]]
ScheduledTask<Fut> schedule_task(Fut&& fut);
```

[[nodiscard]] 是 C++17 引进的一个属性，它的功能是如果程序员没有使用返回值的话，编译器将进行告警，在 C++20 中该属性得以扩展，允许程序员提供自定义信息：

```
attribute 'nodiscard': '丢弃返回的对象将可能未正确地调度协程' [-Wunused-result]
   28 |schedule_task(say_after(1s, "hello")); // 该协程将被销毁
      |                                        ^
```

一般地，C++程序入口为 main 函数，它是个普通函数而不是协程，那么如何关联普通函数与协程之间的交互？这通过函数 run 实现，它接受一个协程，并将协程交给调度器调度，当调度结束后，从协程获取结果并返回给调用者：

```
Task<int> hello_world() {
  fmt::print("Hello \n");
  co_await asyncio::sleep(1s);
  fmt::print("World \n");
  co_return 0;
}

int main() { return asyncio::run(hello_world()); }
```

这就要求 Task 提供一个 get_result 接口用来获取这个的结果，run 函数同样需要通过转发引用来处理左值、右值、将亡值 Task 对象实现如下：

```
template<concepts::Future Fut>
decltype(auto) run(Fut&& main) {
  auto t = schedule_task(std::forward<Fut>(main));
  get_event_loop().run_until_complete();
```

```
        return t.get_result();
    }
```

run 函数驱动了第一个协程，而这个协程无须像其他协程一样被 co_await 获取结果，调度器执行结束后说明所有协程已执行完成，最后通过接口获取结果。程序员能够通过 run 函数从普通函数的世界进入到协程的世界。

dump_callstack 接口可以打印当前协程的调用栈，这通过实现 Awaitable 类型的 await_suspend 接口获取当前协程的句柄，并调用 dump_backtrace 接口：

```
struct CallStackAwaiter {
    constexpr bool await_ready() noexcept { return false; }
    constexpr void await_resume() const noexcept {}
    template<typename Promise>
    bool await_suspend(std::coroutine_handle<Promise> awaiting) const noexcept {
        awaiting.promise().dump_backtrace(); // 节省一次 final 虚接口调用开销
        return false; // 返回 false,不挂起当前协程
    }
};
[[nodiscard("该函数需要与 co_await 组合使用")]]
CallStackAwaiter dump_callstack() { return {}; }
```

sleep 是一个比较实用的协程，它允许协程让出控制权，并在指定的时间间隔后恢复。最朴素的想法是通过 Awaiter 的 await_suspend 得到协程的句柄，然后交给调度器的 call_later 接口：

```
template<typename Duration>
struct SleepAwaiter : private NonCopyable {
    explicit SleepAwaiter(Duration delay): delay_(delay) {}
    bool await_ready() noexcept { return false; }
    void await_resume() const noexcept {}
    template<typename Promise>
    void await_suspend(std::coroutine_handle<Promise> caller) const noexcept {
        // 调度器在 delay_ 之后恢复该协程
        get_event_loop().call_later(delay_, caller.promise());
    }
private:
    Duration delay_;
};

template<typename Rep, typename Period>
[[nodiscard("该协程需要与 co_await 组合使用")]]
SleepAwaiter sleep(std::chrono::duration<Rep, Period> delay)
{ return SleepAwaiter{delay}; }
```

现在再来思考另一个问题，sleep 是函数还是协程？虽然它可以被 co_await，但它却是个普

通函数，对 sleep 的调用不会像调用协程一样需要分配 Promise。有如下两点原因：

1）sleep 函数体内没有出现任何 co_await、co_yield、co_return 等关键字。

2）sleep 的返回类型仅仅是 Awaitable 的，它不符合 Future 概念的要求，因为它没有提供 Promise 类与 get_result 接口。

其中起关键作用的是第一点原因，函数体内没有出现所需要的关键字。即便是返回类型满足要求的 Task，也不一定是个协程，考虑如下代码：

```cpp
Task<> hello_world() {
  fmt::print("Hello\n");
  fmt::print("World\n");
}
```

虽然 hello_world 满足第二点，但它的函数体内没有出现任何与协程相关的关键字，因此它是个普通函数，编译器不会将它当作协程进行代码变换。上述函数的行为将是未定义的，因为代码运行后没有任何返回值，而返回类型为 Task<>。

笔者目前还没有找到好的方式避免这种情况，希望将来 C++编译器能够依据函数的返回类型来检查函数体内是否出现了协程相关的关键字并提示用户，或者通过静态检查工具来提供一些这方面的帮助。

可以得出结论，仅靠函数的原型无法判断它是否为协程，但通过函数的原型中的返回类型可以判断它是否能被 co_await。返回类型只是协程的必要而非充分条件，它需要进一步看到函数体才能判断。

回到 sleep 函数，是否有必要将它提升至协程？笔者认为这是有必要的，因为这决定了它能被组合的程度，例如下面的组合是无效的：

```cpp
asyncio::run(sleep(1s)); // 编译失败!
```

显然，sleep 函数不是个协程，它不符合 Future 的要求，只有牺牲一定性能将它提升到协程，不能满足这种灵活性的要求。笔者认为上述组合是合理的，考虑将 sleep 重构成协程：

```cpp
template<typename Rep, typename Period>
[[nodiscard("该协程需要与 co_await 组合使用")]]
Task<> sleep(std::chrono::duration<Rep, Period> delay) {
  co_await SleepAwaiter {delay};
}
```

sleep 协程体内出现了 co_await 关键字，并且接受一个 Awaitable 对象，于是上述组合有效。

但它仍然不够完美，仔细分析可知，对 sleep（1s）进行调用时并不会立刻执行第一行代码 co_await，它首先通过 call_soon 交给调度器，然后调度器恢复该协程，执行第一行 co_await 代码，接着又通过 call_later（delay）将该协程交给调度器，直到过了 delay 时间间隔，又被调度器恢复，从而结束整个 sleep 过程。

原因是在 Task 对象的 initial_suspend 阶段默认行为是挂起，从而多了一次调度，而这一次调度是不必要的，我们完全可以直接执行第一行 co_await 代码，将该协程通过 call_later 交给调度器。

若协程的第一个参数为 NoWaitAtInitialSuspend，则在 initial_suspend 阶段不挂起。所以可以通过它来改善这个问题：

```
namespace detail {
template<typename Rep, typename Period>
Task<> sleep(NoWaitAtInitialSuspend, chrono::duration<Rep, Period> delay) {
  co_await detail::SleepAwaiter {delay};
}
}
template<typename Rep, typename Period>
[[nodiscard("该协程需要与 co_await 组合使用")]]
Task<> sleep(std::chrono::duration<Rep, Period> delay) {
  return detail::sleep(no_wait_at_initial_suspend, delay);
}
```

此时 sleep 的函数体内没有协程相关的关键字，它又回到了一个普通函数形态，但它转调 detail::sleep 协程，并将返回它的 Task 对象，因此它的行为仍然是个协程：能够被调度也能够被 co_await。

有时候用户希望在 co_await 一个协程时，能指定它的超时时间，若在指定时间内没有结果则抛出超时异常，这可以通过 wait_for 接口实现代码如下：

```
Task<void> tick(size_t& count) {
  while (++count) {
    co_await asyncio::sleep(10ms);
  }
}

Task<void> async_main() {
  size_t count = 0;
  try {
    co_await wait_for(tick(count), 1s);
  } catch(TimeoutError&) {
    fmt::print("TimeoutError, count: {}\n", count);
  }
}
```

考虑协程的可组合性，wait_for 接口也应该像 sleep 那样提升至协程实现，它接受一个协程与一个超时时间：

```
template<concepts::Awaitable Fut, typename Rep, typename Period>
[[nodiscard("该协程需要与 co_await 组合使用")]]
Task<AwaitResult<Fut>> wait_for(Fut&& fut, duration<Rep, Period> timeout);
```

AwaitResult 获取 Awaitable 的返回类型，即 Task<T>协程的返回类型为 T，这通过 await_resume 接口的返回类型得到。

在 8.5.1 节曾提到协程如果使用引用方式传参，尤其是右值引用，将会面临着悬挂引用的问题，以 co_await wait_for（tick（count），1s）为例，tick（count）调用将返回一个临时的 Task 对象，然后通过右值引用的方式传递给 wait_for 协程，co_await 的行为是交由调度器调度该协程，在控制权返回调度器之前临时的 Task 对象将被析构，当调度执行 wait_for 函数体时，将面临悬挂引用的问题，伪代码如下：

```
Task<> async_main() {
  // co_await wait_for(tick(count), 1s);
  auto tmp_tick_task = tick(count); // 临时对象
  auto task = wait_for(tmp_tick_task, 1s);
  auto wait_for_awaiter = task.operator co_await();
  if (! wait_for_awaiter.await_ready()) {
    wait_for_awaiter.await_suspend(async_main_handle);
    // wait_for(...)语句结束,临时的 tmp_tick_task 被析构
    // 控制权返回到调度器
  }
  // wait_for 结束后,调度器在此恢复当前协程
  wait_for_awaiter.await_resume();
}
```

笔者的解决方案和 ScheduledTask 类似，如果是右值、将亡值对象，则将其移动并保存起来；如果是左值则通过左值引用的方式引用，WaitForAwaiterRegistry 类将负责存储或引用对象：

```
template<concepts::Awaitable Fut, typename Duration>
struct WaitForAwaiterRegistry {
  WaitForAwaiterRegistry(Fut&& fut, Duration duration)
  : fut_(std::forward<Fut>(fut)), duration_(duration) { }

  auto operator co_await () && { // 定制 wait_for 的 await 行为
    return WaitForAwaiter{std::forward<Fut>(fut_), duration_};
  }
private:
  Fut fut_; // 移动并存储右值,将亡值,或引用左值对象
  Duration duration_;
};
```

```
// 推导规则,自动推导类模板参数
template<concepts::Awaitable Fut, typename Dur>
WaitForAwaiterRegistry(Fut&&, Dur) -> WaitForAwaiterRegistry<Fut, Dur>;
```

我们需要在 wait_for 被调度之前将对象移动或引用到 WaitForAwaiterRegistry,这就要求必须在 initial_suspend 阶段选择不挂起,使用 NoWaitAtInitialSuspend 类型控制这一行为:

```
namespace detail {
template<concepts::Awaitable Fut, typename Rep, typename Period>
Task<AwaitResult<Fut>> wait_for(NoWaitAtInitialSuspend,
                                Fut&& fut, duration<Rep, Period> timeout) {
  co_return co_await WaitForAwaiterRegistry {std::forward<Fut>(fut), timeout};
}
}

template<concepts::Awaitable Fut, typename Rep, typename Period>
[[nodiscard("该协程需要与 co_await 组合使用")]]
Task<AwaitResult<Fut>> wait_for(Fut&& fut, duration<Rep, Period> timeout) {
  return detail::wait_for(no_wait_at_initial_suspend,
                          std::forward<Fut>(fut), timeout);
}
```

wait_for 协程调用返回后便能确保参数引用的生命周期被 WaitForAwaiter Registry 延长。接下来将关注点放在 WaitForAwaiter 的实现,它控制着 wait_for 的行为。WaitForAwaiter 可以并发地创建定时器,并调度传递给它的协程。如果定时器发生了超时,则取消调度的协程,并设置超时异常;如果协程先执行完毕,则取消定时器,将最终结果返回给它的父协程:

```
template<typename R, typename Duration>
struct WaitForAwaiter : NonCopyable {
  bool await_ready() noexcept { return result_.has_value(); }
  template<typename Promise>
  void await_suspend(std::coroutine_handle<Promise> continuation) noexcept {
    continuation_ = &continuation.promise(); // 记录父协程
    continuation_->set_state(Handle::SUSPEND);
  }
  decltype(auto) await_resume() { return result_.result(); }

template<concepts::Awaitable Fut>
WaitForAwaiter(Fut&& fut, Duration timeout)
      : timeout_handle_(* this, timeout)   // 创建定时器
      , wait_for_task_ {                    // 同时并发调度协程
          schedule_task(wait_for_task(no_wait_at_initial_suspend,
                                      std::forward<Fut>(fut)))
```

```
           } { }
  private:
    Result<R> result_; // 超时异常或结果
    CoroHandle*  continuation_{}; // 最后恢复的父协程

    TimeoutHandle timeout_handle_; // 定时器
    ScheduledTask<Task<>> wait_for_task_; // 当前调度的协程
  };
```

定时器 TimeoutHandle 只需要实现 run 接口, 该接口被执行, 说明调度的协程没有执行完, 应被取消:

```
  struct TimeoutHandle : Handle {
    TimeoutHandle(WaitForAwaiter& awaiter, Duration timeout)
     : awaiter_(awaiter) {
       // 定时器,经过 timeout 秒后执行 run
       get_event_loop().call_later(timeout, * this);
    }
    void run() final { // timeout!
      awaiter_.wait_for_task_.cancel(); // 取消调度的协程,并设置超时异常
      awaiter_.result_.set_exception(std::make_exception_ptr(TimeoutError{}));

      get_event_loop().call_soon(* awaiter_.continuation_); // 恢复父协程
    }

    WaitForAwaiter& awaiter_;
  };
```

而负责调度协程的 **wait_for_task** 成员函数 (协程), 如果它优先于定时器执行, 应该取消定时器, 实现如下:

```
  template<concepts::Awaitable Fut>
  Task<> wait_for_task(NoWaitAtInitialSuspend, Fut&& fut) {
    try {
      if constexpr (std::is_void_v<R>) { co_await std::forward<Fut>(fut); }
      else { result_.set_value(co_await std::forward<Fut>(fut)); }
    } catch(...) {
      result_.unhandled_exception();
    }
    EventLoop& loop{get_event_loop()};
    loop.cancel_handle(timeout_handle_); // 取消定时器
    if (continuation_) { // 恢复父协程
      loop.call_soon(* continuation_);
    }
  }
```

敏锐的读者应该发现了，wait_for 的概念约束为 Awaitable 而不是 Future，这是否意味着它不仅可以组合协程，还可以组合 Awaiter? 是的，它允许用户组合 Awaiter，例如:

```
co_await wait_for(std::suspend_always{}, 1s);
co_await wait_for(std::suspend_never{}, 1s);
```

它的行为依旧是正确的，虽然上面的代码没有实际意义，但它表明了 wait_for 的组合能力不局限于协程，任何可以被 co_await 的元素都可以传递给它，并能够很好地工作，因为基于 concept 的设计大大提高了泛型代码的可组合性。

最后以 read 协程结束本小节，它从 Socket 的文件描述符中异步地读取数据:

```
Task<Buffer> read(ssize_t sz = -1) {
  if (sz < 0) { co_return co_await read_until_eof(); }

  Buffer result(sz, 0);
  Event ev { .fd = fd_, .events = EPOLLIN };
  co_await get_event_loop().wait_event(ev); // 异步等待读事件
  sz = ::read(fd_, result.data(), result.size()); // 系统调用
  if (sz == -1) {
    throw std::system_error(make_error_code(static_cast<std::errc>(errno)));
  }
  result.resize(sz);
  co_return result;
}
```

EventLoop::wait_event 函数将文件描述符、关心的 IO 事件以及 Handle 注册到 epoll 的队列中:

```
class EventLoop : private NonCopyable {
  [[nodiscard]]
  WaitEventAwaiter wait_event(const Event& event)
  { return {selector_, event}; }
};
```

通过 WaitEventAwaiter 得到协程的 Handle，以便将来事件发生后能够唤醒协程:

```
struct WaitEventAwaiter {
  bool await_ready() const noexcept { return false; }
  template<typename Promise>
  void await_suspend(std::coroutine_handle<Promise> handle) noexcept {
    handle.promise().set_state(Handle::SUSPEND);
    event_.handle_info = {
      .id = handle.promise().get_handle_id(),
      .handle = &handle.promise() // 存储协程的 Handle
    };
```

```
    selector_.register_event(event_); // epoll_ctl 系统调用
  }
  void await_resume() noexcept { }

  // epoll_ctl 系统调用
  ~WaitEventAwaiter() { selector_.remove_event(event_); }

  Selector& selector_; // Epoll 的封装
  Event event_;
};
```

▶▶ 10.2.8 注意事项

虽然本协程库的名字为 **AsyncIO**，但笔者并没有花过多的笔墨在 IO 的介绍上，而是带领读者一步步地构造协程库，以便掌握协程的机制，从而更好地在实际项目中封装这些机制。

该协程库在事件驱动之上封装了一层表现层，并将它们通过抽象接口解耦，这样在将来替换底层的事件驱动时不会影响上层的协程接口，例如对操作系统进行差异性处理时，可以考虑将事件驱动替换成跨平台的库（如 libuv）。

协程库对事件驱动的依赖注入仅通过 get_event_loop 接口获得，这也就限制了协程所依赖的调度器，考虑整个异步程序常常只需要一种调度器，所以这通常不会有什么问题。

目前本协程库暂时没有提供同步机制，例如协程间的同步，同样地需要提供类似于锁、信号量等手段，即便是单线程程序，这些手段也是必要的，但这些手段通常不是为了解决数据竞争问题。需要注意的是，数据竞争在单线程下仍可能出现：

```
Task<> producer(vector<string>& data)) {
  while(true) data.push_back(co_await read_string()); // #1
}

Task<> consumer(vector<string> &data) {
  while (true) {
    while (data.empty()) co_await sleep(10ms);
    for (auto& str : data) co_await send_string(str); // #2
    data.clear();
  }
}
```

producer 协程在异步等待 read_string 协程时，会与作为消费者的 send_string 协程对 data 产生竞争：一个协程在对 vector 容器添加数据时，则可能由于容器空间不足而重新分配内存，另一个协程在"并发"遍历这个容器时，将面临迭代器失效的风险，尽管未提供锁机制，但它可以简单地通过传递标记变量解决。

附　　求

附录 A　概念约束历史

附录 A 中将详细介绍 C++的 concept 特性发展过程，从中我们能看到语言设计者们需要面临与考虑的问题。

A.1　1994 年（早期想法）

1994 年，在 Bjarne Stroustrup 的著作 *The Design and Evolution of C++*[11] 中提到了两种对模板参数的约束方案，分别是继承形式和依据表达式的形式。

▶ A.1.1　继承方案

该方案是通过继承方式来表达约束的，使用和声明类同样的语法，然后在模板定义的时候将模板参数派生自约束类。

```
template<class T> class Comparable {
  T& operator=(const T&);
  int operator==(const T&, const T&);
  int operator<=(const T&, const T&);
  int operator<(const T&, const T&);
};
template <class T : Comparable>
class vector { /* ...* / };
```

上述代码中我们声明了约束类 Comparable，它对模板参数的要求为能够进行复制、判等、比较操作，然后在定义模板类 vector 的时候，使用继承语法 T: Comparable 表明模板参数被约束。

这种方式有个几个问题，首先是滥用继承，由于约束被设计成类，因此想要表达约束，使用继承这个特性也合理，但对于表达"模板参数必须支持某些操作"与"模板参数派生自某些约束"的情况而言，后者是一种不灵活的表达方式，而且会导致继承的滥用。除此之外基础类型无法使用继承特性，那么模板参数也就对基础类型封闭，它仅限于用户自定义类型。继承通常表达 subtype 关系，而不是所有的约束都需要硬塞进继承体系中。

其次是它混淆了编程语言中的不同层次的概念：concept 与抽象类，前者是静态的函数而后者是动态的概念，上述实现方式使得它们无法被区分。最后的问题是这种方式不够灵活，由于约束类中声明了一系列函数原型，而这些原型是严格匹配的，这就无法适用于隐式类型转换与函数重载等场景；严格匹配也限制了该方法的灵活性，且存在过约束的问题。

▶ A.1.2 基于表达式使用

下述代码方案是依据表达式使用的形式，它比继承的方式灵活得多，能够解决隐式类型转换和函数重载的问题。

```
template<class T> class X {
  void constraints(T* tp){    // 要求模板参数 T 必须满足：
    B*  bp = tp;              // 能够进行隐式类型转换到基类 B
    tp->f();                  // 存在成员函数 f
    T a(0);                   // 能够通过 int 类型构造该类
    a = * tp;                 // 支持拷贝构造
  }
};
```

这种方式无须添加任何语言上的支持，但代码的编写取决于编译器实现。早期的 C++编译器 Cfront 会检查所有函数的语法，若模板参数不符合要求，constraints 函数将产生语法错误，用户通过错误信息找到函数 constraints 的实现便能得知对类型上的约束。而现代主流的编译器仅对被调用的函数进行代码生成，那么就要求用户使用的时候对 constraints 函数进行调用，这加重了用户的负担。

从这个例子我们能够看出缺少语言上的支持，那么会产生很多变通方案[○]，包括第 10 章介绍的一些技巧。对于这个问题 Bjarne Stroustrup 想到了提供关键字 constraints 来编写约束，并且在函数调用前进行自动调用检查。

```
template<class T>
constraints {
  T* tp; // 要求模板参数 T 必须满足：
  // ...
}
class X { /* ...* / };
```

这种方案基本不会对模板参数过约束，同时也能满足一定程度的泛化、简洁与可理解性，

○ 有些库的实现甚至会对编译器版本进行条件编译，原因是只有利用了那个版本才有的 bug 才能进行高效实现。

并且容易实现。

A.2 2003 年（初步设计）

对模板参数进行约束的想法持续到了 2003 年。Bjarne Stroustrup 在他的论文 *Concept checking* 中进一步细化并提出了 4 种解决方案。

▶ A.2.1 虚基类方式

该方案与最初的继承方案不同，它完全采用虚函数机制。使用继承的好处是容易理解且不需要增加额外的语法符号，并且可视作面向对象方式的语法糖，降低了编译器实现的难度。另一个的好处是可以将模板的声明与实现分离，无须将它们统一定义到头文件中，从而隐藏了实现。

```
struct Element { // 定义容器的元素支持排序操作
  virtual bool lessThan(Element&) = 0;
  virtual void swap(Element&) = 0;
};
template<class T : Element> void sort(Container<T>& c); // 对模板参数进行约束
struct Number : Element { /* ...* / }; // 再次引入继承以满足要求
```

这种方式带来的问题在于，具体实现 Element 实例的接口时，需要进行基类到具体类的转换，这需要运行时类型检查以确保类型安全。将泛型函数转换成面向对象的形式会带来性能损失：每一个模板函数的调用将触发虚函数调用。

虽然可以通过编译器对程序进行分析，或者通过编译器根据标记特殊处理某些模板函数的方式来提高性能，但这都不是最优雅的方式，同时也增添了编译器的实现负担。

另一个问题是，将对模板参数的要求提炼成基类会导致类的泛滥，而且这也不符合泛型编程的习惯。假如有两个人开发科学计算库，其中一个人表达加法使用 Addable 约束类，而另一个人表达加法使用 Add 约束类，当用户提供的 Number 类想要使用这两个人提供的泛型函数时，不得不同时派生自 Addable 约束类与 Add 约束类并实现两套接口，这样做会引入额外的复杂度。考虑如下常见的函数：

```
Addable operator+(const Addable&, const Addable&);
```

如何确保两个约束类 Addable 拥有同一个具体类型？返回类型又该如何确定？答案是基础类型需要额外的包装才能使用，而返回抽象类型的值在 C++语言中是非法的。

▶ A.2.2 函数匹配方案

更理想的方案是避免使用继承来表达约束，可以使用匹配（match）一词取而代之，表达如下：

我们要求模板参数类匹配由 match 声明的函数所指定的约束。

```
match Addable { // match 声明了一系列操作的约束
  Addable operator+(Addable);
};
template<class T match Addable> // 模板参数需要符合 Addable 的要求
T sum(const vector<T>&);
struct Number { /* ...* / }; // 无须使用继承满足要求,只需要提供 operator+
```

当 vector<Number>想要使用泛型函数 sum 时，要求 Number 的实现中能够提供成员函数 operator+，否则将导致编译错误。这种方式避免了基类方案中的很多缺点。

通过关键字 match 使得开发者可以表达自由函数与成员函数，而不仅仅局限于成员函数。此外基础数据类型也能很好地支持，只要基础类型匹配被要求的操作即可。这种灵活性一定程度带来了编译器实现上的复杂度：基类方案可以复用已有的语法规则，并且能够复用抽象类的实现模型；而函数匹配方案没有已有的实现模型，需要更复杂的代码生成策略以实现传统模板的性能。

该方案和基类方案都有一个共同的缺点，它们都需要严格匹配函数的签名。就操作符重载而言，可以通过成员函数与非成员函数实现，那么在声明 match 的时候就需要考虑支持这两种方式中的一种；同样需要考虑，函数的参数既可以声明成 const 也可以声明非 const 等。严格匹配无法很好地表达那些函数涉及重载与参数隐式类型转换的场景。

▶▶ A.2.3　基于表达式使用

这个方案后来也被称为得克萨斯提案，它在论文中占据近一半的篇幅。相比前两种方案一直要求模板参数能够满足什么操作，这个方案则进一步表达该如何使用这些操作，使用两个新的关键字：concept 定义概念，constraints 描述表达式。

```
concept Element { // 定义约束 Element
  constraints(Element e1, Element e2) {
    bool b = e1<e2; // 要求两个 Element 能够使用<操作,返回值能够类型转换成 bool
                    // 不管是以成员函数还是自由函数方式提供的
    swap(e1,e2); // 都要求能够进行交换操作
  }
};
// 模板参数声明 typename 替换成 Element 约束
template<Element E> void sort(vector<E>& c);
class Number { /* ...* / }; // 满足约束无须使用继承
```

这种方案是基于 1994 年的 constraints 函数的想法，和普通函数类似，也需要使用合法的

C++表达式、语句。编译时可以通过检查 constraints 的语法来判断模板参数是否满足要求，且毫无运行时开销。与函数匹配方案相比，它无须显式指明要求的函数签名，而是以一种很自然的使用方式来表达。

更进一步，它还可以对多个 concept 进行组合，并使用逻辑操作符来表达：同时满足约束、满足其中一个、要求不满足。

```
template<Printable && ValueType T> class X { /* ...* / };
template<Printable ||ValueType T> class Y { /* ...* / };
template<! Printable && ValueType T> class Z { /* ...* / };
```

因为 concept 是一组类型的模型，是从现有类型产生新类型的常用方法，所以参数化（模板）、派生等方式也自然适用于 concept。

考虑通过参数化从已有的 concept 产生的新的 concept，例如标准库中迭代器的概念代码如下：

```
template<ValueType V> concept ForwardIterator { // 参数化类型 V,需满足 ValueType
  constraints(ForwardIterator p) {
    ForwardIterator q = p; p = q;   // 可以复制迭代器
    V v = * p; q = &v;              // 迭代器解引用得到 V 类型
    p++; ++p;                       // 可以对迭代器进行++操作
  }
}
template<ForwardIterator<ValueType> Iter> // 使用模板 concept
Iter find (Iter first, Iter last);
```

和模板类型类似，concept 模板也能通过接受模板参数形成新的 concept，在这个例子中当作 find 与 int 数组使用，可以形成约束 ForwardIterator<int>。concept 也可以在定义时接受多个模板参数。

考虑通过派生的方式从已有的 concept 形成新的 concept，同样以标准库中迭代器的概念作为例子，定义随机访问迭代器最合适的方式是通过派生已有迭代器概念。

```
concept RandomAccessIterator<ValueType T>: ForwardIterator<T> {
  constraints(RandomAccessIterator p) {
    --p; p--; p+1; p[1]; p-1;
  }
};
```

当对模板函数进行重载时，可以提供一个毫无约束的普通版本，并提供一个带约束的版本，在重载决议时，被替换的具体类型如果满足约束将使用约束版本。这也被称为基于 concept 的重载，它可以替换传统上使用的 enable_if 或标签分发技术。

模板参数支持非类型参数，因此可以对非类型参数进行约束，例如要求传递的非类型参数为奇数。

```
concept Odd { bool constraints() { return Odd % 2; } };
template<typename T, Odd N> class Buffer { /* ...* / };
Buffer<int, 5> buffer; // Ok
Buffer<int, 6> buffer; // 不符合约束,编译错误
```

▶▶ A.2.4 基于伪签名方案

使用函数签名来表达约束存在的缺点是必须严格匹配签名，这样会导致过约束问题。我们是不是可以考虑同样使用签名方式来表达，但是又不会导致过约束呢？考虑使用伪签名方式，代码如下。

```
concept Element {
  <(Element, Element) -> bool
  swap(Element, Element) -> void
};
```

上述代码引入了新的语法和新的语义，这要求符合 Element 约束的类型能够支持 operator< 与 swap 操作，而不关心它们的形参是否为 const 或引用形式等。它与前一个方案的表达力相同。这两种方案基于同一思想，只是语法形式不同，论文中没有对这一方案进行过多的分析。

▶▶ A.2.5 设计目标

Stroustrup 在对现有模板机制进行分析，以及对比当时支持泛型的编程语言，思考如何在 C++中更好地支持泛型编程技术，尝试从不同角度来处理 concept 的问题，并提出了 concept 的一些设计目标。下面的设计目标是按照优先级列出的，并不是所有的目标都需要满足。

1）灵活性。在传统的面向对象编程范式中，通过接口来保证调用者与实现者之间的约定，而 concept 约束不应该显式指明类型，并且应该是非层次体系结构的。对于基础数据类型应该天然支持而不是采用变通方案。

2）模板检查。模板的定义不应该依赖于实际被替换的类型，而是检查 concept 中声明的要求，简而言之，模板应该依赖 concept 而不是实际类型。最好是在模板使用处就能进行检查，而无须看到定义。

3）友好、精确的错误信息。模板的编译错误信息应该比之前更加友好，尤其是受约束的模板。错误信息分为三类：检查模板的定义是否使用了 concept 中未声明的操作（无须使用模板）、被替换的实际类型是否符合要求（使用模板但无须看到模板定义）、实例化时的模板是否有无效表达式（使用模板且需要看到模板的定义）。

4）基于 concept 的模板特化、函数重载。能够定义一系列受约束的模板并根据实际的模板参数选择使用哪个模板。

5）无运行时开销。借助抽象类的手段很容易实现对模板参数的检查，但这是以失去一定的灵活性与运行时性能为代价实现的。concept 约束必须延续并增强编译时计算和内联能力，这是传统模板性能的根基。

6）对编译器实现友好。模板特性本身对于编译器而言非常难实现，concept 不应该比它们更难，另一方面 concept 应该会减轻编译器检查模板代码的难度。

7）向后兼容。即便引入新的语法，也不能对已有的模板代码产生冲击。

8）分离编译。这个想法可能需要像虚函数表那样来实现模板参数与模板实现的接口，从而做到独立编译。

9）简洁的语法，强大的表达力。约束应该简单明了地表达对模板参数的要求，并且能够利用逻辑关系将已有的 concept 组合成新的 concept。一个 concept 应该能够支持多个模板参数的输入，以便表达它们之间关系的要求。除了能够从语法的角度表达，还应该能够表达它们的语义。

以上便是设计 concept 特性的所有目标，当然它们也存在矛盾的地方，比如基于 concept 的重载与分离编译这两点，一个是编译时目标，而另一个是运行时目标。

A.3 2004 年（印第安纳提案与得克萨斯提案）

2004 年，concept 特性出现了两大提案，分别被称为"印第安纳提案"与"得克萨斯提案"，它们分别对伪签名方案与基于表达式方案做出了更加深入的分析。

▶▶ A.3.1 印第安纳提案

该提案基于伪签名方案并提供如下的语法形式，它看上去和函数匹配方案类似，但是匹配要求没那么严格。

```
template<typeid T> // 定义小于的概念
concept LessThanComparable {
  bool operator<(T x, T y);
  bool operator<=(T x, T y);
};
template<typeid T> // 对模板参数 T 进行约束,要求小于、拷贝构造
  where { LessThanComparable<T>, CopyConstructible<T> }
T min(const T& x, const T& y) { /* ...* / }
```

在这个例子中，只要被替换后的实际类型支持 operator<和 operator<=操作即可；不管是内建方式、还是自由函数方式或者成员函数，只要这两个操作符能够接受两个相同的类型并且返回类型为 bool 或者能够通过隐式类型转换成 bool 即可。

另一个值得注意的点是模板参数被声明为 typeid，笔者建议复用该关键字来区分受约束与

未受约束的模板参数。引入新的关键字 where 来提高表达力。

通过使用派生语法并基于已有的 concept 创建新的作法，被称为概念改良（concept refinement）。

```
template<typeid Iter> concept InputIterator // 由多个概念组合而成,复用它们的要求
  : CopyConstructible<Iter>, Assignable<Iter>
  , EqualityComparable<Iter> { ...}
```

定义 concept 时，能够对函数提供默认实现，从而减少被约束的类型所需要满足的函数数量。当被约束类型仅提供 operator==时，下述代码的概念会自动满足 operator!=的要求。

```
template<typeid T>
concept EqualityComparable {
  bool operator==(const T&, const T&); // 提供 operator!=的默认实现
  bool operator!=(const T& x, const T& y) { return !(x == y); }
};
```

在泛型类中有很多关联类型可供使用，例如 vector 会提供成员类型 value_type 来存储容器中每个元素的类型。同样地，定义 concept 时也可以要求一个类提供一些关联类型，并且能为某些关联类型提供默认值。

```
template<typeid G>
concept Graph { // 要求模板参数 G 提供如下两个关联类型
  typename edge;
  typename vertex;
}
```

当定义一个概念时，会要求模板参数的关联类型也满足概念的要求，这时候可以使用 require 子句。

```
template<typeid X>
concept Container { // 关联类型 X::iterator 需要满足概念 InputIterator
  require typename X::iterator;
  require InputIterator<X::iterator>;
}
```

在设计层面上，该提案提出了一个显著的问题：结构一致性与名字一致性的问题，并通过对实际类型进行显式概念建模声明（explicit model declarations）的方式来解决，这也是该提案的特点。通常来说有两种方案可以确定类型是否符合接口（概念）的要求：结构一致性与名字一致性。

结构一致性仅依赖接口的内容，而不关心接口的名字。例如有两个不同名字的 concept，但是它们的要求（结构）是一样的，那么它们实际上是同一个接口。这种方式无须对实际类型进行声明是否实现接口，即可满足多个的要求，只要在模板参数被替换成实际类型时能够通

过约束检查。前文介绍的几个方案都是这种形式。

名字一致性依赖于接口的名字，因此两个不同名的接口即便内容一样，它们也是不同的。这就要求对一个类型进行显式声明是否实现了接口，C++中的 subtype 使用了名字一致性的方式，显式声明一个类继承了另一个接口类。在泛型编程的术语中，名字一致性意味着显式建模，表明实际类型对概念进行建模。

之所以会出现这个问题，原因在于一个概念不仅需要从语法层面满足要求，还需要从语义层面满足要求。一个比较明显的例子是在标准模板库中输入迭代器与前向迭代器的概念，它们的定义（结构）是一样的，但语义不一样：前者只能迭代一轮，后者可以保证多轮迭代，仅从语法角度上无法区分两者。

那么结构一致性存在的可能是，实际类型既匹配输入迭代器也匹配前向迭代器，从语义角度而言输入迭代器不是前向迭代器，如果使用基于 concept 重载的函数，将可能决策出错误的重载实现。

如果使用名字一致性并对实际类型进行显式概念建模，就能够通过名字来实现对语义上的区分。比如声明 MyFileIterator 是一个输入迭代器，那么重载决议时仅使用输入迭代器的版本，不会出现实际类型符合语法但不符合语义的情况。

```
model InputIterator<MyFileIterator> {}; // 对实际类型进行概念建模声明
```

即使该类型不包含概念所需的函数定义，也可以对实际类型进行概念建模声明，因为能够通过 model 子句补充被要求的函数定义，从而满足概念。

```
struct Point { int x, y; };
model EqualityComparable<Point> {      // 对 Point 显式概念建模
  bool operator==(const Point& rhs)   // 子句补充了所需的函数定义
  { return x == rhs.x && y == rhs.y; }
};
```

名字一致性的另一个好处是提供了一种简单的机制来支持关联类型，只要用户对实际类型声明了概念建模，就无须再使用 type traits 方式访问关联类型。该方式也有利于编译器的实现。

结构一致性的好处在于无须开发者为每一个类型进行概念建模声明，这有助于将当前的泛型库过渡到基于概念的泛型库。可以借助编译器的帮助生成一些默认的声明来解决显式概念建模的问题。

▶ A.3.2 得克萨斯提案

继印第安纳提案之后得克萨斯提案也诞生了，该提案对基于表达式使用方式做了进一步细化。通过列出一系列函数、操作符、关联类型的使用来定义一个 concept，如下是前向迭代器概念的定义。

```
concept ForwardIterator<class Iter>      // 对前向迭代器的要求
{
  Iter p;                                // 通过默认构造
  Iter q = p;                            // 通过拷贝构造
  p = q;                                 // 通过赋值构造
  Iter& q = ++p;                         // 前自增,结果能够被引用
  const Iter& cq = p++;                  // 后自增
  bool b1 = (p==q);                      // 判等,结果为 bool 或者能够隐式转换成 bool
  bool b2 = (p!=q);
  ValueType Iter::value_type;            // 拥有成员类型 value_type
  Iter::value_type v = * p;              // 解引用,结果能够被赋 value_type 类型
  * p = v;                               // value_type 类型的值能够被赋给解引用后的值
};
```

前向迭代器的概念定义直接从 C++标准中与前向迭代器相关的语法要求表而得。如果一个模板类型满足概念的所有要求,我们可以说该类型"匹配"对应的概念,印第安纳提案中使用的类似术语叫作"建模"。通常不使用术语"是一个"(is-a)来表达,因为这样会和类体系中的术语相混淆。

概念是一个编译期谓词,得克萨斯提案中通过使用静态断言可以判断具体类型是否匹配概念,若不匹配则编译报错。值得一提的是编译器可以缓存概念匹配的结果,供后续使用。

```
static_assert ForwardIterator<int* >; // 静态断言类型 int* 是否匹配前向迭代器概念
```

可惜的是上述断言将失败,因为指针类型没有成员类型 value_type,这不符合我们的预期。为了让基础数据类型也能够匹配概念,需要通过静态断言来对基础类型做扩展。

```
static_assert template<ValueType T> ForwardIterator<T* > {
  typedef T* pointer_type; // 对 T* 类型扩展,定义关联类型 value_type 为 T
  typedef T pointer_type::value_type;
};
```

在印第安纳提案中提到,如果不通过显式建模声明的方式,会出现因为语法相同、语义不同而导致决策错误的问题,因此得克萨斯提案考虑使用否定断言(Negative assertions)的方式来解决,例如断言 MyIterator 虽然从语法上匹配前向迭代器,但从语义上不匹配。

```
static_assert ! ForwardIterator<MyIterator>;
```

因此,得克萨斯提案的静态断言有三个语义:第一、通过及早断言给定的类型是否匹配概念来及时发现错误;第二、通过对诸如基础数据类型进行扩展;第三、通过否定断言来声明指定类型不匹配概念。这样做可以避免为每个类型都显式建模声明。

▶▶ A.3.3 ConceptGCC

2005 年下半年,印第安纳提案的修订版本中移除了 typeid 关键字,它被替换成标准的关键

字 typename。

与此同时 GCC 编译器基于印第安纳提案衍生出一个分支：ConceptGCC，这个原型项目至关重要，因为它是首个证明该提案可行的实现。然而这个过程中遇到了很多问题：实现赶不上标准制定的进展，存在非常多的 bug 并且编译速度慢，这些都使其很难用于大型泛型库中。

A.4 2006 年（妥协）

Alexander Stepanov 于 2006 年邀请得克萨斯提案和印第安纳提案的团队参与 Adobe 公司举行的会议，旨在解决双方提案之间存在显著差异的问题，从而进一步在设计上达成一致。一些权衡的点主要包括采用伪签名模式还是依据表达式使用模式、使用哪种手段对 concept 进行组合、关于显式建模还是隐式匹配等。

两个团队经过数个月的合作并公布了折中方案，后由 Stroustrup 等人汇总并正式向 C++标准委员会提出提案，该提案的一些要点如下：

基于伪签名模式与依据表达式使用模式拥有等价的语义，两种方式应该能够相互转换，只是表现形式不一样，因此需要考虑其他方面的问题。尽管依据表达式模式很贴近文档中的约束描述，但是应该采用伪签名方式，原因是它的表现形式与类和类所需的成员函数具有相似性以及与显式建模声明子句的一致性。伪签名的另一个优势是容易构造原型类（archetypes），它是提供所需函数、成员以满足概念的最小类，在提案中便于对受约束的模板参数定义进行检查。

对模板类或模板函数使用约束时，拥有两种表现形式，分别是应对简单的场是与应对复杂的场景，在复杂的情况下可以使用逻辑关系来组合多个概念。

```
template<Comparable T>    // 简单的语法应对简单的场景
T mymin(T a, T b) { return a < b ? a : b; }
template<typename T>      // concept 的逻辑组合
where { Comparable<T> && AnotherConcept<T> }
T mymin(T a, T b) { return a < b ? a : b; }
```

在提案中提出了基于概念重载的规则来决策哪个可行函数更优的方式：受概念约束的重载比未受约束的更具体，同样受约束的多个概念逻辑组合关系的比较，例如 A<T>与 A<T> && B<T>相比，根据规则后者将更具体。

关于显式建模还是隐式匹配的抉择也是个很大的问题。显式建模能够避免给定类型仅因为语义差别而导致误匹配概念的情况，但是它增加了简单场景的复杂度：需要大量的 model 声明语句，使得一个类型变得相当模糊。该提案给出的解决方案是将 concept 分成两种：一种是默认concept 需要显式建模，而另一种是需要在 concept 定义前使用 auto 修饰来表明它可以隐式匹配。

由于显式建模的关键字 model 太过平凡，可能会与现存代码造成冲突，因此提案中将该关键字修改为 concept_map，它的子句中可以对不满足概念要求的指定类型进行补充扩展定义，从而满足概念要求。顾名思义，concept_map 可视作模板参数到指定类型的概念映射。

公理（axiom）表达了概念的语义要求[⊖]，虽然编译器仅能检查语法要求，但是它可以提示编译器基于这些假设对类型做出优化。例如，某个概念要求类型的二元操作 op 符合结合律[⊖]，那么编译器可能会将表达式 op(x, op(y, z)) 等价替换成 op(op(x, y), z)。

```
concept Semigroup<typename Op,typename T> {
  T operator()(Op, T, T); // axiom 公理作为语义要求
  axiom Associativity(Op op, T x, T y, T z)
  { op(x, op(y, z)) == op(op(x, y), z); }
};
```

A.5 2009 年（标准化投票）

Stroustrup 在 2009 年写了一篇论文，总结了标准委员会对 ConceptGCC 提案的担忧，他们担心这个特性对普通的 C++ 程序员来说太复杂了，所以决定简化设计。

其中一点是建议将默认的显式建模改成默认隐式匹配，并提出了相关手段，这样能够减少 concept_map 声明的数量，使得对普通程序员更加友好，但这一手段需要相当大的改动。

同年 7 月的法兰克福会议上，C++ 标准委员会对该特性进行投票，有如下选项。

1）将当前的 concept 特性提案直接写入 C++0x 标准化。

2）根据 Stroustrup 的建议进行修改，并写入 C++0x 标准化。

3）从 C++0x 标准中移除该特性。

标准委员会注意到当前设计的缺点并将投票分成第二、第三个选项。然而大多数人选择了更安全的选项：从当前标准中移除该特性。因为时间相当紧张，离第一个标准 C++98 已经过去了近二十年，如果对 concept 特性进行修改将进一步推迟 C++ 的标准化进程。此外，更多人担心的是 ConceptGCC 的运行效率太低了，最后委员会决定延期到下一个标准中。参与到 concept 开发的成员们虽然都很失望，但他们更愿意提供一个高质量的解决方案。

A.6 2013 年轻量级概念（concepts lite）

在 concept 特性未能进入 C++11（C++0x）标准后，相关人员不仅简化了设计，而且改变

⊖ 所有语义上的要求都需要程序自行保证。

⊖ 结合律是半群概念的公理。

了开发的方式。考虑到一次性将如此复杂的特性融入语言的困难程度，Stroustrup 和他的同事们专注于 concept 设计的第一部分：模板参数约束，这也在后来被称为轻量级概念，使用谓词来约束模板参数。

轻量级概念仅检查被约束的模板是否使用正确，而不检查模板的定义是否正确。换句话说，模板的定义可以使用概念要求之外的操作。它的目的是让程序员简单、轻松地接受并使用。它仅满足如下目标：

1）允许程序员直接将声明一组模板参数的要求作为模板接口的一部分。

2）支持基于 concept 的函数重载与模板类特化。

3）明确模板使用时检查模板参数的诊断信息。

4）无任何运行时开销，且能提高编译速度。

值得一提的是，GCC 编译器在设计报告编写时已经完成了大部分目标与实现，并且包含了配套使用 concept 的标准库[12]。

轻量级概念定义如下：

```
template <typename T>
concept bool EqualityComparable() {
  return requires(T a, T b) {
    {a == b} -> bool;
    {a != b} -> bool;
  };
}
```

我们可以发现 concept 的定义发生了变化，它相当于 constexpr 谓词函数，能够在编译时求值，原型要求返回类型为 bool 的无参函数。

同时引入了 requires 表达式，它提供了可以简明表示表达式是否合法和关联的类型是否满足要求的能力。requires 表达式能够声明一些参数，然后罗列这些参数的表达式来判断其是否符合要求。这个例子中通过声明模板类型 T 的两个实例 a 和 b，并通过表达式 a == b 来判断它们是否能够判等，并且最终判等的结果是否为 bool。

当实例化时若这些表达式无效，则 requires 表达式最终结果为 false，表明模板参数不满足要求。在这个设计报告中使用了基于表达式使用的方式而不是伪签名方式，它的一个优势在于能够根据标准库的文档代码样例简单地转换成概念的定义。此外，基于表达式使用的方式比伪签名更加抽象，它们表达更多的是如何（How）使用而不是提供什么（What）签名，这使得程序员能够写出更加通用的代码。

接着看看概念的使用，同样提供了两种方式分别应对简单与复杂的场景，使用 requires 子句来表达多个概念的逻辑组合。

```
template<FloatingPoint T> class complex; // 概念的简单使用
template<typename T> // 概念的复杂场景,使用 requires 子句组合
requires Same<T, float>() || Same<T, double>() || Same<T, long double>()
class complex;
```

如上两种方式是等价的，前者使用概念 FloatingPoint 来约束模板参数，而后者使用 requires 对三个 Same 概念进行组合约束。

对于模板类型可以基于概念的特化实现，考虑如下例子。

```
template<Arithmetic T>      class complex;
template<FloatingPoint T>   class complex<T> { /* ...* / };
template<Integral T>        class complex<T> { /* ...* / };
```

上述代码声明了一个模板类型 complex，将模板参数约束为数值类型，既可以是浮点类型也可以是整数类型，接着分别对浮点类型和整数类型进行特化，当用户使用 complex<int> 时将使用 Integral 概念约束的特化版本。

设计报告没有使用显式建模 concept_map 方案，而是隐式匹配方案。同样地，这种方案也面临着语法相同、语义不同而导致的 concept 无法区分的情况。目前的变通方案是将语义要求的差异转换成语法上的差异，以此进行区分。

A.7 2015 年（Concepts TS）

C++14 的目标是完成 C++11 的特性并修复一些已知问题，concept 没有足够的时间进入 C++14 标准，标准委员会决定为该特性单独编写一份技术规范文档（Technical Specification，TS）。

2012 年，标准委员会的工作方式发生了变化，其主要工作独立于标准制定，并行地以技术规范形式交付，随后可以纳入标准。这种工作方式允许标准委员会能够快节奏、可预测地交付。

Concepts TS 形成了最终的技术规范，在 GCC 编译器中能够使用选项 -fconcepts 来使用该特性。

A.8 2016 年（C++17）

轻量级概念本应该进入 C++17 标准，但最终未能实现。由于社区存在两种声音，有支持的也有反对的，对立双方的论点如下。

支持的声音是，模板参数约束（即便只检查模板的使用而不是定义）正是程序员想要的：它拥有友好的报错信息、文档、表现形式与重载。在各种各样的项目中都已经验证了轻量级概念，仅有少量问题。而且它在学术演讲中也得到了积极的响应，此外，程序员等待该特性实在

太久了，由于缺乏 concept 的支持，导致各种各样的类 concept 库被开发，并产生了一系列变通方法。

反对的声音是，目前缺乏基于 concept 支持的标准库，仅仅拥有语言特性仍不足够。在不借助基础概念支持的情况下很难去编写一个高质量的库。甚至负责新的标准模板库开发的专家们也遇到了如何建立可靠概念体系的问题。另外，轻量级概念只是整个 concept 特性的第一部分，后续部分需要对第一部分的设计进行修改，加上最终的技术标准刚落地，目前只有 GCC 这一个编译器实现了概念特性，而语法上还存在一些问题。

所以标准委员会在 2016 年决定再次延后 concept 的标准化。

A.9 2020 年（C++20）

随后，概念的语法经过了一些精简。首先，concept 为编译时概念谓词，那么指明返回类型为 bool 则有些多余。其次，concept 的定义不再是一个类 constexpr 模板函数，而是变成了模板变量的形式。标准库的一些 concept 命名风格也发生了变化，例如 View 被命名为 view。

千呼万唤始出来，轻量级概念终于进入了 C++20 标准。

A.10 小结

概念的目标非常简单：提供接口约束模板参数。然而随着对概念特性的开发在这一过程中也产生了许多问题，即使通过技术规范的工作方式集中于轻量级概念，依然存在问题。这表明了语言设计师必须时刻意识到项目中可能存在的困难与风险。

另外，是为设计负责。在不考虑后果的情况下轻易创造、修改设计是不明智的，还有对于新特性的开发很难预见所有决策的后果。这种风险和项目类型有关，如果是小项目，那么能够接受试错成本；而在复杂的大型项目中，错误的决策将导致不可逆转的结果。语言设计师应尽最大的努力来避免这种灾难性的决定。

方案的多样性也是有价值的，对于印第安纳提案与得克萨斯提案而言，它们提供了不同的思路来解决同一问题，并且一起改善了提案；缺少编译器实现（最初仅 GCC 编译器实现）上的多样性导致了概念被延期进入标准。因此，面对与讨论不同的方案以及进行广泛的测试验证是有价值的。

参 考 文 献

［1］ RITCHIE D M. The development of the C language ［J］. ACM Sigplan Notices, 1993, 28 （3）: 201-208.

［2］ MILEWSKI B, TABACHNIK I. Category Theory for Programmers ［M］. ［s. l.］: ［s. n.］, 2019.

［3］ 袁英杰. Understanding modern C++ ［EB］. ［2022-4-13］. https: //modern-cpp. readthedocs. io/zh_CN/latest/index. html.

［4］ GAMMA E, HELM R, JOHNSON R. 设计模式: 可复用面向对象软件的基础 ［M］. 英军, 马晓星, 蔡敏, 等译. 北京: 机械工业出版社, 2019.

［5］ MEYERS S. Effective C++: 55 Specific Ways to Improve Your Programs and Designs ［M］. Hoboken: Addison-Wesley Professional, 2005.

［6］ DEHNERT J C, STEPANOV A. Fundamentals of Generic Programming ［M］. ［s. l.］: ［s. n.］, 2000.

［7］ ABELSON H, SUSSMAN G, SUSSMAN J. Structure and Interpretation of Computer Programs ［M］. 2nd ed. Cambridge: The MIT Press, 1996.

［8］ ALEXANDRESCU A. C++设计新思维: 泛型编程与设计模式之应用 ［M］. 侯捷, 於春景, 译. 武汉: 华中科技大学出版社, 2003.

［9］ WATERS R C. A method for analyzing loop programs ［J］. IEEE Transactions on Software Engineering, 1979, 3 （5）: 237-247.

［10］ STROUSTRUP B. 在拥挤和变化的世界中茁壮成长: C++ 2006-2020 ［EB］. ［2022-4-13］. https: //github. com/Cpp-Club/Cxx_HOPL4_zh.

［11］ STROUSTRUP B. The Design and Evolution of C++ ［M］. Hoboken: Addison-Wesley Professional, 1994.

［12］ SUTTON A, STROUSTRUP B, REIS G D. Concepts lite: Constraining templates with predicates ［C］. College Station: Texas A&M University, 2013: 02-08.

［13］ STEPANOV A A, ROSE D E. 数学与泛型编程: 高效编程的奥秘 ［M］. 爱飞翔, 译. 北京: 机械工业出版社, 2017.

［14］ ISO. ISO/IEC 14882: 2020 Programming Language: C++ ［S］. Geneva: International Organization for Standardization, 2020.